化工机械设计理论与设备安全

欧喜锐　周建军　周　燕　主编

吉林科学技术出版社

图书在版编目（CIP）数据

化工机械设计理论与设备安全 / 欧喜锐，周建军，周燕主编. -- 长春：吉林科学技术出版社，2024.5
ISBN 978-7-5744-1292-7

I. ①化… II. ①欧… ②周… ③周… III. ①化工机械—机械设计②化工机械—设备安全 IV. ①TQ05

中国国家版本馆 CIP 数据核字(2024)第 086882 号

化工机械设计理论与设备安全
HUAGONG JIXIE SHEJI LILUN YU SHEBEI ANQUAN

作　　者　欧喜锐　周建军　周　燕
出 版 人　宛　霞
责任编辑　杨超然
封面设计　树人教育
制　　版　树人教育
幅面尺寸　185mm×260mm
开　　本　16
字　　数　350 千字
印　　张　15.75
印　　数　1-1500 册
版　　次　2024 年 5 月第 1 版
印　　次　2025 年 1 月第 1 次印刷
出　　版　吉林科学技术出版社
发　　行　吉林科学技术出版社
地　　址　长春市南关区福祉大路 5788 号出版大厦 A 座
邮　　编　130118
发行部电话/传真　0431—81629529　　81629530　　81629531
　　　　　　　　　　　　81629532　　81629533　　81629534
储运部电话　0431-86059116
编辑部电话　0431-81629510
印　　刷　长春市华远印务有限公司
书　　号　ISBN 978-7-5744-1292-7
定　　价　94.00 元

前　言

　　化工机械是化工企业生产过程中主要应用的设备，其安全管理是指通过全方位的控制与监督保证每一设备可正常工作，在确保操作人员生命安全的前提下为企业带来可观的经济效益。生产项目中使用化工机械的主要目的为提升生产效率，其安全管理在使用过程中有着不可替代的重要作用，若是未能重视设备安全管理，则必然造成巨大的经济损失。化工机械操作使用是事故高发环节，因此现阶段必须要认识到其安全管理的必要性，为化工生产全过程提供安全保证。

　　化工设备种类繁多，广泛用于传热、传质、化学反应和物料储存等方面，在化工生产所有装备中约占 80%。按工艺用途不同，可分为反应设备、换热（传热）设备、分离设备和储存设备等。在化工生产中，这些设备大多在恶劣的环境下运行，如高温高压、低温低压、变载荷、腐蚀严重、有毒及易燃易爆环境等，易于发生故障、事故而造成严重的人员伤亡、财产损失和环境破坏，特别是随着化工生产的大型化、自动化和连续化，化工设备的可靠性和安全要求也越来越重要。

　　本书的章节布局，共分为九章。第一章是绪论，第二章是工程力学，第三章是化工机械材料，第四章是容器设计备，第五章是塔设备设计，第六章是反应釜设计，第七章是化工设备安全基础，第八章是化工设备安全技术，第九章是化工设备安全保护装置。

　　本书在撰写过程中，参考、借鉴了大量著作与部分学者的理论研究成果，在此一一表示感谢。由于作者精力有限，加之行文仓促，书中难免存在疏漏与不足之处，望各位专家学者与广大读者批评指正，以使本书更加完善。

编委会

内容简介

本书主要阐述了化工机械设计的原理、特点和安全基本要求，较系统地介绍了一些典型化工机械的结构形式与设计方法，内容完备，同时紧跟化工设备设计新的研究成果，展现了学科的发展前沿。本书共九章：第一章绪论，第二章工程力学，第三章化工机械材料，第四章容器设计备，第五章塔设备设计，第六章反应釜设计，第七章化工设备安全基础，第八章化工设备安全技术，第九章化工设备安全保护装置；本书可作为过程装备与控制工程（化工机械与设备）等相关专业本科生教材或学习参考资料，也可供从事化工设备设计、运行和科研的工程技术人员参考。

目　录

第一章　绪论

第一节　化工工业与化工设备安全

一、化工行业的发展概况

化工行业是国民经济的基础行业。目前，中国的石油和化学工业从石油、天然气等矿产资源勘探开发到石油化工、天然气化工、煤化工、盐化工、国防化工、化肥、纯碱、氯碱、电石、无机盐、基本有机原料、农药、染料、涂料、新领域精细化工、橡胶工业、新材料等，已经形成具有20多个行业、可生产4万多种产品、门类比较齐全、品种大体配套并有一定国际竞争力的工业体系。

近10多年来，我国化工企业发展迅速，区域化工产业带已初步形成。据不完全统计，省级以上人民政府批准建设的新建化工园区已达60多家。如依托长江水系形成长江经济带和长江三角洲地区，上游有重庆长寿化工园、四川西部化工城，下游有南京、无锡、常州、镇江、南通、泰兴、常熟、扬子江和苏州工业园，以及上海化学工业园区；依托珠江水系的珠江经济带和泛珠三角地区，主要有广东湛江、茂名、广州、惠州、深圳、珠海等；沿海地区的化工园区，如环杭州湾地区形成的精细化工园区，山东半岛和环渤海地区的青岛、齐鲁、天津、沧州、大连和福州湄洲湾的泉港、厦门、莆田等均建立了化工园区；一批具有特色的内陆地区化工园区正在崛起，如内蒙古的包头、鄂尔多斯和巴盟化工园区、陕西的神华（煤化工）工业园区、青海西宁经济技术开发区、新疆独山子、乌鲁木齐、克拉玛依、库车和塔里木五大园区和贵州正在形成的依托铝、钛、锰、磷、煤炭、石油以及天然气资源的贵州-遵义产业带等。这些化工园区具有很多的优势：交通运输便利、产品靠近市场、园区内产品和原料相互配套、劳动力便宜、公用工程设施完善等，给投资者创造了比较好的条件。目前，已有美、日、德等公司进入这些园区，今后还会越来越多。

二、化学工业的安全形势

化学工业是我国国民经济的重要支柱产业，又是潜在危险性较大的行业。由于危险化学品所固有的易燃易爆、有毒有害的特性，伴随着高参数、高能量、高风险的化工过程的出现，化工事故隐患越来越多，事故也更加具有灾害性、突发性和社会性，可造成严重的人员伤亡、财产损失和环境污染，如1930年12月比利时发生了"马斯河谷事件"。在马斯河谷地区，由于铁工业、金属工业、玻璃厂和锌冶炼厂排出的污染物被封闭在逆温层下，浓度急剧增加，使人感到胸痛、呼吸困难，一周之内造成60人死亡，许多家畜也相继死去。1948年10月在美国宾夕法尼亚州的多诺拉、1952年11月在英国的伦敦都相继发生了类似的事件。伦敦烟雾事件使伦敦在11月1日至12月12日期间比历史同期多死亡了3500~4000人。1961年9月14日，日本富山市一家化工厂因管道破裂，氯气外泄，使9000余人受害，532人中毒，大片农田被毁。1984年，印度博帕尔发生的异氰酸甲酯泄漏所造成的中毒事故，造成2500多人死亡，5万人双目失明，近10万人终生致残，都是震惊世界的灾难。

2013年11月22日凌晨3点，位于黄岛区秦皇岛路与斋堂岛路交会处，中石化输油储运公司潍坊分公司输油管线破裂，事故发生后，约3点15分关闭输油，斋堂岛约1000m²路面被原油污染，部分原油沿着雨水管线进入胶州湾，海面过油面积约3000m²。处置过程中，当日上午10点30分许，黄岛区沿海河路和斋堂岛路交汇处发生爆燃，同时在入海口被油污染海面上发生爆燃。此次事故共造成62人遇难，医院共收治伤员136人。

三、化工生产特点与安全

（一）化工生产过程的特点

化工生产过程中存在许多不安全因素。从安全角度来说，化工生产具有如下特点。

1.工作介质多为易燃易爆、有毒有害和有腐蚀性危险化学品

化工生产中使用的原料、生产过程中的中间体和产品，其中70%以上具有易燃易爆、有毒有害和有腐蚀性的特性。在化工生产中从原料到产品，包括工艺过程中的半成品、中间体、溶剂、添加剂、催化剂、试剂等，许多属于易燃易爆物质，而且多数以气体液体状态存在，在高温高压等苛刻条件下极易发生泄漏或挥

发，甚至发生自燃，如果操作失误、违反操作规程或设备管理不善、年久失修，发生事故的可能性就增大。一旦发生事故，不仅损伤设备还会造成人员伤亡。

化工过程中的有毒有害物质种类多、数量大。许多原料和产品本身即为毒品，在生产过程中添加的一些物质也多数有毒性，化学反应还会形成一些新的有毒有害物质。这些毒物有的属于一般有毒物质，也有的属于剧毒物质。它们以气、液、固三态存在，并随生产条件的不断变化而改变原来的形态。

化工生产过程中还有些腐蚀性物质。例如，在生产过程中使用一些强腐蚀性的物质，如硫酸、硝酸、盐酸和烧碱等，它们不但对人有很强的化学灼烧作用，而且对金属设备也有很强的腐蚀作用。例如，不同场合使用的泵，其材质是不一样的，就是这个道理。另外，在生产过程中很多原料和产品本身具有较强的腐蚀作用，如原油中含有硫化物就会腐蚀设备管道。化学反应中生成新的具有腐蚀性的物质，如果硫化氢、氯化氢、氮氧化物等，如果在设计时没有考虑到该类腐蚀产物的出现，不但会大大降低设备的使用寿命，还会使设备减薄、变脆，甚至承受不了设备的设计压力而发生突发事故。

2.生产过程复杂、工艺条件恶劣

现代化工生产过程复杂，从原料到产品，一般都需要经过许多工序和复杂的加工单元，通过多次反应和分离才能完成。化工生产过程广泛采用高温、高压、深冷、真空等工艺，有反应罐、塔、锅炉等各种各样的装置，再加上众多的管线，使工艺装置更加复杂化。同时，许多介质具有强烈的腐蚀性。受压设备在温度压力不断变化的情况下，常常存在潜在的泄漏、爆炸等危险。如果由于选材不当、材料失误、材质恶劣、介质腐蚀、制造缺陷、设计失误、缺陷漏检、操作不当、意外操作条件、难以控制的外部条件原因，压力容器就容易发生事故。有些反应要求的工艺条件苛刻，如丙烯和空气直接氧化产生丙烯酸的反应，物料配比在爆炸极限附近，且反应温度超过中间产物丙烯酸的自燃点，在安全控制上稍有失误就有发生爆炸的危险。因此，世界各国对化工承压设备的安全运行十分关注，做了大量的科学研究工作，从一般的失效分析到安全评定，发展到对提高可靠性、预测寿命课题的开发，建立案例库、专家系统，并向人工智能方向发展，以确保设备的安全运行。

3.生产规模大型化、生产过程连续化

现代工业生产装置越来越大，以求降低成本，提高生产效率，降低能耗。所以各国都把采用大型装置作为加快工业发展的重要手段。装置的大型化有效地提高了生产效率，但规模越大装置越复杂，危险源增多且不易判断。装置规模大型化在提高企业效率的同时，也使得工业生产中的安全隐患增大。化工生产从原料的输入到产品的输出具有高度的连续性，前后单元息息相关，相互制约，某一环节发生故障往往会影响到整个生产的正常进行。设备一旦发生故障，停产的损失也很大。

4.生产过程自动化程度高

由于装置大型化、连续化、工艺过程复杂化和工艺参数要求苛刻，因为现代化工生产过程中，人工操作已不能适应其需要，必须采取自动化程度较高的系统。近年来，随着计算机技术的发展，化工生产中普遍采用了DCS集散型控制系统，对生产过程中的各个参数及开停车情况实行监控、控制和管理，从而有效地提高了控制的可靠性。但是控制系统和仪器仪表维护不好，性能下降，也可能因检测或控制失效而发生事故。

5.事故紧急救援难度大

由于大量的易燃易爆物品、复杂的管线布置增加了事故应急救援的难度；一些管道、反应装置直接阻挡了最佳的救援路线，扑救必须迂回进行，施救难度大。

（二）化工安全生产的重要地位

由于化工生产具有以上特点，发生事故的可能性及后果的严重性比其他行业来说要大得多，所以安全生产显得尤为重要。安全是生产的前提，没有安全作保障生产就不能正常进行。安全是工业发展的关键，没有安全作保障，生产就不能实现向大型化连续化的方向发展。随着社会的发展，人类文明程度的提高，人们对安全的要求也越来越高，企业各级领导、管理干部、工程技术人员和操作人员都必须做到"安全第一，责任重于泰山"，把安全生产始终放在一切工作的首位；同时，还必须深入研究安全管理和预防事故的科学方法，控制和消除各种危险因素，做到防患于未然。对于担负着开发新技术、新产品的工程人员，必须树立安全观念，认真探讨和掌握伴随生产过程而可能发生的事故及预防对策，努力为企业提供技术先进、工艺合理、操作可靠的生产技术，使化学工业生产中的事故损失降低到最低限度。

四、化工设备安全的要求

化工装置大型化，在基建投资和经济效益方面的优势是无可争议的。但是，大型化是把各种生产过程有机地联合在一起，输入输出都是在管道中进行的。许多装置互相连接，形成一条很长的生产线。规模巨大、结构复杂，不再有独立运转的装置，装置之间互相作用、互相制约。这样就存在许多薄弱环节，使系统变得比较脆弱。为了确保生产装置的正常运转并达到规定目标的产品，装置的可靠性研究变得越来越重要。所谓可靠性是指系统设备元件在规定条件、规定时间下完成规定功能的概率。可靠性研究用得较多的是概率统计方法。化工装置可靠性研究，需要完善数学工具，建立化工装置和生产的模拟系统。概率与数理统计方法，以及系统工程学方法将更多地渗入化工安全研究领域。

化工装置大型化，加工能力显著增弱，大量化学物质都处在工艺过程中，增加了物料外泄的危险性。化工生产中的物料，大多本身就是能源或毒性源，一旦外泄就会造成重大事故，给生命和财产带来巨大灾难。这就需要对过程物料和装置结构材料进行更为详尽的考察，对可能的危险做出准确的评估并采取恰当的对策，对化工装置的制造加工工艺也提出了更高的要求。化工安全设计在化工设计中变得更加重要。

化工装置大型化，必然带来是生产的连续化和操作的集中化，以及全流程的自动控制。省掉了中间储存环节，生产的弹性大大减弱。生产线上每一环节的故障都会对全局产生严重的影响。对工艺设备的处理能力和工艺过程的参数要求更加严格，对控制系统和人员配置的可靠性也提出了更高的要求。

新材料的合成、新工艺和新技术的运用，可能会带来新的危险性。面临从未经历过的新的工艺过程和新的操作，更加需要辨识危险，对危险进行定性和定量的评价，并根据评价的结果采取优化的安全措施。对危险进行辨识和评价的安全评价技术的重要性越来越突出。

化学工业的技术进步，为满足人类的衣食住行等诸方面的需求作出了重要的贡献。但作为负面结果，在化学工业生产过程中也出现了新的危险性。化工安全必须采取新的理论方法和新的技术手段应对化学工业生产中出现的新的隐患，与化学工业同步发展。

化学工业的初期只是伴有化学反应的工艺制造过程，进而包括以过程产品为原料的工业。化学工业随着技术的进步和市场的扩大迅速发展起来，目前已占整个制造业的30%以上，在化工生产中，从原料中间体到成品，大都具有易燃易爆毒性等化学危险性；化工工艺过程复杂多样化，高温、高压、深冷等不安全的因素很多。事故的多发性和严重性是化学工业独有的特点。

大多数的化工危险都具有潜在的性质，即存在"危险源"，危险源在一定的条件下可发展成为"事故隐患"，而事故隐患继续失控下去则转化为事故的可能性会大大增加。因此，可以得出以下结论，即危险失控，可导致事故；危险受控，能获得安全。所以，辨识危险源成为重要问题。目前，国内外流行的安全评价技术，就是在危险源辨识基础上，对存在的危险源进行定性和定量的评价，并根据评价的结果采取优化的安全措施。提高化工生产的安全性，需要增加设备的可靠性，同样也需要加强现代化的安全管理。

第二节　化工设备安全技术与管理的发展

化学工业的快速发展以及安全发展的战略需求，致使化工生产过程安全越来越受到重视，尤其是对化工过程设备的安全技术及管理水平的发展程度和需求提出了更高的要求。

一、化工设备安全技术发展要求

（一）无损检测技术发展的要求

无损检测技术是目前物理学、电子学、电子计算机技术、信息处理技术、材料科学等学科的成果基础上发展起来的一门综合性技术，是现代工业过程设备安全管理体系中的主要技术之一，不是其他检测技术可以替代的。加强和发展无损检测技术是现代工业发展的重要保证。无损检测技术是保证过程设备安全运行的一门共性技术，已被广泛应用于现代工业的各个领域。先进发达的工业国家特别重视无损检测技术。美国为了保持它在世界上的领先地位，早在1979年的一次政府工作报告中就提出成立六大技术中心，其中之一就是无损检测技术中心。从这里可以看到工业发达国家对无损检测技术的重视和无损检测技术在现代工业发展中的地位。

在现代化学工业的发展过程中，随着运行条件（设计）不断向高温、高压、高速、高应力发展，对材料的要求越来越高，允许材料和部件内部存在的缺陷越来越小，并要求得知缺陷的形态和性质，以便对检测对象做出全面的分析和判断。正是由于无损检测技术在过程设备安全管理中的无可替代的作用，使得无损检测技术成为现代工业发展过程中重要的安全措施。

（二）化工设备本质安全化发展的要求

1977年，英国化工安全专家科雷兹（A.Kletz）向英国化工协会提交的报告中，第一次提出了"本质安全"的概念，并提出了化工生产过程本质安全设计的基本原理。其核心思想是从根源上消除或减小危险，而不是依靠附加的安全防护装置或措施控制危险。

本质安全设计和评价是实现化工过程安全"源头治本"的关键。从广度和深度来讲，其不仅仅是在模型中引入危险评价目标，更重要的是，将学科的基础深入到分子层次，并延伸到了生态层次的变化和发展，涵盖了从分子→聚集体→界面→单元过程→多元过程→工厂→工业园直至人们赖以生存的自然生态环境的全过程。

20世纪90年代，作为实现可持续和生态工业的关键技术，本质安全理论和应用研究进入活跃期，受到了安全科学界的高度重视，也日益被工业界所重视。一些发达国家如美国、英国等出台相关法规，强制某些行业、设备、工艺设计中必须使用本质安全设计原理和方法。目前，化工设备本质安全评价采用的还主要是定性或半定量方法，使得经验成分多，对系统危险性的描述缺乏深度定量化，实现化工设备全流程的本质安全是人们追求的主要目标。

（三）化工设备安全分析与设计的发展要求

安全可靠的设备是化工过程生产顺利实施的基础和先决条件。当前，国内外学者在这一领域的研究主要集中在两方面：一方面研究探讨化工装备性能衰退与失效演化的物理机制与过程，以形成安全寿命预测与设计的理论基础；另一方面则致力于发展建立安全评价的科学方法，以形成满足工业要求的标准和技术。

为提高化工装置和结构的安全水平，长期以来各国学者和政府机构均进行了不懈的努力。欧洲标准化委员会（CEN）早在1985年就专门建立了23个有关设备与装置安全的标准化委员会，并先后制定了600多项装置安全方面的标准。通过大量基础研究，先后形成了多个安全评价的模型与方法，如由欧洲9个国家17个研究机构经过3年多工作形成的欧洲工业结构完整性评定方法（SIN-TAP），采用了失效评定图（FAD）和裂纹推动力技术（CDF）。由英国能源公司（British Energy）、英国核燃料公司（BNFL）及英国原子能管理局（AEA）联合编制的《含缺陷结构的完整性评定》（Revision4，2000）先后纳入了先漏后爆（LBB）评定、裂纹止裂评定、概率断裂评定和位移控制载荷下的评定，还考虑了拘束度影响的修正、强度不匹配影响的修正、局部法及加载历史的影响等，均得益于长期基础研究的成果。

与工业发达国家已系统性地开展了几十年的研究工作相比，我国的研究时间较短，尤其是基础研究薄弱。20世纪80年代后期，经过联合攻关形成了《压力容器缺陷评定规程》（CVDA-84），其后经过20余年的努力又完成国家标准GB/T 19624—2004《在用含缺陷压力容器安全评定》。但这一标准目前只涉及了承压装备的弹塑性断裂和疲劳评定问题，不能用来处理腐蚀、应力腐蚀、高温等环境下特种设备的失效和安全评定问题，而且，新版国家标准GB/T 19624—2004所采用的失效评定图技术路线，也局限于西方发达国家20世纪90年代末的水平，对近期国际上在材料、断裂力学、测试技术方面的最新研究成果，则没有包括。另一方面，近年来，为了从系统上把握装置的安全性，国际上进一步开展了装置风险评估和基于风险的检验等研究，美国石油协会（API）提出了石化装备基于风险的检测标准，挪威船级社等也建立风险评价和管理技术方法，国内则缺乏相关的技术和规范依据。

（四）化工过程安全控制设计的发展要求

长期以来，生产过程的工艺过程设计注重工艺过程本身，对动态过程操作性能考虑较少，对两者之间的相互影响考虑较少，而控制系统的设计对工艺特性知识没有充分了解和利用。近20年来，由于先进控制技术突破了常规的单参数PID控制模式，着重于生产过程的整体控制，即以整个生产过程为对象，把主要被控量和控制量全部纳入控制系统，因而，具有良好的控制性能，整体控制既保证了整个装置的稳定运行，又达到卡边优化生产的目标。先进控制技术是一种比较适合于全过程安全控制的控制思想，但目前主要用于提高生产过程的高价值产品收率、增加处理能力、节能降耗方面，在化工过程安全控制方面的应用研究还基本上没有涉及。

（五）化工过程运行异常工况预测预警技术发展要求

当生产过程处于正常状态时，现场操作人员通常依靠控制系统即可维持平稳操作。但是，化工过程运行还存在其他多种状态，如正常状态、过渡状态、异常状态、事故状态、灾难状态等。一旦生产出现了异常状态，甚至是事故状态，常规的控制系统可能就无能为力了，必须由现场操作人员根据从控制系统采集到的数据、对过程的了解和经验，作出判断并采取合理的措施，使生产过程重新回到正常状态。对于一个简单的化工过程，操作人员不难做到这一点，但对于复杂的过程，除非极富经验的操作人员，要及时作出正确操作决策就非常难了，甚至有可能被各种冗杂的数据和信号误导，作出错误的决策。据统计，在发生的事故中，其中约70%是操作失误引起的。

随着生产过程自动化技术的发展，国外对重大化工装置安全运行的监控与预警技术的研究不断加强。广泛应用现代系统安全工程原理与方法，使监控预警的功能不断丰富，常集数据采集、状态监测、故障识别、智能诊断决策、危害范围预测、应急控制、维修决策、网络通信等功能于一体。在监测预警系统设计方面，目前更倾向于采用独立、开放的系统，注重与现有PLC和DCS系统硬件的兼容性，采用神经元检测器智能节点，具有较强的容错性和更强的诊断功能。

国外在石油化工装置故障检测与诊断方面进行了大量的研究与开发，包括现场数据的远程采集、诊断规则的修改与完善等。试用结果表明，所提出的异常工况预警模型适用范围不够宽泛，仅适用于正常生产运行过程，不适用于开车、停车等过渡过程，也不适用于由于原料性质变化、设备老化或设备改造等因素导致过程特性变化的情况。充分利用现代系统工程理论和技术、信息技术和智能控制的先进成果，建立化工过程自适应性强的全周期异常工况下的决策与指导系统，防止误操作系统应是一个研究重点。近年来，国内化工相关生产领域通过积极推进 HSE 管理体系，整体安全生产技术水平有了明显的提高，但与世界发达国家相比依然存在较大差距。从事故预防角度，应从行政管理手段为主逐渐过渡到以科学防范为主。

二、化工设备安全管理发展要求

过程安全管理极其重要的一环是相关设备的设计、制造、安装及保养，不符合规格或规范的设备是造成化学灾害及安全事故的主要原因之一。设备完整性管理技术对应于 PSM 中的第 8 条，是从设备上保障过程安全。设备完整性管理技术是指采取技术改进措施和规范设备管理相结合的方式，来保证整个装置中关键设备运行状态的完好性。其特点如下。

（1）设备完整性具有整体性，是指一套装置或系统的所有设备的完整性。

（2）单个设备的完整性要求与设备的装置或系统内的重要程度有关。即运用风险分析技术对系统中的设备按风险大小排序，对高风险的设备需要加以特别的照顾。

（3）设备完整性是全过程的，从设计、制造、安装、使用、维护，直至报废。

（4）设备资产完整性管理是采取技术改进和加强管理相结合的方式来保证整个装置中设备运行状态的良好性，其核心是在保证安全的前提下，以整合的观点处理设备的作业，并保证每一作业的落实与品质保证。

（5）设备的完整性状态是动态的，设备完整性需要持续改进。

（一）设备完整性管理体系

设备完整性管理是以风险为导向的管理系统，以降低设备系统的风险为目标，在设备完整性管理体系的构架下，通过基于风险技术的应用而达到目的。设备完整性管理包括基于风险的检验计划和维护策略，即基于时间的、基于条件的、正常运行情况或故障情况下的维护。这些策略与公司和工厂的设备可用性及安全目标有关。其核心是利用风险分析技术识别设备失效的机理、分析失效的可能性与后果，确定其风险的大小；根据风险排序制定有针对性的检维修策略，并考虑将检维修资源从低风险设备向高风险设备转移；以上各环节的实施与维持用体系化的管理加以保证。因此，设备完整性管理的实施包括管理和技术两个层面，即在管理上建立设备完整性管理体系；在技术上以风险分析技术作支撑，包括针对静设备、管线的 RBI 技术，针对动设备的 RCM 技术和针对安全仪表系统的 SIL 技术等。

（1）基于风险的检验技术（RBI）。RBI（Risk-Based Inspection）技术可用于

所有承压设备的检验，这些设备的完整性受到某些现有损伤机理的影响而逐渐恶化。RBI分析所有可能导致静设备及管线无法承压的损伤机理及失效后果，如均匀腐蚀或局部腐蚀等。目前，工业标准有美国石油学会制定的用于炼油厂和石油化工厂的基于风险的检验（RBI）方法——APIRP 580及API 581。

（2）以可靠性为中心的维修技术（RCM）。RCM（Reliability Centered Mainte - nance）技术是一种维修的理念、一种维修的策略、一种维修的模式。依据可靠性状况，应用逻辑判断方法确定维修大纲，达到优化维修的目的。第一个得到认可的可用于所有工业领域的商用标准是汽车工程师协会（SAE）的JA101 "1 RCM工艺评价准则"。

（3）安全完整性水平分析技术（SIL）。SIL（Safety Integrity Level）技术是针对工厂中的车间、系统、设备的每一安全系统进行风险分析的基础上评估SIL，并依据这个准则来确定最低的设计要求和测试间隔。遵守的通用工业标准为IEC61508，石化行业的工业标准为IEC61511。实施基于风险的设备完整性管理可优化企业的设备资产资源，提高设备的安全性、可用性和经济性，延长装置的运转周期，使企业在确保安全生产的前提下，提高成本效益，增强企业的市场竞争力。

（4）保护层分析技术（LOPA）。LOPA（Layer Of Protect Analysis）技术是一种半定量风险分析方法，用于分析在用的保护层是否能够有效地减轻过程危险。它是利用已有的过程危险分析技术，去评估潜在危险发生的概率和保护层失效的可能性的一种方法。LOPA是一种确保过程风险被有效缓解到一种可接受的水平的工具，能够快速有效地识别出独立保护层（IPL），降低特定危险事件发生的概率和后果的严重度。LOPA提供专用标准和限制性措施来评估独立保护层，消除定性评估方法中主观性，同时降低定量风险评估的费用。

（二）化工设备安全管理发展趋势

（1）目前，设备风险管理上缺少体系上的保证。风险分析工作停留在报告上，难以落实到生产过程中。建议在石化企业内推行基于风险设备完整性管理，参照国外标准，制定中国石化集团公司的"设备资产完整性管理导则"。

（2）目前，风险分析主要采用了美国或英国的风险评估技术和方法，在制定风险控制策略时，国家和中国石化都没有相应的风险管理标准可依据。制定中国石化风险管理标准势在必行。

（3）由于历史原因我国缺乏完整的、系统的承压设备失效模式数据库、损伤或劣化程度数据库等基础数据，直接影响风险评估技术应用结果的准确性和适用性。建立典型石化设备失效案例数据库，在中国石化集团公司内建立设备失效信息交流和共享机制。

（4）随着RBI等设备风险分析技术的应用，其效果和作用显现，在石化企业内全面推广应用的环境条件已逐渐成熟。建议在石化企业内进行RBI等风险分析技术培训和应用。

（5）选择典型装置进行基于风险的设备完整性管理试点，建立样板工程。试点建立设备资产完整性管理体系，推进RBI、RCM和SIL等风险技术和RBI软件的应用。

第二章　工程力学

第一节　物体的受力分析及其平衡条件

一、力的概念和基本性质

（一）力的概念

人们对于力的感性认识最初是从推、拉、举、掷等肌肉活动中得来的。例如推小车时，手臂上的肌肉紧张，有用力的感觉，同时还观察到小车由静止变为运动的速度由慢变快，或者使运动的方向有了改变。又如用手拉一根弹簧时，手臂的肌肉也有用力的感觉，还会看到弹簧伸长产生变形。在进一步的实践中又观察到不仅人对物体能有这样的作用，物体对物体也能产生这种作用。如在弹簧上挂一重锤，同样会使弹簧伸长。归纳各种受力的例子发现：物体与物体间的相互作用既会引起物体运动状态的改变，也会引起物体的变形，其程度与物体间相互作用的强弱有关。人们为了度量上述物体间相互作用所产生的效果，就把这种物体间的相互作用称为力。

由此可见，力是通过物体间相互作用所产生的效果体现出来的。因此，我们认识力、分析力、研究力都应该着眼于力的作用效果。上述提到的力使物体运动状态发生改变的现象，称为力的外效应；而力使物体发生变形的现象，则称为力的内效应。

单个力作用于物体时，既会引起物体运动状态的改变，又会引起物体的变形。两个或两个以上的力作用于同一物体时，则有可能不改变物体的运动状态而只引起物体变形。当出现这种情况时，称物体处于平衡状态。这表明作用于该物体上的几个力的外效应彼此抵消。

力作用于物体时，总会引起物体变形。但在正常情况下，工程用的构件在力的作用下变形都很小。这种微小的变形对力的外效应影响也很小，可以忽略。这样，在讨论力的外效应时，就可以把实际变形的物体看成不发生变形的刚体。所以，当称物体为刚体时，就意味着不去考虑力对它的内效应。本节研究的对象都是刚体，讨论的是力的外效应。

对力的概念的理解应注意两点：①力是物体之间的相互作用，离开了物体，力是不能存在的；②力既然是物体之间的相互作用，可见，力总是成对地出现于物体之间。相互作用的方式可以是直接接触，如人推小车；也可以不直接接触而相互吸引或排斥，如地球对物体的引力（即重力）。因此，在分析力时，必须明确以哪一个物体为研究对象，分析其他物体对该物体的作用。

实践证明，对物体作用的效果取决于三个要素：①力的大小；②力的方向；③力的作用点。其中任何一个有了改变，力的作用效果也必然改变。力的大小表明物体间机械作用的强弱程度。

力有集中力和分布力之分。按照国际单位制，集中力的单位用"牛顿"（N）和"千牛顿"（kN）表示；分布力的单位用"牛顿每平方米"（N/m^2）和"牛顿每平方毫米"（N/mm^2）表示，又称帕斯卡（Pa）和兆帕斯卡（MPa）。

力是具有大小和方向的物理量，这种量叫作矢量，与常见的仅用数量大小就可以表达的物理量（如体积、温度、时间等）不同。只有大小而无方向的量叫作标量。矢量用黑体斜体字母或字母上加一横表示，例如F表示力。在图示中通常用带箭头的线段来表示力。线段的长度表示力的大小，箭头所指的方向表示力的方向，线段的起点或终点画在力的作用点上。

（二）力的基本性质

1.作用与反作用定律

物体间的作用是相互的，作用与反作用定律反映了两个物体之间相互作用力的客观规律。起吊重物时，重物对钢丝绳的作用力P与绳对重物的反作用力T同时产生，且大小相等、方向相反，作用在同一条直线上。力既然是两个物体之间的相互作用，所以就两个物体而言，作用力与反作用力必然永远同时产生，同时消失，而且一旦产生，它们的大小必相等，方向必相反，作用在同一条直线上。这就是力的作用与反作用定律。成对出现的这两个力分别作用在两个物体上，因而它们对各自物体的作用效应不能相互抵消。

2.二力平衡定律

任何事物的运动都是绝对的，静止是相对的、暂时的、有条件的。在力学分析中，把物体相对于地球表面处于静止或匀速直线运动的状态称为平衡状态。当物体上只作用有两个外力而处于平衡时，这两个外力一定是大小相等、方向相反，并且作用在同一直线上。

仍以起吊重物为例，重物A受两个力作用，向下的重力P和向上的拉力T，它们方向相反，沿同一直线。当物体停止在半空中或做匀速直线运动时，这时物体处于平衡，即T=P。由此可知，作用于同一物体上的两个力处于平衡时，这两个力总是大小相等、方向相反，并且作用在同一直线上。这就是二力平衡定律。

应当注意，在分析物体受力时，不要把二力平衡同作用与反作用混淆，前者是同一物体上的两个力的作用；后者是分别作用于两个物体上的两个力，它们的效果不能互相抵消。

3.力的平行四边形法则

力的平行四边形法则反映同一物体上力的合成与分解的基本规则。作用在同一物体上的相交的两个力，可以合成为一个合力。合力的大小和方向可以由以这两个力的大小为边长所构成的平行四边形的对角线表示，作用线通过交点，这个规则叫作力的平行四边形法则。

如图2-1所示，作用于物体上A点的两个力F_1与F_2的合力为R。按照平行四边形法则进行合成的方法叫作矢量加法，写作

$$R=F_1+F_2 \tag{2-1}$$

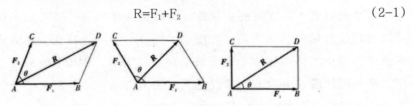

图2-1 力的平行四边形法则

从力的平行四边形法则不难看出，一般情况下，合力的大小不等于两个分力大小的代数和。它可以大于分力，也可以小于分力，有时还可以等于零。

作用于同一物体上的若干个力叫作力系。力系中各个力的作用线汇交于一点的叫作汇交力系。对于汇交力系求合力，平行四边形法则依然适用，只要依次两两合成就可以求得最后的合力R。现假设作用于某物体A点上有三个力F_1、F_2与F_3，可以先求得F_1与F_2的合力R_1，然后再将R_1与F_3合成为合力R。

不但可以合成力，根据实际问题的需要还可以把一个力分解为两个分力。分解的方法仍是应用力的平行四边形法则。例如搁置在斜面上的重物，它的重力P就可以分解为与斜面平行的下滑力P_x，与斜面垂直的正压力P_y。正是这个下滑力P_x使得物体有向下滑动的趋势。

对于多个力的合成，用矢量加法作图求解不很方便。如果应用力在直角坐标

轴上投影的方法，将矢量运算转化为代数运算，则可较方便地求出合成的结果。下面介绍力在直角坐标轴上的投影。

图2-2表示物体上A点受F力的作用，Oxy是任意选取的直角坐标系。设力F与x轴的正向夹角为α。由图可以看出，力F在x轴与y轴上的投影分别为

$$F_x=F\cos\alpha、F_y=F\sin\alpha \tag{2-2}$$

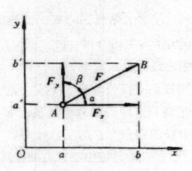

图2-2 力的投影

力在x轴上的投影等于力的大小乘以力与投影轴所夹锐角的余弦，如果投影的方向与坐标轴的正向相同，投影为正；反之为负。力的投影是代数量。显然，当α=0°或180°时，力F与x轴平行，则力F在x轴上的投影$F_x=F$或$-F$；当α=90°时，力F与x轴垂直，$F_x=0$。

设物体上某点A受两个力F_1、F_2作用，如图2-3所示。为了求它的合力，可以先分别求出它们在某一坐标轴上的投影，然后代数相加，就可以得到合力在坐标轴上的投影：

$$R_x=\sum F_x=F_{1x}+F_{2x}=F_1\cos\alpha_1+F_2\cos\alpha_2$$
$$R_y=\sum F_y=F_{1y}+F_{2y}=F_1\sin\alpha_1+F_2\sin\alpha_2 \tag{2-3}$$

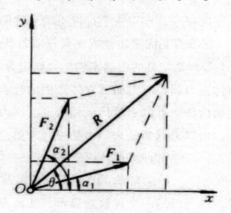

图2-3 两力的合成

合力在某一坐标轴上的投影等于所有分力在同一坐标轴上投影的代数和。这

个规律叫作合力的投影定理，对于多个力的合成仍然适用，有了合力在坐标轴上的投影，就不难求出合力的大小和方向。

二、力矩与力偶

（一） 力矩的概念

在生产实践中，人们利用了各式各样的杠杆，如撬动重物的撬杠、称东西的秤等。这些不同的杠杆都利用了力矩的作用。由实践经验知道，用扳手拧螺母时，扳手和螺母一起绕螺栓的中心线转动。因此，力使物体转动的效果，不仅取决于力的大小，而且与力的作用线到O点的距离 d 有关。这样，就有了力矩定义：力对O点的矩是力使物体产生绕O点转动的效应量度。它可以用一个代数量表示，其绝对值等于力矢的模与力臂的乘积，它的正负分别表示该力矩使物体产生的逆时针和顺时针的两种转向。O点叫作力矩中心；力的作用线到O点的垂直距离 d 叫作力臂；力臂和力的乘积叫作力对O点的力矩。可以表示为

$$M_O(F) = \pm F \cdot d \tag{2-4}$$

式中正负号表示力矩转动的方向，一般规定：逆时针转动的力矩取正号；顺时针转动的力矩取负号。力矩的单位为 N·m 或 kN·m。

显然，力的大小等于零，或力的作用线通过力矩中心（力臂等于零），则力矩为零。这时不能使物体绕O点转动。如果物体上有若干个力，当这些力对力矩中心的力矩代数和等于零，即

$$M_O(F) = 0$$

时，原来静止的物体，就不会绕力矩中心转动。

（二） 力偶

力偶是大小相等、方向相反、作用线平行但不重合的两个力组成的力系，它对物体产生纯转动效应（即不需要固定转轴或支点等辅助条件）。例如，用丝锥攻螺纹、用手指旋开水龙头等均是常见的力偶实例。力偶记为（F，F'）。力偶中二力之间相距的垂直距离称为力偶臂。力偶对物体产生的转动效应应该用构成力偶的两个力对力偶作用平面内任一点之矩的代数和来量度，人们称这两个力对某点之矩的代数和为力偶矩。所以力偶矩是力偶对物体转动效应的量度。若用 M 或 M（F，F'）表示力偶（F，F'）的力偶矩，则有

$$M = \pm Fl \tag{2-5}$$

力偶矩和力矩一样，也可以用一个代数量表示，其数值等于力偶中一力的大小与力偶臂的乘积，正负号则分别表示力偶的两种相反转向，若规定逆时针转向为正，则顺时针为负。这是人为规定的，作与上述相反的规定也可以。

力偶具有以下三个主要性质。

（1）只要保持力偶矩的大小及其转向不变，力偶的位置可以在其作用平面内任意移动或转动，还可以任意改变力的大小和臂的长短，而不会影响该力偶对刚体的效应。

（2）组成力偶的两个力既不平衡，也不能合成为一个合力。因此，力偶的作用不能用一个力代替，只能用力偶矩相同的力偶代替；力偶只能用力偶平衡。

（3）组成力偶的两个力对作用面内任意点的力矩之和等于力偶矩本身。因此，力偶也可以合成。在同一平面内有两个以上力偶同时作用时，合力偶矩等于各分力偶矩的代数和，即 $M=\sum M_i$。如果静止的物体不发生转动，则力偶矩的代数和为零，即 $\sum M_i=0$。

（三） 力的平移

力和力偶都是基本物理量，在力与力偶之间不能互相等效代替，也不能相互抵消各自的效应。但是这并不是说力与力偶之间没有联系。下面要讨论力的平移定理，正是要揭示这种联系。

力的平移方法可用来分析力对物体作用的效果。悬挂件的总重量为 P，与主塔中心线间有一偏心距 e，P 力对主塔支座所起的作用效果可用力的平移方法来分析。为此在主塔中心线上加上两个力 P'与 P"，使它们大小相等，并令 P'=P"=P，P'与 P"方向相反，与 P 互相平行。不难看出 P'与 P"符合二力平衡条件。从整体而言，加上这两个力后，由 P、P'与 P"三个力组成的力系的作用与 P 力单独作用效果相等。但从另一角度分析，可以看成是把 P 力平移了一个偏心距 e 成为 P'，与此同时附加了个力偶（P，P'），其力偶矩 M 的大小等于 P·e。因此，有偏心距的力 P 对支座的作用，相当于一个力 P'和一个力偶矩 M 的共同作用，力 P'压向支座，力偶矩 M 使塔体弯曲，支座承受了压缩和弯曲的联合作用。

可以从"等效代替"的观点理解力的平移定理：虽然力与力偶都是在本物理景，这二者不能相互等效代替，但是一个力却可以用一个与之平行且相等的力和一个附加力偶来等效代替。反之，一个力和一个力偶也可以用另一个力来等效代替。

三、物体的受力分析及受力图

物体的受力分析，就是具体分析物体所受力的形式及其大小、方向与位置。只有在对物体进行正确的受力分析后，才有可能根据平衡条件由已知外力求出未知外力，从而为设备零部件的强度、刚度等设计和校核打下基础。

已知外力主要指作用在物体上的主动力，按其作用方式有体积力和表面力两种。体积力是连续分布在物体内各点处的力，如均质物体的重力，单位是 N/m^3 或 kN/m^3；表面力常是在接触面上连续分布的力，如内压容器的压力和塔器表面承受的风压等，单位是 N/m^2 或 kN/m^2；如果被研究物体的横向尺寸远远小于长度尺寸，则量度其体积力和表面力大小均用线分布力表示，单位是 N/m 或 kN/m。两个直接接触的物体在很小的接触面上互相作用的分布力，可以简化为作用在一点上的集中力，如化工管道对托架的作用力，单位是 kN 或 N。

未知外力主要指约束反力。如何分析约束反力是本节讨论的重点。

（一）约束和约束反力

如果物体只受主动力作用，而且能够在空间沿任何方向完全自由地运动，则称该物体为自由体。如果物体的运动在某些方向上受到了限制而不能完全自由地运动，那么就称该物体为非自由体。限制非自由体运动的物体叫约束。例如轴只能在轴承孔内转动，不能沿轴孔径向移动，于是轴就是非自由体，而轴承就是轴的约束。塔设备被地脚螺栓固定在基础上，任何方向都不能移动，地脚螺栓就是塔的约束；重物被吊索限制使其不能掉下来，吊索就是重物的约束；等等；可以看到，无论是轴承、基础，还是吊索，它们的共同特点是直接和物体接触，并限制物体在某些方向的运动。

当非自由体的运动受到它的"约束"限制时，在非自由体与其约束之间就要产生相互作用的力，这时约束作用于非自由体上的力就称为该约束的约束反力。当一个非自由体同时受到几个约束作用时，那么该非自由体就会同时受到几个约束反力作用。如果这个非自由体处于平衡，那么这几个约束反力对该非自由体所产生的联合效应必正好抵消主动力对该物体所产生的外效应。所以约束反力的方向，必定与该约束限制的运动方向相反。应用这个原则，可以确定约束反力的方向或作用线的位置。至于约束反力的大小，则需要用平衡条件求出。

工程中的各种约束，可以归纳为以下几种基本形式。

1.柔性体约束

这类约束由柔性物体如绳索、链条、皮带、钢丝绳等构成。这种约束的特点是：①只有当绳索被拉直时才能起到约束作用；②这种约束只能阻止非向由体沿绳索伸直的方向朝外运动，而限制不了非自由体在其他方向的运动。所以，这种约束的约束反力的作用线应和绳索伸直时的中心线重合，方向沿作用点背离自由体。

2.光滑接触面约束

这类约束是由光滑支撑面如滑槽、导轨等构成。支撑面与被约束物体间的摩擦力很小，可以略去不计。它的特点是只能限制约束物体沿接触面公法线方向向着支撑面内的运动。因此这种约束的约束反力方向是沿着接触面的公法线方向指向被约束物体。

3.铰链约束

圆柱形铰链约束是由两个端部带有圆孔的构件用一销钉连接而成的。常见的有下列两种。

1）固定铰链支座约束

图2-4（a）中固定铰链支座由固定支座1和杆2并用销钉3连接而成。它的特点是被约束物体只能绕销钉的轴线转动，而不能上下左右移动。约束反力的方向随主动力的变化而变化，通过铰链中心，可以用它的两个分力N_x与N_y表示，如图2-4（b）所示。

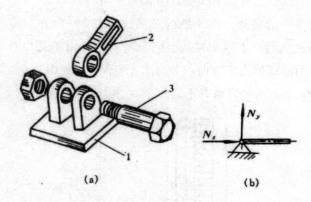

图2-4　固定铰链支座约束

化工厂中立式容器上用的吊柱，是用支撑板A和球面支撑托架B支撑的，吊柱可借转杆转动，支撑板圆孔对吊柱的作用可简化为颈轴承；

2）活动铰链支座约束

支座下面有几个圆柱形滚子，支座可以沿支撑面滚动。桥梁、屋架上经常采用这种活动铰链支座，当温度变化引起桥梁伸长或缩短时，允许两支座的间距有微小变化。又如化工厂的卧式容器的鞍式支座，左端是固定的，右端是可以活动的，也可以简化为活动铰链支座。这类支座的特点是只限制被约束物体沿垂直支撑面方向的运动，因此约束反力的方向必垂直于支撑面，并通过铰链中心。

4.固定端约束

固定端约束的特点是限制被约束物体既不能移动，又不能转动，被约束的一端完全固定。如塔器的基础对塔底座是固定端约束。其约束反力除有N_x与N_y外，还应有阻止塔体倾倒的力偶矩M；悬管式管道托架，一端插入墙内，另一端为自由端，墙对托架也起到固定端约束的作用。固定端约束反力由力与力偶组成，前者阻止被约束物体移动，后者阻止转动。

（二）受 力 图

为了清晰地分析与表示构件的受力情况，需要将研究的构件（研究对象）从与它发生联系的周围物体中分离出来，把作用于其上的全部外力（包括已知的主动力和未知的约束反力）都表示出来。这样做成的表示物体受力情况的简图称为受力图。

四、平面力系的平衡方程式

作用在一个物体上的各力的作用线分布在同一平面内，或者可以简化到同一平面内的力系叫作平面力系；各力的作用线分布在空间的力系叫作空间力系。在工程实际中有很多结构的受力情况可以简化为平面力系。

例如化工设备中的塔器，由于结构对称，重力 Q 一定在对称面内；塔体上的风载荷在塔体的迎风面积上本来是按空间分布的，但由于受力对称，同样可以简化到对称面内，用沿塔体高度方向的分布力 q 来表示，如图 2-6 所示。加上支座反力 N_x、N_y 与力偶矩 M，这些力组成平面力系。

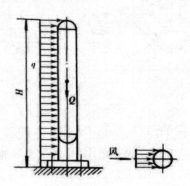

图 2-5 塔器受力

上述屋架、管道支架和塔器都是物体在平面力系作用下的实例。下面讨论物体在平面力系作用下平衡应满足的条件、平衡方程式及其应用。

物体在平面力系作用下处于平衡，就意味着物体相对于地球表面不能有任何运动产生，既不能移动，又不能转动。不能移动，就要求所有力在水平方向和铅垂方向投影的代数和等于零；不能转动，就要求所有力对任意点的力矩的代数和等于零。因此平面力系平衡时必须满足下面三个代数方程式：

$$\sum F_x=0, \quad \sum F_y=0, \quad \sum M_0(F)=0 \tag{2-6}$$

这组方程的前两个，称为力的投影方程，它表示力系中所有力对任选的直角坐标系两轴投影的代数和等于零。第三个式子称为力矩方程，它表示所有的力对任一点之矩的代数和等于零。由于这三个方程相互独立，故可用来解三个未知量。

平面一般力系的平衡方程还可以写成其他形式，如

$$\sum M_A=0, \quad \sum M_B=0, \quad \sum F_x=0 \tag{2-7}$$

其中 A 和 B 是平面内任意两个点，但 AB 连线不能垂直于 x 轴。

满足式（2-7）中的 $\sum M_A=0$，即表示该平面力系向 A 点简化的主矩为零，就是说该力系简化结果不是力偶，如果是一个力的话，那么这个合力的作用线必过 A 点。同理，如果力系又满足 $\sum M_B=0$，那么可断定，该力系的简化结果如果有合力，则此力必过 A、B 点。但若同时又满足 $\sum F_x=0$，而且 AB 连线又不垂直于 x 轴，那就否定了该力系简化结果得合力的可能。于是可得结论：满足式（2-7）的平面，一般力系必是平衡力系。

此外，平面一般力系的平衡方程还可用第三种形式表达，即

$$\sum M_A=0, \quad \sum M_B=0, \quad \sum M_C=0 \tag{2-8}$$

其中 A、B、C 是平面内不能共线的三个任意点。为什么满足这三个条件的力系必是平衡力系，请读者自证。

第二节　直杆的拉伸和压缩

现在进一步研究物体在外力作用下发生变形或破坏的规律，以保证机器设备零部件在外力作用下不致发生破坏或产生过大的变形。要设计一个既满足强度、刚度和稳定等方面的要求，又尺寸小、重量轻、结构形状合理的构件，就必须既能正确地分析和计算构件的变形和内力，又了解和掌握构件材料的力学性质，使材料能够在安全使用的前提下发挥最大潜力。

在工程实际中，构件的形状很多。如果构件的长度比横向尺寸大得多，这样的构件就称为杆件。杆件的各个横截面形心的连线称为轴线。如果杆的轴线是直线，而且各横截面都相等，就称为等截面直杆。除此以外还有变截面直杆、曲杆等。下面主要研究等截面直杆。如果构件的厚度比起它的长和宽两个方向的尺寸小得多，这样的构件就称为薄板或壳，例如锅炉和化工容器等。

当载荷以不同方式作用在杆件上时，杆件将产生不同变形。杆件变形的基本形式有以下几种（表2-1）。

（1）拉伸。当杆件受到作用线与杆的轴线重合的大小相等、方向相反的两个拉力作用时，杆件将产生沿轴线方向的伸长。这种变形称为拉伸变形。

（2）压缩。当杆件受到作用线与杆的轴线重合的大小相等、方向相反的两个压力作用时，杆件将产生沿轴线方向的缩短。这种变形称为压缩变形。

（3）弯曲。当杆件受到与杆轴垂直的力作用（或受到在通过杆轴的平面内的力偶作用）时，杆的轴线将变成曲线。这种变形称为弯曲变形。

（4）剪切。当杆件受到作用线与杆的轴线垂直，而又相距很近的，大小相等、方向相反的两个力作用时，杆上两个力中间的部分，各个截面将相互错开。这种变形称为剪切变形。

（5）扭转。当杆件受到在垂直于杆轴平面内的大小相等、转向相反的两个力偶作用时，杆件表面的纵线（原来平行于轴线的纵向直线）扭歪成螺旋线。这种变形称为扭转变形。

复杂的变形可以看成是以上几种基本变形的组合。以下几节讨论基本变形的强度、刚度和稳定问题，也就是材料力学通常所要解决的问题。本节首先讨论直杆的拉伸与压缩。

表 2-1 杆件的基本变形形式

基本变形形式	变形简图	实例
拉伸		连接容器法兰用的螺栓
压缩		容器的立式支腿
弯曲		各种机器的传动轴、受水平风载的塔体
剪切		悬挂式支座与筒体间的焊缝、键、销等
扭转		搅拌器的轴

一、直杆的拉伸和压缩

（一）工程实例

工程实际中直杆拉伸和压缩的实例很多。例如起吊设备时的绳索和连接容器法兰用的螺栓，它们所受的都是拉伸作用力；容器的立式支腿和千斤顶的螺杆，则是受压缩的构件。

拉伸和压缩时的受力特点是：沿着杆件的轴线方向作用一对大小相等、方向相反的外力。当外力背离杆件时称为轴向拉伸，外力指向杆件时称为轴向压缩。

拉伸和压缩时的变形特点是：拉伸时杆件沿轴向伸长，横向尺寸缩小；压缩时杆件沿轴向缩短，横向尺寸增大。

（二）拉伸和压缩时横截面上的内力

物体在未受外力作用时，组成物体的分子间本来就存在相互作用的力。受外力作用后物体内部相互作用力的情况要发生变化，同时物体要产生变形，这种由外力引起的物体内部相互作用力的变化量称为附加内力，简称内力。物体的变形及破坏情况与内力有着密切联系，因而在分析构件的强度与刚度问题时，要从分析内力入手。现在来讨论拉伸和压缩时横截面上内力的求法。

研究图2-6（a）所示的杆件AB，它在外力的作用下处于平衡状态。为了计算内力，假想用一垂直于杆件轴线的m-n平面将杆截开，分成C、D两部分。以任一部分（如D）为研究对象，进行受力分析。由于AB杆是平衡的，因而D部分也必然是平衡的。在D部分上除了外力P以外，在横截面m-n上必然还有作用力存在，这就是部分C对部分D的作用力，也就是横截面m-n上的内力，以N表示，如图2-6（b）所示。根据平衡条件，可求出内力N的大小：

$$\sum F_y = 0, \quad N - P = 0, \quad 即 N = P$$

在图2-6（b）中，还分析了D作用在C上的力N'，显然N=N'。如果以C为研究对象，也可求出横截面上的内力，并得到相同结果。

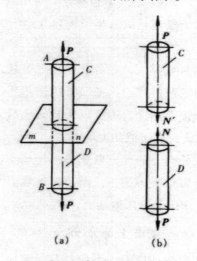

图2-6 杆受力分析

区分内力的性质应该依据变形，所以通常规定：伴随拉伸变形产生的内力取正值；伴随压缩变形产生的内力取负值。为了区分杆件在发生不同变形时（拉、压、弯、剪、扭）所产生的内力，把由于拉伸或压缩变形而产生的横截面上的内力称为轴力，用N表示。

轴力N的数值怎样确定呢？图2-7是一个受到四个轴向力作用而处于平衡的杆。现求m-n截面上的内力。首先，假想用一平面将杆从m-m处截开，然后取其中的任何一半为研究对象，列出其平衡方程。例如取左半段时，可得

$$N = P - Q_1$$

若取右半段为对象，则有

$$N' = Q_3 + Q_2$$

由于

$$P = Q_1 + Q_2 + Q_3$$

所以

$$P - Q_1 = Q_2 + Q_3$$

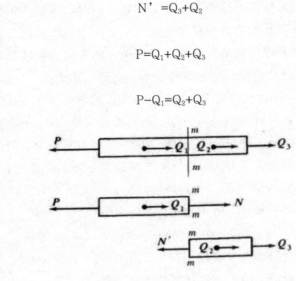

图 2-7　截面法求内力

不难看出，无论取左半段还是取右半段来建立平衡方程，最后得到的结果都一样。

上述求内力的方法称为截面法，它是求内力的普遍方法。用截面法求内力的步骤为：①在需要求内力处假想用一横截面将构件截开，分成两部分；②以任一部分为研究对象；③在截面上加上内力，以代替另一部分对研究对象的作用；④写出研究对象的平衡方程式，解出截面上的内力。

凡是使该截面产生拉伸轴力的外力取正值；凡是使该截面产生压缩轴力的外力取负值。所得内力的计算结果若为正，则表示该截面上作用的是拉伸轴力；结果为负，则表示该截面上作用的是压缩轴力。

（三）拉伸和压缩时横截面上的应力

用截面法只能求出杆件横截面上内力的总和，根据内力的大小还不能直接判断杆件是否会发生破坏。实践证明，用相同材料制成的粗细不同的杆件，在相同的拉力作用下，细杆比粗杆易断。因此，杆件的变形及破坏不仅与内力有关，而且与杆件的横截面大小及内力在截面上的分布情况有关。

为了确定杆在简单拉伸时内力在横截面上的分布情况，取一等直径的直杆，在其外圆柱表面画出两条横向圆周线，表示杆的两个横截面）。在两个圆周线之间，画出数条与轴线平行的纵向线1-1、2-2等。然后在杆的两端沿轴线作用一对拉力P，于是可以看到，变形前的圆周线n-n与m-m，变形后仍是圆周线。变形前的纵向平行直线1-1、2-2变形后仍为纵向平行直线，它们的伸长量相等。这表明，杆在发生伸长变形时，其横截面原来是与轴线垂直的平面，变形后仍为平面

（平面假定）。两个相邻的横截面之间只发生了沿轴线方向的移动（间距增大）。

由这种变形的均匀一致性可以推断：杆件受拉伸时的内力在横截面上是均匀分布的，它的方向与横截面垂直。这些均匀分布的内力的合力为N。如横截面面积为A，则作用在单位横截面面积上的内力的大小为

$$\sigma = N/A \tag{2-9}$$

式中：σ为截面上的正应力，方向垂直于横截面。

应力在国际单位制中的单位是 N/m^2（牛顿每平方米），又称帕斯卡（简称帕，用Pa表示）。Pa的单位太小，实际应用时常用MPa表示。1MPa相当于每平方毫米的截面上作用有1N的平均应力，即 N/mm^2。

应力是单位面积上的内力，它的大小可以表示内力分布的密集程度。用相同材料制成的粗细不同的杆件，在相等的拉力作用下，细杆易断，就是因为横截面上的正应力较大的缘故。

式（2-9）是根据杆件受拉伸时推得的，但在杆件受压缩时也能适用。杆件受拉时的正应力称为拉应力；受压时的正应力称为压应力。

附带指出，当横截面尺寸有急剧改变时，则在截面突变附近局部范围内，应力数值也急剧增大，离开这个区域稍远，应力即大为降低并趋于均匀。这种在截面突变处应力局部增大的现象称为应力集中。由于应力集中，零件容易从最大应力处开始发生破坏，在设计时必须采取某些补救措施。例如容器开孔以后，要采取开孔补强措施，就是这个原因。

（四）应变的概念

杆件在拉伸或压缩时，其长度将发生改变，杆件原长为L，受轴向拉伸后其长度变为 $L+\triangle L$，$\triangle L$称为绝对伸长。实验表明，用同样材料制成的杆件，其变形量与应力的大小及杆件原长有关。在截面积相同、受力相等的条件下，杆件越长，绝对伸长越多。为了确切表条变形程度，引入单位长度上的伸长量

$$\varepsilon = \triangle L/L \tag{2-10}$$

式中：ε为相对伸长或线应变，它是一个无量纲量。

二、拉伸和压缩时材料的力学性能

（一）低碳钢的拉伸试验及其力学性能

金属在拉伸和压缩时的力学性能是正确设计、安全使用机器设备零件的重要依据。材料的力学性能只有在受力作用时才能显示出来，所以它们都是通过各种试验测定的。测定材料性能的试验种类很多，最常用的几项性能指标是通过拉伸和压缩试验测出的。

实验表明，杆件拉伸或压缩时的变形和破坏，不仅与受力的大小有关，而且与材料的性能有关。低碳钢和铸铁是工程上最常用的材料，它们的力学性能也比较典型。下面重点讨论低碳钢和铸铁的拉伸和压缩实验。

试件是按标准尺寸制作的，以便统一比较实验的结果。对于圆形截面拉伸标准试件，标距 L_0 与直径 d_0 之间有如下关系：长试件 $L_0=10d_0$；短试件 $L_0=5d_0$。

规定 $d_0=10mm$。

实验时，先量出试件的标距 L_0 和直径 d_0，然后将试件装在材料试验机上，启动加力机构，缓慢增加拉力 P 直至断裂为止。在加力过程中随时记录载荷 P 和相应的变形量 $\triangle L$ 的数值。同时还要注意观察试件变形和破坏的现象。

目前的材料试验机均配有计算机数据采集系统，在实验时，通过计算机可采集载荷 P 和位移 $\triangle L$，在坐标纸上以横坐标表示 $\triangle L$，纵坐标表示 P，画出试件的受力与变形关系的曲线，这个曲线称为拉伸曲线。

拉伸试验所得结果可以通过 P-$\triangle L$ 曲线全面反映出来，但是用它来直接定量表达材料的某些力学性质还不甚方便。因为即使材料一样，试件尺寸不同时，也会得到不同的 P-$\triangle L$ 曲线。为排除试件尺寸的影响，将图的坐标进行变换：纵坐标 P 除以试件原有横截面面积，变换成应力，横坐标 $\triangle L$ 除以试件原长 L_0，变换成应变 ε。这样得到的 σ-ε 曲线就与试件尺寸无关，称为应力-应变图，它直接反映了材料的力学性能。

（二）铸铁拉伸时的应力-应变图分析

图 2-8 为铸铁拉伸时的 σ-ε 曲线。由图可以看出 σ-ε 曲线中无直线部分，但是，应力较小的一段曲线很接近于直线，故胡克定律还可以适用。

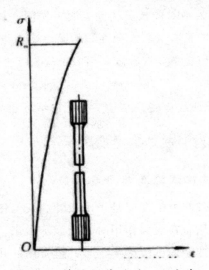

图 2-8　铸铁拉伸时的 σ-ε 曲线

铸铁拉伸时无屈服现象和颈缩现象，试件在断裂时无明显的塑性变形，断口平齐，强度极限较低。例如灰铸铁的强度极限 $R_m=205MPa$。

（三）低碳钢和铸铁压缩时的应力-应变图分析

低碳钢在静压缩试验中，当应力小于弹性极限或屈服极限时，它所表现出的性质与拉伸时相似。而且弹性极限与弹性模量的数值与拉伸试验所得到的大致相同，屈服极限也一样。当应力超过弹性极限以后，材料发生显著的塑性变形，圆柱形试件高度缩短，直径增大。由于试验机平板与试件两端有摩擦力，致使试件两端的横向变形受到阻碍，于是试件呈现鼓形。随着载荷逐渐增加，试件继续变形，最后压成饼状。由于塑性良好的材料在压缩时不会发生断裂，所以测不出材料的强度极限。

低碳钢和铸铁在拉伸与压缩时的力学性能反映了塑性材料和脆性材料的力学性能。比较二者，可以得到塑性材料和脆性材料力学性能的主要区别有以下两个方面。

（1）塑性材料在断裂时有明显的塑性变形，而脆性材料在断裂时变形很小。

（2）塑性材料在拉伸和压缩时的弹性极限、屈服极限和弹性模量都相同，它的抗拉和抗压强度也相同。而脆性材料的抗压强度远高于抗拉强度。因此，脆性材料通常用来制造受压零件。应当注意，把材料划分成塑性和脆性两类是相对的、有条件的。随着温度、外力情况等条件的变化，材料的力学性能也会发生变化。

（四）温度对材料力学性能的影响

上面讨论的是材料在常温下的力学性能。材料若处于高温或低温条件下，它的力学性能又有什么变化呢？

1.高温对材料力学性能的影响

（1）高温对短期静载试验的影响。利用材料试验机对试件均匀缓慢加载，并在短时间内完成试验，即为短期静载试验。温度对于通过这种试验所得到的低碳钢的 E、R_{cL}、R_m、μ、A、Z 的影响分别示于图2-9和图2-10中。由图可见，屈服极限随温度升高而下降，超过400℃时，低碳钢的屈服极限就测不出来了。强度极限在250~350℃以前虽有所升高，但以后则迅速下降，所以低碳钢超过400℃就不能使用了。弹性模量E也是随着温度升高而下降。

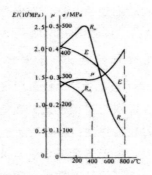

图 2-9　温度对低碳钢 E、R_{cL}、R_m、μ 的影响

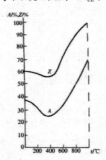

图 2-10　温度对低碳钢 A、Z 的影响

（2）高温对长期加载的影响。在常温或不太高的温度时，试件的变形量只与所加载荷有关，只要外力大小不变，试件的变形量也就不变。然而这种情况在高温条件下就不存在，例如在生产中发现，碳钢构件在超过 400℃ 的高温下承受外力时，虽然外力大小不变，但是构件的变形却随着时间的延续而不断增长，而且这种变形是不可恢复的。高温受力构件所特有的这种现象，称为材料的蠕变。其变形称为蠕变变形。

发生蠕变的条件有二：一是要有一定的高温；二是要有一定的应力。二者缺一不可。在满足这两个条件的前提下，提高温度或增大应力都会加快蠕变速度。在生产中构件的温度经常是由工艺条件确定的，在此温度下，构件的工作应力越大，蠕变速度越快，构件所允许的最大变形量一定，则构件的工作寿命就越短。所以，根据对构件工作寿命的要求，必须把蠕变速度控制在一定限度之内。而要做到这一点则只有限制应力数值。

2.低温对材料力学性能的影响

在低温情况下，碳钢的弹性极限和屈服极限都有所提高，但延伸率降低。这表明碳钢在低温下强度提高而塑性下降，倾向于变脆。材料性能在低温下的这种变化，可以通过材料的冲击试验明显表现出来。

第三节 直梁的弯曲

一、梁的弯曲实例与概念

在化工厂中承受弯曲的构件很多，如桥式吊车起吊重物时，吊车梁会发生弯曲变形；卧式容器在内部液体重量和自重作用下，也会发生弯曲变形；安装在室外的塔设备受到风载荷的作用和管道托架受管道重量的作用要发生变形。这些以弯曲为主要变形的构件在工程上通称为梁。

以上这些构件的受力特点是：在构件的纵向对称平面内，受到垂直于梁的轴线的力或力偶作用（包括主动力与约束反力）。使构件的轴线在此平面内弯曲成曲线，这样的弯曲称为平面弯曲。它是工程上常见的最简单的一种弯曲。本节讨论只限于等截面直梁的平面弯曲问题。这一类梁的横截面除矩形以外，还可以有圆形、圆环形、工字形、丁字形。它们都有自己的对称轴（对截面来说）和对称平面（对整个梁来说）。

从梁的支座结构形式来分，可以简化为以下三种。

（1）简支梁。一端是固定铰链A，另一端是活动铰链B。

（2）外伸梁。用一个固定铰链A和一个活动铰链B支撑，但有一端或两端伸出支座以外。

（3）悬臂梁。一端固定，另一端自由。

在直梁的平面弯曲问题中，中心问题是讨论它的强度和刚度问题，讨论的顺序是：外力-内力-应力-强度条件和刚度条件。

二、梁横截面上的内力——剪力与弯矩

（一）截面法求内力——剪力Q与弯矩M

梁弯曲时横截面上的内力仍可用截面法求出。例如图2-12（a）为一简支梁AB，梁上有集中载荷P，求截面1-1与2-2上的内力。

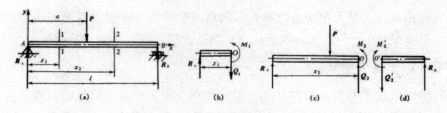

图2-12 截面法求内力

截面1-1上的内力：

$Q_1=R_A$，$M_1=R_A x_1$

截面2-2上的内力：

$$Q=\sum F_y, \quad M=\sum M_0 (F) \tag{2-11}$$

一般情况下，梁弯曲时，任一截面的内力有剪力 Q 与弯矩 M，其数值随截面的位置不同而不同。在求横截面上的内力时并没有限制只能考虑左半部分的平衡，取右半部分也是正确的。如果取右半部分，应注意在内力分析时，剪力 Q 与弯矩 M 的方向都应和左半部分截面上的剪力 Q 与弯矩 M 的方向相反，求出的大小则应当相等。

对于较细长的梁，实验和理论证明，它的弯曲变形以至破坏，主要由于弯矩用的作用，剪力影响很小，可以忽略。

（二）弯矩正负号的规定

据式（2-11）可直接写出任意截面上的弯矩，而不需要列平衡方程式至于选用梁的横截面的左侧或右侧来计算弯矩，这取决于运算简便与否。为了使由截面左侧求得的弯矩和由截面右侧求得的弯矩具有相同的符号，通常根据梁的变形来规定：当梁向下凹弯曲，即下侧受拉时，弯矩规定为正值；当梁向上凸弯曲，即上侧受拉时，弯矩规定为负值。

不论是截面的左侧还是右侧，只要是向上的外力均产生正弯矩，而不论看截面哪一侧，只要是向下的外力均产生负弯矩。因此在借助于外力矩计算弯矩时，只要是向上的外力，它对截面中性轴取矩均为正值，这时就不能再考虑这个力矩是顺时针还是逆时针转向了。同理，凡是向下的外力对截面中性轴取矩均为负值。于是，得计算横截面上弯矩的法则如下：梁在外力作用下，其任意指定截面上的弯矩等于该截面一侧所有外力对该截面中性轴取矩的代数和；凡是向上的外力，其矩取正值；向下的外力，其矩取负值。若梁上作用有集中力偶，则截面左侧顺时针转向的力偶或截面右侧逆时针转向的力偶取正值，反之取负值。

三、弯矩方程与弯矩图

从以上讨论可知，截面上弯矩的数值随截面位置而变化。为了解弯矩随截面位置的变化规律及最大弯矩的位置，可利用函数关系和函数图形来表达弯矩变化规律。下面介绍建立弯矩方程式和作弯矩图的方法。

（一）弯矩方程式

根据作用在梁上的载荷和支座情况，利用直角坐标系找出任意截面的弯矩 M 与该截面在梁上的位置之间的函数关系。取轴上某一点为原点，则距原点为 x 处的任意截面上的弯矩 M 写成 x 的函数：

$$M=f(x)$$

这个函数关系叫作弯矩方程式。它表达了弯矩随截面位置的变化规律。

（二）弯矩图

上述弯矩随截面位置的变化规律可以用函数图形更清楚地表示出来。作图时以梁的轴线为横坐标，表示各截面的位置；以相应截面上的弯矩值为纵坐标，并且规定正弯矩画在横坐标的上面，负弯矩画在横坐标的下面，这样画出来的图形就叫弯矩图。从弯矩图可非常清楚地看出弯矩的变化情况与最大弯矩的位置。

四、梁弯曲时横截面上的正应力及其分布规律

弯矩是横截面上的内力总和，并不能反映内力在横截面上分布的情况。要对梁进行强度计算，还必须知道横截面上的应力分布规律和应力的最大值。要知道应力的分布规律就必须从梁弯曲变形的实验出发，观察其变形现象，根据变形现象，找出变形的变化规律。

（一）纯弯曲梁实例及弯曲变形特征

前面讨论了梁在弯曲时横截面上的内力，在一般情况下，截面上既有弯矩M又有剪力Q。为了使问题简化，先来研究横截面上只有弯矩没有剪力的纯弯曲。小推车的轮轴，在车轴上作用有静载荷P，地面对它的反力$R_A=R_B=P$。画出来的弯矩图如图2-13（c）所示，从图上可以看出CD段的弯矩保持一个常量$M=Pa$，横截面上的剪力$Q=0$，因而车轴上CD段的横截面上只有弯矩，是纯弯曲的情形。

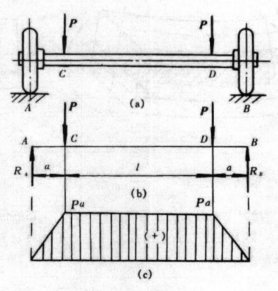

图2-13 纯弯曲实例

现在研究纯弯曲时梁的变形规律。直梁两端受在纵向对称平面内的两个大小相等、转向相反的力偶作用，梁就产生平面纯弯曲，为便于观察变形的情况，在泡沫塑料梁的前、后、上、下四个表面上画上纵线 a-a、c-c、b-b 等和横线 m-m 与 n-n。观察到：①上半部的纵线 a-a 缩短，下半部的纵线 b-b 伸长，中间的纵线既不伸长也不缩短；②前后表面上的横线 m-m 与 n-n 保持直线，并且与弯曲后的纵线垂直。

由以上两点，可以设想梁由许多纵向纤维组成，上面的纵向纤维因受压而缩短，下面的纤维由于拉伸而伸长，其间必有一层纤维既不伸长也不缩短，这一层叫作中性层。中性层与横截面的交线叫中性轴。而梁的横截面在弯曲之后仍然保持为两个平面，只是绕中性轴旋转了一个很小的角度，并且仍与弯曲后梁的轴线垂直，这就是梁在纯弯曲时的变形特征。

（二）梁弯曲时横截面上的正应力及正应力的分布规律

图 2-14 中 y 轴是梁的纵向对称面与横截面的交线，是截面的对称轴。z 轴为中性轴，它通过截面的重心，并且与 y 轴垂直。在梁未弯曲时，各层纵向纤维的原长为 L；变形之后，只有中性层上的纵向纤维保持原长，中性层以上各层纤维都要缩短，中性层以下各纤维都要伸长。由图可以看出，除中性层以外，各层纵向纤维的长度改变量 ΔL，将与该层到中性层之间的距离 y 成正比。这就是说各层纤维的绝对变形 ΔL 与 y 成正比，离中性轴越远，变形将越大。以 L 除 ΔL，可以得到纵向纤维的应变 ε 也与 y 成正比。

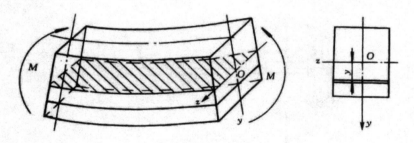

图 2-14 梁纯弯曲分析

五、梁弯曲时的强度条件

梁横截面上的弯矩 M 是随截面位置而变化的。因此，在进行梁的强度计算时，要使危险截面上——最大弯矩截面上的最大正应力不超过材料的弯曲许用应力 $[\sigma]$，则梁的弯曲强度条件为

$$\sigma_{max} = \frac{M_{max}}{W_z} \leqslant [\sigma] \qquad (2-12)$$

应用强度条件同样可解决校核强度、设计截面和确定许可载荷等三类问题。

六、梁截面合理形状的选择

同样材料和同样工作条件下的梁，如选择不同形状的截面，则材料的用量是不同的。由公式 $\sigma=M/W_z$ 可以看出，当梁上的弯矩一定时，梁截面的抗弯截面模量 W_z 越大，弯曲正应力就越小，即梁的强度越高；而梁的截面面积 A 越大，材料用量则越多。从强度观点看，两个截面面积相等而形状不同的截面中，截面模量较大的一个就比较合理。

第四节　剪切

一、剪切变形的实例与概念

剪切也是杆件基本变形中的一种形式。化工机器和设备常采用焊接或螺栓等连接方式将几个构件连成整体，当钢板受到 P 力作用后，螺栓上也受到大小相等、方向相反、彼此平行且相距很近的两个 P 力的作用。若 P 力增大，则在 m-m 截面上，螺栓上部对其下部将沿外力 P 作用方向发生错动，两力作用线间的小矩形将变成平行四边形。若 P 力继续增大，螺栓可能沿 m-m 而被剪断。螺栓的这种受力形式称为剪切，它所发生的错动称为剪切变形。

综上所述，剪切有如下一两个特点。

（1）受力特点，在构件上作用大小相等、方向相反，相距很近的两个力 P。

（2）变形特点，在两力之间的截面上，构件上部对其下部将沿外力作用方向发生错动；在剪断前，两力作用线间的小矩形变成平行四边形。

二、剪力、剪应力与剪切强度条件

（一）剪力

构件承受剪切作用，在两个外力作用线之间的各个截面上也将产生内力。内力 Q 的计算仍采用截面法，即假想用截面 m-m 将螺栓切开，分成上下两部分，考虑上部（或下部）平衡，由平衡条件

$$\sum F_x = 0, \quad P - Q = 0$$

得

$$P = Q$$

内力 Q 平行于横截面，称为剪力。

（二）剪应力

计算出受剪面上的剪力 Q 后，还需研究该截面上的剪应力才能进行剪切强度计算。承受剪切变形的构件实际上受力和变形都比较复杂。在剪切的同时往往伴有挤压或弯曲，而一般受剪构件体积小，受力情况又比较复杂，工程上常假定剪应力在受剪切截面上是均匀分布的，其方向与剪力 Q 相同。这种与截面平行的应力称为剪应力，用 τ 表示。

按剪应力在受剪切截面上是均匀分布的假设，剪应力的计算公式为

$$\tau = \frac{Q}{A} \tag{2-13}$$

式中：τ 为剪应力，MPa；A 为受剪切的面积，mm^2。Q 为受剪面上的剪力，N。

（三）剪切强度条件

为了使受剪切构件能安全可靠地工作，必须保证剪应力不超过材料的许用剪应力 $[\tau]$，其强度条件为

$$\tau = \frac{Q}{A} \leqslant [\tau] \tag{2-14}$$

实验证明，对于一般钢材，材料的许用剪应力 $[\tau]$ 与许用拉应力有关：塑性材料 $[\tau] = (0.6 \sim 0.8)[\sigma]$；脆性材料 $[\tau] = (0.8 \sim 1.0)[\sigma]$。利用强度条件，同样可以解决强度校核、截面选择和许可载荷求取等三类问题。

三、挤压概念和强度条件

（一）挤压概念和挤压应力

螺栓在受剪切的同时，在螺栓与钢板的接触面上还受到压力 P 的作用，这种局部接触面受压称为挤压。若挤压力过大，钢板孔边内挤压处可产生塑性变形，这是工程中所不允许的，故考虑构件受剪切的同时还必须考虑挤压。

由挤压引起的应力称为挤压应力，用 σ_{jy} 表示。挤压应力在挤压面上的分布规律十分复杂。工程上仍假定挤压应力在挤压面上是均匀分布的，挤压应力的计算公式为

$$\sigma_{jy} = P/A_{jy} \tag{2-15}$$

式中：σ_{jy} 为挤压应力，MPa；P 为挤压力，N；A_{jy} 为挤压面积，mm^2。A_{jy} 的计算方法如下：当接触面为平面时，则此平面面积即为挤压面积；当接触面为曲面时，为简化计算，采用接触面在垂直于外力方向的投影面积作为挤压面积。

（二）挤压强度条件

要使构件安全可靠地工作，则构件的挤压应力不能超过材料的许用挤压应力$[\sigma]_{jy}$，故挤压强度条件为

$$\sigma_{jy} = P/A_{jy} \leqslant [\sigma]_{jy} \tag{2-16}$$

式中：$[\sigma]_{jy}$为材料的许用挤压应力。对于一般钢材，许用挤压应力与相同材料的许用压应力有如下关系：塑性材料$[\sigma]_{jy} = (1.7 \sim 2.0)[\sigma]$；脆性材料$[\sigma]_{jy} = (2.0 \sim 2.5)[\sigma]$。

若相互挤压的两个物体是两种不同的材料，则只需对强度较弱的物体校核挤压强度即可。对于受剪构件的强度计算，必须既满足剪切强度又满足挤压强度条件，构件才能安全工作。

四、剪切变形和剪切胡克定律

（一）剪切变形和剪应变

构件受剪切时，两力之间的小矩形 abcd 变成平行四边形 abc'd'，见图 2-15。直角 dab 而变成锐角 d'ab，而直角所改变的角度 γ 称为剪应变，用以衡量剪切变形之大小。

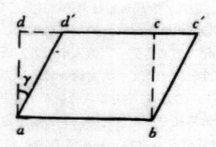

图 2-15　剪切变形

（二）剪切胡克定律

由试验得知，当剪应力小于弹性极限时，剪应力与剪应变成正比，即

$$\tau = G\gamma \tag{2-17}$$

式中：G 为剪切弹性模量，MPa。它表示材料抵抗剪切变形的能力，随材料不同而异，可通过实验测得。对于低碳钢，$G = 8.0 \times 10^4$MPa。式（2-17）称为剪切胡克定律。

现在已讨论过三个材料弹性常数，即弹性模量 E、横向变形系数 v 和剪切弹性模量 G，对于各向同性材料，它们之间存在着关系：

$$G = E/2(1+v) \tag{2-18}$$

第三章　化工机械材料

第一节　概述

化学工业是国民经济的基础产业，各种化学生产工艺的要求不尽相同，如压力从真空到高压甚至超高压，温度从低温到高温，物料从普通物料到腐蚀性、易燃、易爆物料等，使设备在极其复杂的操作条件下运行。由于不同的生产条件对设备材料有不同的要求，因此，合理选用材料是设计化工设备的主要环节。

例如：对于高温容器，由于钢材在高温的长期作用下，材料的力学性能和金属组织都会发生明显变化，加之承受一定的工作压力，因此选材时必须考虑高温条件下材料组织的稳定性。对于承受一定腐蚀介质的压力容器，除了经常处于有腐蚀性介质的条件下，还可能受到冲击和疲劳载荷的作用，制造中还需经过冷、热加工，所以不仅要考虑不同介质腐蚀的要求，还需考虑材料的强度、塑性及加工工艺性能等。而对于低温设备材料，则需重点考虑材料在低温下的脆性断裂问题。

第二节　材料的性能

材料的性能包括材料的力学性能、物理性能、化学性能和加工工艺性能等。

一、力学性能

力学性能是指金属材料在外力作用下抵抗变形或破坏的能力，如强度、硬度、弹性、塑性、韧性等。这些性能是化工设备设计中材料选择及确定许用应力的依据。

（一）强度

材料的强度是指材料抵抗外加载荷而不失效、不被破坏的能力。一般讲，材料强度仅指材料达到允许变形程度或断裂前所能承受的最大应力，像弹性极限、屈服极限、强度极限、疲劳极限和蠕变极限等。材料在常温下的强度指标有屈服强度和抗拉（压）强度。

屈服强度表示材料抵抗开始产生大量塑性变形的应力。抗拉强度表示材料抵抗外力而不致断裂的最大应力。在工程上，不仅需要材料的屈服强度高，而且还需要考虑屈服极限与强度极限的比值（屈强比），要求比值小，采用这种材料制造的零件具有更高的安全可靠性。因为在工作时万一超载，也能由于塑性变形使金属的强度提高而不致立刻断裂。但如果屈强比太低，则材料强度的利用率会降低。

在高温下，金属材料的屈服极限、强度极限都会发生显著变化。通常随着温度增加，金属的强度降低，塑性增加。另外，金属材料在高温、一定应力下长期工作时，会产生缓慢的塑性变形现象，称为"蠕变"。例如，高温高压蒸汽管道由于蠕变，其管径会随时间延长而不断增大，最后可能导致破裂。材料在高温条件下抵抗这种缓慢的塑性变形而引起破坏的能力，用蠕变极限表示。蠕变极限是试样在规定的温度和规定的时间内产生的蠕变变形量或蠕变速度不超过规定值时的最大恒应力。

金属材料抗高温断裂的能力，常以持久强度表示。持久强度是指试样在一定温度和规定的持续时间下引起断裂的应力。

对于长期承受交变应力作用的金属材料，还要考虑"疲劳破坏"。所谓疲劳破坏是指金属材料在小于屈服强度的交变载荷长期作用下发生断裂的现象。疲劳断裂与静载荷下断裂不同，在静载荷下显示脆性或韧性的材料，在疲劳断裂时都不产生明显的塑性变形，断裂是突然发生的，常常造成严重事故，因此具有很大的危险性。金属材料经过无限次反复交变载荷不受破坏的最大应力称为"疲劳强度"，以 σ_{-1} 表示。对于一般钢材，以 $10^6 \sim 10^7$ 次不被破坏的应力作为疲劳强度。

（二）硬度

硬度是指材料在表面上的不大体积内抵抗变形或破裂的能力。采用不同的试验方法，表征不同的抗力。硬度不是金属独立的基本性能，而是反映材料弹性、强度与塑性等的综合性能指标。

生产中应用最多的是压入法型硬度，常用指标有布氏硬度（HB、HBW）、洛氏硬度（HRC、HRB）和维氏硬度（HV）等。所得硬度值的大小实质上表示金属表面抵抗压入物体（钢球或锥体）所引起局部塑性变形的抗力大小。

一般情况下，硬度高的材料强度高，耐磨性能较好，而切削加工性能较差。

根据经验，大部分金属的硬度和强度之间有如下近似关系：低碳钢 $R_m \approx 0.36HB$；高碳钢 $R_m \approx 0.34HB$；灰铸铁 $R_m \approx 0.1HB$。因而可用硬度近似地估计抗拉强度。

（三）塑性

材料的塑性是指材料受力时，当应力超过屈服点后，能产生显著的变形而不即行断裂的性质。工程上以断后伸长率 A 和截面收缩率 Z 作为材料的塑性指标。

1.断后伸长率（A）

断后伸长率主要反映材料均匀变形的能力。它以试件拉断后，标距的残余伸长的长度与原始标距长度的比值百分率 A（%）表示。试样标距分为比例样距和非比例标距，因而有比例试样与非比例试样之分。对于比例试样，若原始标距不为 $5.65\sqrt{S_0}$（S_0 为平行长度的原始横截面积），符号 A 应附以下脚注说明所使用的比例系数，例如，$A_{11.3}$ 表示原始标距（L_0）为 11.3 的断后伸长率。对于非比例试样，符号 A 应附以下脚注说明所使用的原始标距，以毫米（mm）表示，例如，A_{80mm} 曲表示原始标距（L_0）为 80mm 的试样的断后伸长率。采用不同尺寸试样的断后伸长率指标，可以按照相关标准进行换算。

2.截面收缩率（Z）

截面收缩率主要反映材料局部变形的能力。它以试件拉断后，截面缩小的面积与原始截面面积的比值百分率 Z（%）来表示。

截面收缩率的大小与试件尺寸无关。它不是一个表征材料固有性能的指标，但它对材料的组织变化比较敏感，尤其对钢的氢脆以及材料的缺口比较敏感。

材料的断后伸长率与截面收缩率值愈大，材料塑性愈好。塑性指标在化工设备设计中具有重要意义，有良好的塑性才能进行成型加工，如弯卷和冲压等；良好的塑性性能可使设备在使用中产生塑性变形而避免发生突然的断裂。承受静载荷的容器及零件，其制作材料都应具有一定塑性，一般要求 $A \geq 17\%$。过高的塑性常常会导致强度降低。

（四）冲击韧性

对于承受波动或冲击载荷的零件及在低温条件下使用的设备，其材料性能仅考虑以上几种指标是不够的，还必须考虑抗冲击性能。冲击功 KV_2 是衡量材料韧性的一个指标，表示材料抵抗冲击载荷能力的大小，其中 KV_2 表示 V 形缺口试样在 2mm 摆锤刀刃下的冲击吸收能量。

韧性可理解为材料在外加动载荷突然袭击时的一种及时并迅速塑性变形的能力。韧性高的材料一般都有较高的塑性指标，但塑性指标较高的材料，却不一定具有较高的韧性，原因是在静载下能够缓慢塑性变形的材料，在动载下不一定能迅速地塑性变形。因此，冲击载荷值的高低取决于材料有无迅速塑性变形的能力。

在化工设备中，KV_2 的最低值不小于 20J。

由于冲击功值在低温时有不同程度的下降，在化工设备中，低温容器所用钢板的 KV_2 值不得低于 34J。

二、物理性能

金属材料的物理性能有密度、熔点、比热容、导热系数、热膨胀系数、导电性、磁性、弹性模量与泊松比等。

熔点低的金属和合金，其铸造和焊接加工都较容易，工业上常用于制造熔断器、防火安全阀等零件；熔点高的合金可用于制造要求耐高温的零件。

金属及合金受热时，一般都有不同程度的体积膨胀，因此双金属材料的焊接，要考虑它们的线膨胀系数是否接近，否则会因膨胀量不等而使容器或零件变形或损坏。设备的衬里及其组合件，其线膨胀系数应和基本材料相同，以免受热后因热胀量不同而松动或破坏。

弹性模量（E）是材料在弹性范围内应力与应变之间的比例系数，是金属材料最稳定的性能之一。E 值随温度的升高而逐渐降低。

泊松比（μ）是试件横向应变与纵向应变之比，对于钢材，一般 $\mu=0.3$。

三、化学性能

金属的化学性能是指材料在所处介质中的化学稳定性，即材料是否会与周围介质发生化学或电化学作用而引起腐蚀。金属的化学性能指标主要有耐腐蚀性和抗氧化性。

（一）耐腐蚀性

金属和合金对周围介质，如大气、水汽、各种电解液侵蚀的抵抗能力称为耐腐蚀性。化工生产中所涉及的物料常会有腐蚀性。材料的耐蚀性不强，必将影响设备使用寿命，有时还会影响产品质量。

（二）抗氧化性

在化工生产中，有很多设备和机械在高温下操作，如氨合成塔、硝酸氧化炉、石油气制氢转化炉、工业锅炉、汽轮机等。在高温下，钢铁不仅与自由氧发生氧化腐蚀，使钢铁表面形成结构疏松容易剥落的 FeO 氧化皮；还会与水蒸气、二氧化碳、二氧化硫等气体产生高温氧化与脱碳作用，使钢的力学性能下降，特别是降低材料的表面硬度和抗疲劳强度。因此，高温设备必须选用耐热材料。

四、加工工艺性能

金属和合金的加工工艺性能是指可铸性、可锻性、可焊性和可切削加工性等。这些性能直接影响化工设备和零部件的制造工艺方法和质量。故加工工艺性能是化工设备选材时必须考虑的因素之一。

（一）可铸性

可铸性是指金属或合金经铸造形成无缺陷成型铸件的工艺性能。主要取决于金属材料熔化后即金属液体的流动性和凝固过程中的收缩和偏析（合金凝固时化学成分的不均匀析出叫偏析）倾向。流动性好的金属能充满铸型，故能浇铸较薄的与形状复杂的铸件。铸造时，熔渣与气体较易上浮，铸件不易形成夹渣与气孔，且收缩小。铸件中不易出现缩孔、裂纹、变形等缺陷，偏析小，铸件各部位成分较均匀。这些都使铸件质量有所提高。合金钢与高碳钢比低碳钢偏析倾向大，因此，铸造后要用热处理方法消除偏析。常用金属材料中，灰铸铁和锡青铜铸造性能较好。

（二）可锻性

可锻性是指金属承受压力加工（锻造）而变形的能力，塑性好的材料，锻压所需外力小，可锻性好。低碳钢的可锻性比中碳钢及高碳钢好；碳钢可锻性比合金钢好。铸铁是脆性材料，目前尚不能锻压加工。

（三）可焊性

可焊性是指金属材料在采用一定焊接工艺条件下获得优良焊接接头的难易程度。可焊性好的材料易于用一般焊接方法与工艺进行焊接，不易形成裂纹、气孔、夹渣等缺陷，焊接接头强度与母材相当。低碳钢具有优良的可焊性，而铸铁、铝合金等可焊性较差。化工设备广泛采用焊接结构，因此材料可焊性是重要的工艺性能。

（四）可切削加工性

切削加工性是指金属材料被刀具切削加工后成为合格工件的难易程度。切削性好的材料，加工刀具寿命长，切屑易于折断脱落，切削后表面光洁。灰铸铁（特别是HT150、HT200）、碳钢都具有较好的切削性。

第三节　碳钢与铸铁

碳钢和铸铁是工程应用最广泛、最重要的金属材料。它们是由95%以上的铁和0.02%~4%的碳及1%左右的杂质元素所组成的合金，称"铁碳合金"。一般含碳量在0.02%~2%者称为碳钢，大于2%者称为铸铁。当含碳量小于0.02%时，称纯铁（工业纯铁）；含碳量大于4.3%的铸铁极脆。二者的工程应用价值都很小。

一、铁碳合金的组织结构

（一）金属的组织与结构

在金相显微镜下看到的金属晶粒，简称组织。用电子显微镜可以观察到金属原子的各种规则排列。这种排列称为金属的晶体结构，简称结构。

纯铁在不同温度下具有两种不同的晶体结构，即体心立方晶格与面心立方晶格。由于内部的微观组织和结构形式的不同，影响着金属材料的性质。纯铁具有体心立方晶格结构时的塑性比面心立方晶格结构好，而后者的强度高于前者。

灰铸铁中的碳以石墨形式存在，石墨有不同的组织形式。其中球状石墨的铸铁称球墨铸铁，它的强度最高，细片状石墨次之，粗片状石墨最差。

（二）纯铁的同素异构转变

体心立方晶格的纯铁称α-Fe，面心立方晶格的纯铁称为γ-Fe。

α-Fe经加热可转变为γ-Fe，反之高温下的γ-Fe冷却可变为α-Fe。这种在固态下晶体构造随温度发生变化的现象，称"同素异构转变"。纯铁的同素异构转变是在910℃恒温下完成的。

这一转变是铁原子在固态下重新排列的过程，实质上也是一种结晶过程，是钢进行热处理的依据。

（三）碳钢的基本组成

碳对铁碳合金性能的影响很大，铁中加入少量的碳，强度显著增加。这是由于碳引起了铁内部组织的变化，从而引起碳钢的力学性能的相应改变。碳在铁中的存在形式有固溶体（两种或两种以上的元素在固态下保持一定溶解度和溶剂晶格原来形式的物体）、化合物和混合物三种。这三种不同的存在形式，形成了不同的碳钢组织。

（1）铁素体。碳溶解在α-Fe中形成的固溶体称铁素体，以符号F表示。由于α-Fe原子间隙小，溶碳能力低（在室温下只能溶解0.006%），所以铁素体强度和硬度低，但塑性和韧性很好。低碳钢是含铁素体的钢，具有软而韧的性能。

（2）奥氏体。碳溶解在γ-Fe中形成的固溶体称奥氏体，以符号A表示。γ-Fe原子间隙较大，故碳在γ-Fe中的溶解度比在α-Fe中大得多，如在723℃时可溶解0.8%，在1147℃时可达最大值2.06%。碳钢中的奥氏体组织只有在加热到临界点（723℃）、α-Fe组织发生同素异构转变时才存在。由于奥氏体有较大的溶解度，故塑性、韧性较好，且无磁性。

（3）渗碳体。铁碳合金中的碳不能全部溶入α-Fe或γ-Fe中，其余的碳和铁形成一种化合物（Fe_3C），称为渗碳体，以符号C表示。它的熔点约为1600℃，硬度高（约800HB），塑性几乎等于零。纯粹的渗碳体又硬又脆，无法应用。但在塑性很好的铁素体基体上散布着这些硬度很高的微粒，将大大提高材料的强度。

渗碳体在一定条件下可以分解为铁和碳，其中碳以石墨形式出现。铁碳合金中，碳的含量愈高，冷却愈慢，愈有利于碳以石墨形式析出，析出的石墨散布在合金组织中。

铁碳合金中，当含碳量小于2%时，其组织是在铁素体中散布着渗碳体，这就是碳素钢。随着含碳量增加，碳素钢的强度与硬度也增大。当含碳量大于2%时，部分碳以石墨形式存在于铁碳合金中，这种合金称铸铁石墨本身性软，且强度很低。从强度观点分析，分布在铸铁中的石墨，相当于在合金中挖了许多孔洞，所以铸铁的抗拉强度和塑性都比碳素钢低。但是石墨的存在并不削弱抗压强度，且使铸铁具有一定消震能力。

（4）珠光体。珠光体是铁素体与渗碳体的机械混合物，以符号P表示。其力学性能介于铁素体和渗碳体之间，即其强度、硬度比铁素体显著提高；塑性、韧性比铁素体差，但比渗碳体要好得多。

（5）莱氏体。莱氏体是珠光体和一次渗碳体的共晶混合物，以符号L表示。莱氏体具有较高的硬度，是一种较粗而硬的金相组织，存在于白口铸铁、高碳钢中。

（6）马氏体。马氏体是钢和铁从高温急冷下来的组织，是碳原子在α-Fe中过饱和的固溶体，以符号M表示。马氏体具有很高的硬度，但很脆，延伸性低，几乎不能承受冲击载荷。

二、铁碳合金状态图

铁碳合金的组织比较复杂。不同含碳量或相同含碳量在温度不同时，有不同的组织状态，性能也不一样。铁碳合金状态图明确反映出含碳量、温度与组织状态的关系，是研究钢铁的重要依据，也是铸造、锻造及热处理工艺的主要理论依据

（一）铁碳合金状态图中主要点、线含义

图中AC、CD两曲线称为"液相线"，合金在这两曲线以上均为液态，从这两曲线以下开始结晶。

AE、CF线称为"固相线"，合金在该线以下全部结晶为固态。

ECF水平线段，温度为1147℃，在这个温度时剩余液态合金将同时析出奥氏体和渗碳体的共晶混合物——莱氏体。ECF线又称"共晶线"。其中C点称为"共晶点"。

ES（A_3）与GS（A_{cm}）分别为奥氏体的溶解度曲线，在ES线以下奥氏体开始析出二次渗碳体，在GS线以下析出铁素体

RSK（A_1）线为"共析线"，在723℃的恒温下，奥氏体将全部转变为铁素体和渗碳体的共析组织——珠光体。

（二）铁碳合金的分类

铁碳合金按工业上的应用和特性可以分为钢与生铁两部分。

含碳量在2%以下的铁碳合金称为钢。按其组织不同常把含碳在0.8%以下的钢称"亚共析钢"，含碳在0.8%以上的钢称"过共析钢"，含碳为0.8%的钢称"共析钢"。钢在加热时形成单一的奥氏体组织。

含碳量在2%以上的铁碳合金称为"生铁"。按组织不同，含碳量为4.3%的生铁称为"共晶生铁"，含碳量在2%~4.3%的生铁称为"亚共晶生铁"，含碳量在4.3%~6.67%的生铁称为"过共晶生铁"。所有生铁组织中都有莱氏体，多数碳呈石墨状存在，用作铸件的生铁称为铸铁。

三、钢的热处理

钢、铁在固态下通过加热、保温和不同的冷却方式，改变金相组织以满足所要求的物理、化学与力学性能，这种加工工艺称为热处理。

（一）退火和正火

退火是把钢（工件）放在炉中缓慢加热到临界点以上的某一温度，保温一段时间，随炉缓慢冷却下来的一种热处理工艺。

正火与退火不同之处在于，正火是将加热后的工件从炉中取出置于空气中冷却，它的冷却速度要比退火快一些，因而晶粒变细。

退火和正火作用相似，可以降低硬度，提高塑性，便于切削加工；调整金相组织，细化晶粒，促进组织均匀化，提高力学性能；消除部分内应力，防止工件变形。铸、锻件在切削加工前一般要进行退火和正火。

（二）淬火和回火

淬火是将工件加热至淬火温度（临界点以上30~50℃），并保温一段时间，然后投入淬火剂中冷却的一种热处理工艺。淬火后得到的组织是马氏体。为了保证良好的淬火效果，针对不同的钢种，淬火剂有空气、油、水、盐水，其冷却能力按上述顺序递增。碳钢一般在水和盐水中淬火，合金钢导热性能比碳钢差，为防

止产生过高应力，一般在油中淬火。淬火可以增加零件的硬度、强度和耐磨性。淬火时冷却速度太快，容易引起零件变形或产生裂纹。冷却速度太慢则达不到技术要求。因此，淬火常常是产品质量的关键所在。

回火是零件淬火后进行的一种较低温度的加热与冷却热处理工艺。回火可以降低或消除零件淬火后的内应力，提高韧性；使金相组织趋于稳定，并获得技术上需要的性能。回火处理有以下几种。

（1）低温回火。淬火后的零件在150~250℃范围内的回火称"低温回火"。低温回火后的组织主要是回火马氏体。它具有较高的硬度和耐磨性，内应力和脆性有所降低。当要求零件硬度高、强度大、耐磨时，如刀具、量具，一般要进行低温回火处理。

（2）中温回火。当要求零件具有一定的弹性和韧性，并有较高硬度时，可采用中温回火。中温回火温度是300~450℃。要求强度高的轴类、刀杆、轴套等一般进行中温回火。

（3）高温回火。要求零件具有强度、韧性、塑性等都较好的综合性能时，采用高温回火。高温回火温度为500~680℃。这种淬火加高温回火的操作，习惯上称为"调质处理"。由于调质处理比其他热处理方法能更好地改善综合力学性能，故广泛应用于各种重要零件的加工中，如各种轴类零件、连杆、齿轮、受力螺栓等。表3-1为45号钢经正火与调质两种不同热处理后的力学性能比较。

表3-1　45号钢（φ20~φ40）热处理后力学性能比较

处理方法	R_m/MPa	A	KV_2	HB
正火	700~800	15%~20%	50~80	163~220
调质	750~850	20%~25%	80~120	210~250

此外，生产上还采用时效热处理工艺。所谓时效是指材料经固溶处理或冷塑变形后，在室温或高于室温条件下，其组织和性能随时间而变化的过程。时效可进一步消除内应力，稳定零件尺寸，它与回火作用相类似。

（三）表面淬火

钢的表面淬火是将工件的表面通过快速加热到临界温度以上，在热量还来不及传导至中心部位之前，以迅速冷却来改变钢的表层组织，而中心部位没有发生相变仍保持原有的组织状态。经过表面淬火，可使零件表面层比中心部具有更高的强度、硬度、耐磨性和疲劳强度，而中心部则具有一定的韧性。

（四）化学热处理

化学热处理是将零件放在某种化学介质中，通过加热、保温、冷却等方法，使介质中的某些元素渗入零件表面，改变表面层的化学成分和组织结构，从而使零件表面具有某些化学性能。热处理有渗碳、渗氮（氮化）、渗铬、渗硅、渗铝、氰化（碳与氮共渗）等。其中，渗碳、氰化可提高零件的硬度和耐磨性；渗铝可提高耐热、抗氧化性；氮化与渗铬的零件表面比较硬，可显著提高耐磨和耐腐蚀性；渗硅可提高耐酸性；等等。

四、碳钢

（一）常存杂质元素对钢材性能的影响

普通碳素钢除含碳以外，还含有少量锰（Mn）、硅（Si）、硫（S）、磷（P）、氧（O）、氮（N）和氢（H）等元素。这些元素并非为改善钢材质量有意加入，而是由矿石及冶炼过程中带入的，故称为杂质元素。这些杂质对钢性能有一定影响，为了保证钢材的质量，在国家标准中对各类钢的化学成分都做了严格规定。

（1）硫。硫来源于炼钢的矿石与燃料焦炭。它是钢中的一种有害元素。硫以硫化亚铁（FeS）的形态存在于钢中，FeS 和 Fe 形成低熔点（985℃）化合物。而钢材的热加工温度一般在1150℃以上，所以当钢材进行热加工时，由于 FeS 化合物的过早熔化而导致工件开裂，这种现象称为热脆。含硫量愈高，热脆现象愈严重，故必须对钢中含硫量进行控制。高级优质钢含硫量小于 0.025%；优质钢含硫量小于0.035%；普通钢含硫量小于0.05%。

（2）磷。磷是由矿石带入钢中的，一般说磷也是有害元素。磷能提高钢材的强度和硬度，但会显著降低钢材的塑性和冲击韧性。特别是在低温时，它使钢材显著变脆，这种现象称为冷脆。冷脆使钢材的冷加工及可焊性变坏，含磷量愈高，冷脆性愈大，故对钢中含磷量控制较严。高级优质钢含磷量小于0.025%；优质钢含磷量小于0.04%；普通钢含磷量小于0.085%。

（3）锰。锰是炼钢时作为脱氧剂加入钢中的元素。由于锰可以与硫形成高熔点（1600℃）的 MnS，一定程度上消除了硫的有害作用。锰具有很好的脱氧能力，能够与钢中的 FeO 反应，生成的 MnO 进入炉渣，从而改善了钢的品质，特别是降低了钢的脆性，提高了钢的强度和硬度。因此，锰在钢中是一种有益元素。一般认为，钢中含锰量在0.8%以下时，把锰看成是常存杂质。技术条件中规定，优质碳素结构钢中，正常含锰量是0.5%~0.8%，而含锰量较高的结构钢中，其含量可达0.7%~1.2%。

（4）硅。硅也是炼钢时作为脱氧剂而加入钢中的元素。硅与钢水中的 FeO 反应，能生成比重较小的硅酸盐炉渣而除去，因此硅是一种有益的元素。硅在钢中溶于铁素体内使钢的强度、硬度增加，塑性、韧性降低。镇静钢中的含硅量通常在0.1%~0.37%，沸腾钢中只含有0.03%~0.07%。由于钢中含硅量一般不超过

0.5%，对钢性能影响不大。

（5）氧。氧在钢中是有害元素。它是在炼钢过程中进入钢中的，尽管在炼钢末期要加入锰、硅、铁和铝进行脱氧，但不可能将其除尽。氧在钢中以 FeO，MnO，SiO_2，Al_2O_3 等形式夹杂，使钢的强度、塑性降低，尤其是对钢材的疲劳强度、冲击韧性等有严重影响。

（6）氮。铁素体溶解氮的能力很低。当钢中溶有过饱和的氮，在放置较长一段时间后或随后在200~300锰加热就会发生氮以氮化物形式析出，并使钢的硬度、强度提高，塑性下降，产生时效。

钢液中加入 Al、Ti 或 V 进行固氮处理，使氮固定在 AlN、TiN 或 VN 中，可消除失效倾向。

（7）氢。钢中溶有氢会引起钢的氢脆、白点等缺陷。白点常在轧制的厚板、大锻件中发现，在纵断面中可看到圆形或椭圆形的白色斑点；在横断面上则是细长的发丝状裂纹。锻件中有了白点，使用时会发生突然断裂而造成事故。因此，化工容器用钢，不允许有白点存在。

氢产生白点的主要原因是高温奥氏体冷至较低温时，氢在钢中的溶解度急剧降低。当冷却较快时，氢原子来不及扩散到钢的表面而逸出，就在钢中的一些缺陷处由原子状态的氢变成分子状态的氢。氢分子在不能扩散的条件下在局部地区产生很大压力，这压力超过了钢的强度极限而在该处形成裂纹，即白点。

（二）分类与编号

根据实际生产和应用的需要，可将碳钢进行分类和编号。分类方法有多种，如按用途可分为建筑钢、结构钢、弹簧钢、轴承钢、工具钢和特殊性能钢（如不锈钢、耐热钢等）；按含碳量分为低碳钢、中碳钢和高碳钢；按脱氧方式分为镇静钢和沸腾钢；按冶炼质量可分为普通碳素结构钢、优质碳素钢和高级优质钢。

（1）普通碳素结构钢。根据GB/T700-2006规定，普通碳素结构钢钢种以屈服强度数值区分，其牌号表示方法为：屈服强度的"屈"字的汉语拼音首字母Q、屈服强度数值、质量等级符号及冶炼时的脱氧方法符号四部分按顺序组成，如Q235AF。

碳钢的质量分为A、B、C、D四个等级。为满足各种使用要求，碳钢冶炼工艺中有不同的脱氧方法。根据脱氧方法的不同，有只用弱脱氧剂Mn脱氧，脱氧不完全的沸腾钢。这种钢在钢液往钢锭中浇注后，钢液在锭模中发生自脱氧反应，放出大量CO气体，出现"沸腾"现象，故称为沸腾钢，用代号F表示，如Q235AF。若在熔炼过程中加入硅、铝等强脱氧剂，钢液几乎完全脱氧，则称镇静钢，用代号Z表示。Z在牌号中可不标出，如Q235A。采用特殊脱轨工艺冶炼时脱氧完全，称特殊镇静钢，用代号 TZ 表示，牌号中也可不标。化工压力容器用钢一般选用镇静钢。

普通碳素钢有 Q195、Q215、Q235 及 Q275 四个钢种。各钢种的质量等级可参见 GB/T700-1999，其中屈服强度为 235MPa 的 Q235，分 A、B、C、D 四个等级，其中 Q235A 不可以做压力容器用钢板，其他三个等级对使用压力、介质等情况都有不同的限制。

（2）优质碳素钢。优质碳素钢含硫、磷有害杂质元素较少，一般控制在 0.035% 以下，其冶炼工艺严格，钢材组织均匀，表面质量高，同时保证钢材的化学成分和力学性能，但成本较高。

优质碳素钢的编号仅用两位数字表示，钢号顺序为 08、10、15、20、25、30、35、40、45、50、……、80 等。钢号数字表示钢中平均含碳量的万分之几。如 45 号钢表示钢中含碳量平均为 0.45%（0.42%-0.50%）。

依据含碳量的不同，可分为优质低碳钢（含碳量小于 0.25%），如 08、10、15、20、25 号钢；优质中碳钢（含碳量为 0.30%-0.60%），如 30、35、40、45、50 与 55 号钢；优质高碳钢（含碳量大于 0.60%），如 60、65、70、80 号钢。优质低碳钢的强度较低，但塑性好，焊接性能好。在化工设备制造中常用作热交换器列管、设备接管、法兰的垫片包皮（08、10 号钢）。优质中碳钢的强度较高，韧性较好，但可焊性较差，不适宜做化工设备的壳体，但可作为换热设备管板，强度要求较高的螺栓、螺母等。45 号钢常用作化工设备中的传动轴（搅拌轴）。优质高碳钢的强度与硬度均较高，60、65 号钢主要用来制造弹簧，70、80 号钢主要用来制造钢丝绳等。

（3）高级优质钢。高级优质钢中含硫、磷量比优质碳素钢还小（均小于 0.03%）。它的表示方法是在优质钢号后面加一个 A 字，如 20A。若高级优质钢的含磷量控制在 0.025% 以下，含硫量控制在 0.020% 以下，称特级优质钢，其牌号后面应加"E"以示区别。

（三）碳钢的品种及规格

碳钢的品种有钢板、钢管、型钢、铸钢和锻钢等。

（1）钢板。钢板分薄钢板和厚钢板两大类。薄钢板厚度为 0.2~4mm，分冷轧与热轧两种；厚钢板为热轧。压力容器主要用热轧厚钢板制造。依据钢板厚度的不同，厚度间隔也不同。钢板厚度在 4~30mm 时，其厚度间隔为 0.5mm；厚度大于 30mm 时，间隔为 1mm。

一般碳素钢板材有 Q235A、Q235AF、08、10、15、20 等。

（2）钢管。钢管有无缝钢管和有缝钢管两类。无缝钢管有冷轧和热轧两种，冷轧无缝钢管外径和壁厚的尺寸精度均较热轧的高。普通无缝钢管常用材料有10、15、20号钢等。另外，还有专门用途的无缝钢管，如热交换器用钢管、石油裂化用无缝管、锅炉用无缝管等。有缝管、水煤气管分镀锌（白铁管）和不镀锌（黑铁管）两种。

（3）型钢。型钢主要有网钢与方钢、扁钢、角钢（等边与不等边）、工字钢和槽钢。各种型钢的尺寸和技术参数可参阅有关标准。圆钢与方钢主要用来制造各类轴件；扁钢常用来制造各种浆叶；角钢、工字钢及槽钢可用来制造各种设备的支架、塔盘支撑及各种加强结构。

（4）铸钢和锻钢。铸钢用ZG表示，牌号有ZG25、ZG35等，用于制造各种承受重载荷的复杂零件，如泵壳、阀门、泵叶轮等。锻钢有08、10、15、……、50等牌号。石油化工容器用锻件一般采用20、25等牌号的材料，用以制作管板、法兰、顶盖等。

五、铸铁

工业上常用的铸铁含碳量（质量分数）一般在2%以上，并含有S、P、Si、Mn等杂质。铸铁是脆性材料，抗拉强度较低，但具有良好的铸造性、耐磨性、减振性及切削加工性。在一些介质（浓硫酸、醋酸、盐溶液、有机溶剂等）中具有相当好的耐腐蚀性能。铸铁生产成本低廉，因此在工业中得到普遍应用。

铸铁可分为灰铸铁、球墨铸铁、可锻铸铁、高硅铸铁等。

（一）灰铸铁

灰铸铁中的碳大部分或全部以自由状态的片状石墨形式存在，断口呈暗灰色。灰铸铁的抗压强度较高，抗拉强度很低，冲击韧性低，不适于制造承受弯曲、拉伸、剪切和冲击载荷的零件，可制造承受压应力及要求消振、耐磨的零件，如支架、阀体、泵体（机座、管路附件等）。在化工生产中可用于制造烧碱生产中的熬碱锅、联碱生产中的碳化塔及淡盐水泵等。

灰铸铁的牌号用名称HT（"灰铁"二字的汉语拼音首字母）和抗拉强度σ_b值表示，加HT100，其中100表示$R_m=100\text{MPa}$。常用灰铸铁牌号有HT100、HT150、HT200、HT250、HT300、HT350。压力容器允许选用的灰铸铁牌号为HT200和HT250，且设计压力不得大于0.6MPa，设计温度范围为10~200℃。

（二）球墨铸铁

在浇注前，往铁水中加入少量球化剂（如镁、钙和稀土元素等）、石墨化剂（如硅铁、硅钙合金），以促进碳以球状石墨结晶存在，这种铸铁称球墨铸铁。

球墨铸铁在强度、塑性和韧性方面都大大超过灰铸铁，甚至接近钢并保持灰铸铁的其他优良特性。球墨铸铁在酸性介质中耐蚀性较差，但在其他介质中耐蚀性比灰铸铁好，且价格低于钢。由于它兼有普通铸铁与钢的优点，能代替过去用碳钢和合金钢制造的重要零件（如曲轴、连杆、主轴、中压阀门等）。

球墨铸铁的牌号用QT、抗拉强度、延伸率表示。如QT400-18，其中最小 R_m=400MPa，A=18%。压力容器允许选用的球墨铸铁牌号为QT400-18和QT400-18L，其中设计压力不得大于1.0MPa，设计温度范围为：QT400-18，0-200℃；QT400-18L，10~200℃。

（三）可锻铸铁

将白口铸铁坯件经长时间高温退火得到的韧性较好的铸铁称为可锻铸铁。由于团絮状石墨对基体的破坏作用减轻，因而它比灰铸铁强度、韧性明显提高。

可锻铸铁的力学性能优于灰铸铁，韧性好，可加工，主要用来制造一些形状比较复杂，并且在工作中承受一定冲击载荷的薄壁小型零件，如管接头等。

可锻铸铁的牌号用KT、抗拉强度及延伸率表示。如：KT300-06，其中最小 R_m=300MPa，A=6%。

（四）高硅铸铁

高硅铸铁是往灰铸铁或球墨铸铁中加入一定量的合金元素硅等熔炼而成的。高硅铸铁具有很高的耐蚀性能，且随含硅量的增加耐蚀性能增加。其强度低，硬度高，质脆，不能承受冲击载荷，不便于机械加工，只适于铸造高硅铸铁导热系数小，膨胀系数大，故不适于制造承受较大温差的设备，否则容易产生裂纹。它常用于制作各种耐酸泵、冷却排管和热交换器等。

第四节　合金钢

随着现代工业和科学技术的不断发展，对设备零件的强度、硬度、韧性、塑性、耐磨性以及物理、化学性能的要求愈来愈高，碳钢已不能完全满足需要。为了改善性能，在碳钢基础上有目的地加入一些合金元素，这样形成的钢材称为合金钢。

一、合金钢的分类与编号

合金钢的种类较多。按含合金元素量的多少可分为低合金钢（含合金元素总量小于2.5%）、中合金钢（含合金元素总量为2.5%~10%）和高合金钢（含合金元素总量大于10%）。按用途分为合金结构钢、合金工具钢和特殊性能钢。合金结构钢又分为普通低合金钢、渗碳钢、调质钢等。特殊性能钢分为不锈钢和耐热钢等。

　　我国国家标准规定，合金钢牌号的表示方法有两种：一种是用汉字牌号，如35铬钼；另一种是用国际化学符号，如35CrMo。其中数字表示含碳量的万分之几，合金元素符号后面的数字表示合金元素含量的百分数。含量小于1.5%，时，可不标含量。如35CrMo表示这种钢的含碳量平均为万分之二十五（或0.35%），含Cr、Mo量在1%左右。30CrMnSiA合金钢，钢号后面的A字表示此合金钢为高级优质钢。

二、合金元素对钢的影响

　　目前在合金钢中常用的合金元素有铬（Cr）、锰（Mn）、镍（Ni）、硅（Si）、硼（B）、钨（W）、钼（Mo）、钒（V）、钛（Ti）和稀土元素（如Re）等。

　　铬是合金结构钢主加元素之一。在化学性能方面，它不仅能提高金属耐腐蚀性能，而且能提高其抗氧化性能。当其含量达到13%时，能使钢的耐腐蚀能力显著提高，并增加钢的热强性。铬能提高钢的淬透性，显著提高钢的强度、硬度和耐磨性，但它使钢的塑性和韧性降低。

　　锰可提高钢的强度，增加锰含量对提高其低温冲击韧性有好处。

　　镍对钢铁性能有良好作用。它能提高淬透性，使钢具有很高的强度，而又保持良好的塑性和韧性。镍还能提高钢的耐腐蚀性和低温冲击韧性。镍质合金具有更高的热强性能。镍被广泛应用于不锈耐酸钢和耐热钢中。

　　硅可提高钢的强度、高温疲劳强度、耐热性及耐 H_2S 等的腐蚀性，硅含量增高会降低钢的塑性和冲击物性。

　　铝为强脱氧剂，能显著细化钢的组织晶粒，提高其冲击韧性，降低其冷脆性。铝还能提高钢的抗氧化性和耐热性，对抵抗 H_2S 介质腐蚀有良好作用。铝的价格较便宜，所以在耐热合金钢中常用来代替铬。

　　钼能提高钢的高温强度、硬度，细化其晶粒，防止回火脆性。含钼量小于0.6%可提高塑件。钼能抗氢腐蚀。

　　钒用于固溶体中可提高钢的高温强度，细化其晶粒，提高其淬透性。铬钢中加少量钒，在保持钢的强度情况下，能改善钢的塑性。

　　钛为强脱氧剂，可提高钢的强度，细化其晶粒，提高其韧性，减小铸锭缩孔和焊缝裂纹等倾向。在不锈钢中起稳定碳的作用，减少钠与碳化合的机会，防止晶间腐蚀，还可提高耐热性。

　　稀土元素可提高钢的强度，改善其塑性、低温脆性、耐腐蚀性及焊接性能。

三、普通低合金钢

　　普通低合金钢（又称低合金高强度钢）简称普低钢。它是结合我国资源条件开发的一种合金钢，是在碳钢的基础上加入少量 Si、Mn、Cu、V、Ti、Nb 等合金元素熔炼而成的。加入这些元素，可提高钢材的强度，改善钢材耐腐蚀性能、低温性能及焊接性能，如 15MnV 钢种。

普通低合金钢可轧制成各种钢材，如板材、管材、棒材、型材等。普低钢广泛用于制造远洋轮、大跨度桥梁、高压锅炉、大型容器、汽车、矿山机械及农业机械等。大型化工容器采用 16MnR 制造，质量比用碳钢减轻 1/3；与碳钢相比，用 15MnV 制造球形贮罐可节省钢材约 45%。用 15MnTi 代替 20g 制造合成塔，也可节省钢材。普低钢具有耐低温的性能，这对北方高寒地区使用的车辆、桥梁、容器等具有十分重要的意义。

普低钢按强度级别大致分为三类：350MPa 强度级（屈服点在 300~500MPa），400MPa 强度级（屈服点在 500~550MPa）和 500MPa 强度级（屈服点在 600~1000MPa）。

化工设备用普低钢，除要求强度外，还要求有较好的塑性和焊接性能，以利于设备加工。强度较高者，其塑性与焊接性便有所降低，这是由于含较多合金元素、产生过大硬化作用造成的。因此，必须根据容器的具体操作条件（温度、压力）和制造加工（卷板、焊接）要求，选用适当强度级别的钢种。

四、专业用钢

为适应各种条件用钢的特殊要求，我国发展了许多专门用途的钢材，如锅炉用钢、压力容器用钢、焊接气瓶用钢等。它们的编号方法是在钢号后面分别加注 g、R 或 HP 等，如 20g、Q345R 和 15MnVHP 等。这类钢质地均匀，杂质含量低，能满足某些力学性能的特殊检验项目要求。

五、特殊性能钢

特殊性能钢是指具有特殊物理性能或化学性能的钢。这里介绍不锈耐酸钢、耐热钢及低温用钢。

（一）不锈耐酸钢

不锈耐酸钢是不锈钢和耐酸钢的总称。严格讲，不锈钢是指耐大气腐蚀的钢；耐酸钢是指能抵抗酸及其他强烈腐蚀性介质的钢。耐酸钢一般都具有不锈的性能，故将二者统称不锈钢。

不锈钢常以所含的合金元素不同，分为以铬为主的铬不锈钢及以铬镍为主的铬镍不锈钢。目前还发展了节镍或无镍不锈钢。

1.铬不锈钢

在铬不锈钢中，起耐腐蚀作用的主要元素是铬。铬在氧化性介质中能生成一层稳定而致密的氧化膜，对钢材起到保护作用而具有耐腐蚀性。铬不锈钢耐蚀性的强弱取决于钢中的含碳量和含铬量。当含铬量大于12%时，钢的耐蚀性会有显著提高，而且含铬量愈多耐蚀性愈好。但是由于钢中碳元素与铬形成铬的碳化物（如$Cr_{23}C_6$等）而消耗了铬，致使钢中的有效铬含量减小，降低了钢的耐蚀性，故不锈钢中的含碳量都是较低的。为了确保不锈钢具有耐腐蚀性能，使其含铬量大于12%，实际应用的不锈钢中的平均含铬量都在13%以上。常用的铬不锈钢有1Cr13、2Cr13、0Cr13，0Cr17Ti等。

1Cr13（含碳量小于0.15%）、2Cr13（含碳量平均为0.2%）等钢铸造性能良好，经调质处理后有较高的强度与韧性，焊接性能尚好。耐蒸汽、潮湿大气、淡水和海水的腐蚀，温度较低（<30℃）时对弱腐蚀性介质（如盐水溶液、硝酸、低浓度有机酸等）也有较好的耐蚀性。在硫酸、盐酸、热硝酸、熔融碱中耐蚀性较低。主要用在化工机器中制造受冲击载荷较大的零件，如阀、阀件、塔盘中的浮阀、石油裂解设备、高温螺栓、导管及轴与活塞杆等。

0Cr13、S41008等钢种含碳量低（<0.1%），含铬量较高。它们具有较好的塑性，但韧性较差。它们能耐氧化性酸（如稀硝酸）和硫化氢气体的腐蚀，可用于制作硝酸厂和维尼纶厂耐冷醋酸和防铁锈污染产品的耐蚀设备。

2.铬镍不锈钢

铬镍不锈钢的典型钢号是0Cr19Ni9，它是国家标准中规定的压力容器用钢。由于铬镍不锈钢中含有能形成奥氏体组织的较多镍元素，经固溶处理（加热至1100~1150℃，在空气或水中淬火）后，常温下也能得到单一的奥氏体组织，钢中的C、Cr、Ni全部固溶于奥氏体晶格中。经这样处理后的钢具有较高的抗拉强度，极好的塑性和韧性。它的焊接性能和冷弯成型工艺性能很好，是目前用来制造各种贮槽、塔器、反应釜、阀件等化工设备最广泛的一类不锈钢材。

铬镍不锈钢除像铬不锈钢一样具有氧化铬薄膜的保护作用外，还因保能使钢形成单一奥氏体组织而得到强化，使得铬镍钢在很多介质中比铬不锈钢更具耐蚀性。如对浓度65%以下、温度低于70℃或浓度60%以下、温度低于100℃的硝酸以及苛性碱（熔融碱除外）、硫酸盐、硝酸盐、硫化氢、醋酸等都具有良好的耐蚀性，并且有良好的抗氢、氮性能。但在还原性介质如盐酸、稀硫酸中则不耐蚀。在含氯离子的溶液中，有发生晶间腐蚀的倾向，严重时往往引起钢板穿孔腐蚀。

晶间腐蚀是在400~800℃的温度范围内，碳从奥氏体中以碳化铬（$Cr_{23}C_6$）形式沿晶界析出，使晶界附近的含铬量降低到耐腐蚀所需的最低含量（12%）以下，腐蚀就在此贫铬区产生。这种沿晶界的腐蚀称为晶间腐蚀。发生晶间腐蚀后，钢材会变脆、强度很低，破坏无可挽回。为了防止晶间腐蚀，可采取以下几种方法。

（1）在钢中加入与碳亲和力比铬更强的钛等元素，以形成稳定的TiC、NbC

等，将碳固定在这些化合物中，可大大减少产生晶间腐蚀的倾向。如 S32168（0Cr18Ni11Ti）、S34778（0Cr18Ni11Nb）等钢种就是依据这个原则炼制的。它们具有较高的抗晶间腐蚀能力。

（2）减少不锈钢中的含碳量以防止产生晶间腐蚀。当钢中的含碳量降低后，铬的析出也将减少。如 S30408（0Cr19Ni9）钢，其含碳量小于0.06%（含碳量小于0.08%时，标注0；含碳量小于0.03%时，标注00）。当含碳量小于0.02%时，即使在缓冷条件下，也不会析出碳化铬，这就是所谓的超低碳不锈钢，如 S30403（00Cr19Ni11）。超低碳不锈钢冶炼困难，价格很高。

（3）对某些焊接件可重新进行热处理，使碳、铬再固溶于奥氏体中。

另外，为了提高对氯离子的耐蚀能力，可在铬镍不锈钢中加入合金元素 Mo。如 S31668（1Cr18Ni12Mo3Ti）。同时加入 Mo、Cu 元素，则在室温、浓度为50%以下的硫酸中也具有较高的耐蚀性，也可提高在低浓度盐酸中的抗腐蚀性，如0Cr18Ni18Mo2Cu2Ti。

S30408（0Cr19Ni9）不锈钢产品以板材、带材为主。它在石油、化工、食品、制糖、酿酒、医药、油脂及印染工业中得到广泛应用，适用温度范围在 -196-600℃。

3.节镍或无镍不锈钢

为适应我国镍资源紧缺情况，我国冶炼多种节镍或无镍不锈耐酸钢，以容易得到的锰和氮代替不锈钢中的镍。例如 Cr18Mn8Ni5 可代替 1Cr18Ni9（S30210）；Cr18Mn10Ni5Mo3N 可代替 1Cr18Ni12Mo3Ti；而用于制造尿素生产设备的0Cr17Mn13Mo2N 比从国外进口的 1Cr18Ni12Mo2Ti 及 1Cr18Ni12Mo3Ti 在耐蚀性能上更强。这些钢种以铬作为主要合金元素，以能形成稳定奥氏体组织的元素锰、氮代替部分或全部镍元素。

（二）耐热钢

许多化工设备都要求钢材能承受高温，例如裂解炉的温度为 600~800℃，裂解炉管就要承受这样的温度。在这样的高温下，一般碳钢由于抗氧化腐蚀性能与强度变得很差而无法胜任。这是因为普通碳钢在570℃以上时会发生显著氧化，钢材表面生成氧化皮，层层剥落，不久整个钢材将会被腐蚀。钢在高温下的力学性能也与室温下大不相同。在350℃以上时，强度极限大为下降，甚至不到室温时的一半；抗蠕变性能很差，硬度下降，塑性增加。因此，从强度与抗氧化腐蚀两方面分析，普通碳钢只能用于400℃以下的化工设备。为适应高温设备要求，必须用耐热性高的耐热钢。

耐热性包括抗氧化性（热稳定性）和抗热性抗氧化性是指在高温条件下能抵

抗氧化的性能；抗热性是指在高温条件下对机械负荷的抵抗能力。在钢中加入 Cr、Al、Si 等合金元素，可以被高温气体（对耐热钢而言，主要是氧气）氧化后，生成一种致密的氧化膜，保护钢的表面，防止氧的继续侵蚀，从而得到较好的化学稳定性。在钢中加入 Cr、Mo、V、Ti 等元素，可以强化固溶体组织，显著提高钢材的抗蠕变能力。因而化工设备上常用的耐热钢，按耐热要求的不同可分为抗氧化钢和耐热钢。常用耐热钢的牌号、性能、用途列于表3-2中。

表3-2　几种耐热钢的特性与用途

钢号	材料特性	使用温度/℃	用途举例
2Mn18A115Si2Ti	具有良好的力学性能，有一定抗氧化性和在石油裂化气、燃烧废气中的抗蚀性	650~850	可代替 1Cr18Ni9Ti 或 Cr5Mo 用于各种加热炉、预热炉的炉管
Cr19Mn12Si2N	具有良好的室温和高温力学性能，并有较好的抗疲劳性及抗氧化性	850~1100	用在 800~1000℃ 范围内做各种炉用耐热构件，可代替 Cr18Ni25Si2 等高级耐热钢
2Cr20Mn9Ni2Si2N	具有良好的综合性能和高温力学性能，并有较好的抗氧化性	1200~1240	用在 900~1000℃ 范围内做各种炉用耐热构件
1Cr5Mo	焊接性不好，焊前在 350~400℃ 下预热，焊后缓冷，并于 740~760℃ 高温回火	−40~550	石油工业中广泛用于制作含硫石油介质的炉管、换热器、蒸馏塔

（三）低温用钢

在化工生产中，许多设备在低温工作条件下运行，如深冷分离、空气分离等。制造低温设备（设计温度不高于−20℃）的材料，要求在最低工作温度下具有较好的韧性，以防止设备在运行中发生脆性破裂。而普通碳钢在低温下（−20℃以下）冲击韧性下降，材料变脆，无法应用。目前国外低温设备用的钢材主要以高铬镍钢为主，也有使用镍钢、铜和铝等。我国根据资源情况，自行研制了无铬镍的低温钢材系列，并在生产中得到应用。表3-3列出了几种常用低温用钢的牌号、使用状态等。

表 3-3　几种常用的低温用钢

钢号	钢板状态	厚度/mm	屈服强度/MPa	最低冲击试验温度/℃
16MnDR	正火	6-120	265-315	-30
07MnNiMoDR	调质	10-50	490	-40
15MnNiDR	正火，正火加回火	6-60	305-325	-45
09MnNiDR	正火，正火加回火	6-120	260-300	-70

注：表中D代表低温用钢；R代表容器用钢

第五节　有色金属材料

铁以外的金属称非铁金属，也称有色金属。常用的有色金属有铝、铜、铅、钛、镍等。

在石油、化工生产中，由于腐蚀、低温、高温、高压等特殊工艺条件，许多化工设备及其零部件经常采用有色金属及其合金。

有色金属有很多优越的特殊性能，例如良好的导电性、导热性，密度小，熔点高，有低温韧性，在空气、海水以及一些酸、碱介质中耐腐蚀等，但有色金属价格比较昂贵。常用有色金属及合金的代号见表3-4。

表 3-4　常用有色金属及合金的代号

名称	铝	铜	黄铜	青铜	钛	镍	铅
代号	L	T	H	Q	T	N	Pb

一、铝及其合金

铝属于轻金属，相对密度小（2.71），约为铁的1/3，导电、导热性良好。铝的塑性好、强度低，可承受各种压力加工，并可进行焊接和切削。铝在氧化性介质中易形成 Al_2O_3 保护膜，因此在干燥或潮湿的大气中，或在氧化剂的盐溶液中，或在浓硝酸以及干氯化氢、氨气中都耐腐蚀，但含有卤素离子的盐类、氢氟酸以及碱溶液都会破坏铝表面的氧化膜，所以铝不宜在这些介质中使用。铝无低温脆性、无磁性，对光和热的反射能力强和耐辐射，冲击不产生火花。

（一）纯铝

纯铝中有高纯铝和工业纯铝。高纯铝牌号有1A85、1A90等，可用来制造对耐腐蚀要求较高的浓硝酸设备，如高压釜、槽车、贮槽、阀门、泵等。工业纯铝牌号为8A06，用于制造含硫石油工业设备、橡胶硫化设备及含硫药剂生产设备，同时也大量用于食品工业和制药工业中要求耐腐蚀、防污染而不要求强度的设备，如反应器、热交换器、深冷设备、塔器等。

（二）防锈铝

防锈铝主要是 Al-Mn 系及 Al-Mg 系合金。典型的牌号有 5A02、5A03、5A05 等。防锈铝能耐潮湿大气的腐蚀，有足够的塑性，强度比纯铝高得多。常用来制造各式容器、分馏塔、热交换器等。

（三）铸铝

铸铝是铝、硅合金。典型牌号有 ZAlSi7Mg（合金代号 ZL101）。铸铝的铸造性、流动性好，铸造时收缩率和生成裂纹的倾向性都很小。由于表面生成 Al_2O_3、SO_2 保护膜，故铸铝的耐蚀性好，且密度低，广泛用来铸造形状复杂的耐蚀零件，如管件、泵、阀门、汽缸、活塞等。

纯铝和铝合金最高使用温度为 200℃。由于熔焊的铝材在低温（-196℃~0℃）下冲击韧性不下降，因此，很适合做低温设备。

铝在化工生产中有许多特殊的用途。如铝不会产生火花，故常用于制作含易挥发性介质的容器；铝不会使食物中毒，不沾污物品，不改变物品颜色，因此，在食品工业中可代替不锈钢制作有关设备。铝的导热性能好，适合做换热设备。

二、铜及其合金

铜属于半贵金属，相对密度 8.94，铜及其合金具有高的导电性和导热性，较好的塑性、韧性及低温力学性能。在许多介质中有高耐蚀性。因此在化工生产中得到广泛应用。

（一）纯铜

纯铜料紫红色，又称紫铜。纯铜有良好的导电、导热和耐蚀性，也有良好的塑性，在低温时可保持较高的塑件和冲击韧性，用于制作深冷设备和高压设备的垫片。

铜耐稀硫酸、亚硫酸、稀的和中等浓度的盐酸、醋酸、氢氟酸及其他非氧化性酸等介质的腐蚀，对海水、大气、碱类溶液的耐蚀能力很强。铜不耐各种浓度的硝酸、氨和镀盐溶液的腐蚀。在氨和镀盐溶液中，会形成可溶性的铜氨离子 $[Cu(NH_3)_4]^{2+}$，故不耐腐蚀。

纯铜产品有冶炼品和加工品两种。加工品纯铜的牌号有 T1、T2、T3、TU1、TU2、TP1、TP2 等。T1、T2 是高纯度铜，用于制造电线，配制高纯度合金。T3 杂质含量和含氧量比 T1、T2 高，主要用于制作一般材料，如垫片，铆钉等。TU1，TU2 为无氧铜，纯度高，主要用作真空器件。TP1，TP2 为磷脱氧铜，多以管材供应，主要用作冷凝器、蒸发器、换热器、热交换器的零件等。

（二）黄铜

铜与锌的合金称黄铜。它的铸造性能良好，力学性能比纯铜高，耐蚀性能与纯铜相似，在大气中耐腐蚀性比纯铜好，价格也便宜，在化工上应用较广。

在黄铜中加入锡、铝、硅、锰等元素所形成的合金称特种黄铜。其中锰、铝能提高黄铜的强度；铝、锌和硅能提高黄铜的抗蚀性和减磨性；铝能改善黄铜的切削加工性。

化工上常用的黄铜牌号有H80、H68、H62等（数字表示合金内铜的平均含量）。H80、H68塑性好，可在常温下冲压成型，做容器的零件，如散热导管等。H62在室温下塑性较差，但有较高的机械强度，易焊接，价格低廉，可做深冷设备的筒体、管板、法兰及螺母等。

锡黄铜HSn70-1含有1%的锡，能提高H70黄铜对海水的耐蚀性。它首先应用于舰船，故称海军黄铜。

（三）青铜

铜与除锌以外的其他元素组成的合金均称为青铜。铜与锡的合金称为锡青铜；铜与铝、硅、铅、铍、锰等组成的合金称无锡青铜。

锡青铜分铸造锡青铜和压力加工锡青铜两种，以铸造锡青铜应用最多。

典型牌号为ZQSn10-1的锡青铜具有高强度和硬度，能承受冲击载荷，耐磨性很好，具有优良的铸造性，在许多介质中比纯铜耐腐蚀。锡青铜主要用来铸造耐腐蚀和耐磨零件，如泵壳、阀门、轴承、涡轮、齿轮、旋塞等。

无锡青铜（如铝青铜）的力学性能比黄铜、锡青铜好。具有耐磨、耐蚀特点，无铁磁性，冲击时不生成火花，主要用于加工成板材、带材、棒材和线材。

三、钛及其合金

钛的相对密度小（4.5），强度高，耐腐蚀性好，熔点高。这些特点使钛在军工、航空、化工领域中日益得到广泛应用。

典型的工业纯钛牌号有TA1、TA2、TA3（编号愈大，杂质含量愈多）。纯钛塑性好，易于加工成型，冲压、焊接、切削加工性能良好；在大气、海水和大多数酸、碱、盐中有良好的耐蚀性。钛也是很好的耐热材料，它常用于飞机骨架、蒙皮、耐海水腐蚀的管道、阀门、泵体、热交换器、蒸馏塔及海水淡化系统装置与零部件。在钛中添加锰、铝或铬、钼等元素，可获得性能优良的钛合金。供应的品种主要有带材、管材和钛丝等。

四、镍及其合金

镍是稀有贵重金属，相对密度8.902，具有很高的强度和塑性，有良好的延伸性和可锻性。镍具有很好的耐腐蚀性，在高温碱溶液或熔融碱中都很稳定，故镍主要应用于制碱工业，用来制造处理碱介质的化工设备。

在镍合金中，以牌号为NCu28-2.5-1.5的蒙乃尔合金应用最广。蒙乃尔合金能在500℃时保持高的力学性能，能在750℃以下抗氧化，在非氧化性酸、盐和有机溶液中比纯镍、纯铜更具耐蚀性。

五、铅及其合金

铅是重金属，相对密度11.35，硬度低、强度小，不宜单独作为设备材料，只适于做设备的衬里。铅的导热系数小，不适合做换热设备的用材；纯铅不耐磨，非常软。但在许多介质中，特别是在硫酸（80%的热硫酸及92%的冷硫酸）中，铅具有很高的耐蚀性。

铅与锑的合金称为硬铅，它的硬度、强度都比纯铅高，在硫酸中的稳定性也比纯铅好。硬铅的主要牌号为PbSb4、PbSb6、PbSb8和PbSb10。

铅和硬铅在硫酸、化肥、化纤、农药、电器设备中作为耐酸、耐蚀和防护材料，可用来做加料管、鼓泡器、耐酸泵和阀门等零件。由于铅具有耐辐射的特点，在工业上还用作X射线和γ射线的防护材料。还可配制低熔点合金、轴承合金及铅蓄电池铅板及铸铁管口、电缆封头的铅封等。

第六节　非金属材料

非金属材料具有优良的耐腐蚀性，原料来源丰富，品种多样，可因地制宜，就地取材，是一种有着广阔发展前景的化工材料。非金属材料既可以做单独的结构材料，又能做金属设备的保护衬里、涂层，还可做设备的密封材料、保温材料和耐火材料。

应用非金属材料做化工设备，除要求有良好的耐腐蚀性外，还应有足够的强度，渗透性、孔隙及吸水性要小，热稳定性好，容易加工制造，成本低以及来源丰富。

非金属材料分为无机非金属材料（主要包括陶瓷、搪瓷、岩石、玻璃等）、有机非金属材料（主要包括塑料、涂料、橡胶等）以及复合材料（玻璃钢、不透性石墨等）。

一、无机非金属材料

（一）化工陶瓷

化工陶瓷具有良好的耐腐蚀性、足够的不透性、充分的耐热性和一定的机械强度。它的主要原料是黏土、瘠性（缺少植物生长所需养分的性质）材料和助熔剂。用水混合后经过干燥和高温焙烧，形成表面光滑、断面像细密石质的材料。陶瓷导热性差，热膨胀系数较大，受撞击或温差急变而易破裂。

目前化工生产中，化工陶瓷设备和管道的应用越来越多。化工陶瓷产品有塔、贮槽、容器、泵、阀门、旋塞、反应器、搅拌器和管道、管件等。

（二）化工搪瓷

化工搪瓷由含硅量高的瓷釉通过900℃左右的高温煅烧，使瓷釉密着在金属表面而形成的。化工搪瓷具有优良的耐腐蚀性能、力学性能和电绝缘性能，但易碎裂。

搪瓷的导热系数不到钢的1/4，热膨胀系数大。故搪瓷设备不能直接用火焰加热，以免损坏搪瓷表面，可以用蒸汽或油浴缓慢加热。适用温度范围为-30~270℃。

目前我国生产的搪瓷设备有反应釜、贮罐、换热器、蒸发器、塔和阀门等。

（三）辉绿岩铸石

辉绿岩铸石是用辉绿岩熔融后制成的，可制成板、砖等材料作为设备衬里，也可做管材。铸石除对氢氟酸和熔融碱不耐腐蚀外，对各种酸、碱、盐都具有良好的耐腐蚀性能。

（四）玻璃

化工用玻璃不是一般钠钙玻璃，而是硼玻璃（耐热玻璃）或高铝玻璃，它们有良好的热稳定性和耐腐蚀性。

玻璃在化工生产上用作管道或管件，也可以做容器、反应器、泵、热交换器、隔膜阀等。

玻璃虽然有耐腐蚀性、清洁、透明、阻力小、价格低等特点，但质脆、耐温度急变性差，不耐冲击和振动。目前已成功采用在金属管内衬玻璃或用玻璃钢加强玻璃管道的方法来弥补其不足。

二、有机非金属材料

（一）工程塑料

以高分子合成树脂为主要原料，在一定温度、压力下制成的型材或产品（泵、阀等），总称为塑料。在工业生产中广泛应用的塑料即为"工程塑料"。

塑料的主要成分是树脂，它是决定塑料性质的主要因素。除树脂外，为了满足各种应用领域的要求，往往加入添加剂以改善产品性能。一般添加剂有以下几种。

（1）填料剂，又称填料。用以提高塑料的力学性能。

（2）增塑剂。用以降低材料的脆性和硬度，使材料具有可塑性。

（3）稳定剂。用以延缓材料的老化，延长塑料的使用寿命。

（4）润滑剂。用以防止塑料在成型过程中粘在模具或其他设备上。

（5）固化剂。用以加快固化速度，使固化后的树脂具有良好的机械强度。

塑料的品种很多，根据受热后的变化和性能的不同，可分为热塑性材料和热固性材料两大类。

热塑性材料是以可以经受反复受热软化（或熔化）和冷却凝固的树脂为基本成分制成的塑料，它的特点是遇热软化或熔融，冷却后又变硬，这一过程可反复多次。典型产品有聚氯乙烯、聚乙烯等。热固性塑料是以经加热转化（或熔化）和冷却凝固后变成不熔状态的树脂为基本成分制成的。它的特点是在一定温度下，经过一定时间的加热或加入固化剂即可固化，质地坚硬，既不溶于溶剂，也不能用加热的方法使之再软化，典型的产品有酚醛树脂、氨基树脂等。

由于塑料一般具有良好的耐腐蚀性能和一定的机械强度、良好的加工性能及电绝缘性能，价格较低，因此广泛应用在化工生产中。

1.硬聚氯乙烯（PVC）塑料

硬聚氯乙烯塑料具有良好的耐腐蚀性能，除强氧化性酸（浓硫酸、发烟硫酸）、芳香族及含氟的碳氢化合物和有机溶剂外，对一般的酸、碱介质都是稳定的。它有一定的机械强度，加工成型方便，焊接性能较好。但它的导热系数小，耐热性能差。适用温度范围为-10~55℃。当温度在60~90℃时，强度显著下降。化工用硬聚氯乙烯塑料的物理、力学性能见表3-5。

表3-5 化工用硬聚氯乙烯塑料的物理、力学性能

密度/（g·cm⁻³）	抗拉强度/MPa	抗压强度/MPa	冲击强度/（J·m⁻²）	断后伸长率/%	硬度/HB
1.30~1.58	45~50	55~90	30~40	20~40	14~17

硬聚氯乙烯广泛用于制造各种化工设备，如塔、贮罐、容器、尾气烟囱、离心泵、通风机、管道、管件、阀门等。目前许多工厂成功地用硬聚氯乙烯来代替不锈钢、铜、铝、铅等金属材料做耐腐蚀设备与零件，所以它是一种很有发展前途的耐腐蚀材料。

2.聚乙烯（PE）塑料

聚乙烯塑料是乙烯的高分子聚合物。有优良的电绝缘性、防水性和化学稳定性。在室温下，除硝酸外，对各种酸、碱、盐溶液均稳定，对氢氟酸特别稳定。

聚乙烯可做管道、管件，阀门、泵等，也可以做设备衬里，还可涂在金属表面作为防腐涂层。聚乙烯的物理、力学性能见表3-6。

3.耐酸酚醛（PF）塑料

耐酸酚醛塑料是以酚醛树脂为黏结剂，以耐酸材料（石棉、石墨、玻璃纤维等）为填料制成的一种热固性塑料。它有良好的耐腐蚀性和耐热性。能耐多种酸、盐和有机溶剂的腐蚀。

表3-6　聚乙烯塑料的物理、力学性能

密度（g·cm^{-3}）	拉伸强度/MPa	抗压强度/MPa	冲击强度/（J·m^{-2}）	断后伸长率/%	硬度/HB
0.94~0.96	21~38	19~25	22~108	20~100	60~70

耐酸酚醛塑料可做成管道、阀门、泵、塔节、容器、贮罐、搅拌器等，也可用作设备衬里。目前在氯碱、染料、农药等工业中应用较多。适用温度范围为-30~130℃。这种塑料质地较脆，冲击韧性较低。在使用过程中设备如果出现裂缝或孔洞，可用酚醛胶泥修补。

4.聚四氟乙烯（PTFE）塑料

聚四氟乙烯塑料具有优异的耐腐蚀性，能耐强腐蚀性介质（硝酸、浓硫酸、王水、盐酸、苛性碱等）腐蚀。耐腐蚀性甚至超过贵重金属金和银，有塑料王之称。适用温度范围为-100~250℃。

聚四氟乙烯常用来做耐腐蚀、耐高温的密封元件及高温管道。由于聚四氟乙烯有良好的自润滑性，还可以用作无润滑的活塞环。

（二）涂料

涂料是一种高分子胶体的混合物溶液，涂在物体表面，然后固化形成薄涂层，用来保护物体免遭大气腐蚀及酸、碱等介质的腐蚀。大多数情况下用于涂刷设备、管道的外表面，也常用于设备内壁的防腐涂层。

采用防腐涂层的特点是品种多、选择范围广、适应性强、使用方便、价格低、适于现场施工等。但是，由于涂层较薄，在有冲击及强腐蚀介质的情况下，涂层容易脱落，使得涂料在设备内壁面的应用受到了限制。

常用的防腐涂料有防锈漆、底漆、大漆、酚醛树脂漆、环氧树脂漆以及某些塑料涂料，如聚乙烯涂料、聚氯乙烯涂料等。

三、复合材料

（一）玻璃钢

玻璃钢又称玻璃纤维增强塑料。它以合成树脂为胶黏剂，以玻璃纤维为增强材料，按一定成型方法制成。玻璃钢具有优良的耐腐蚀性能，强度高，有良好的工艺性能，是一种新型非金属材料。在化工中可做容器、贮罐、塔、鼓风机、槽车、搅拌器、泵、管道、阀门等，应用越来越广泛。

玻璃钢根据所用的树脂不同而差异很大。目前应用在化工防腐方面的有环氧玻璃钢（常用）、酚醛玻璃钢（耐酸性好）、呋喃玻璃钢（耐腐蚀性好）、聚酯玻璃钢（施工方便）等。

（二）不透性石墨

不透性石墨是由各种树脂浸渍石墨消除孔隙后得到的。它的优点是：具有较高的化学稳定性和良好的导热性，热膨胀系数小，耐温度急变性好；不污染介质，能保证产品纯度；加工性能良好，相对密度小。它的缺点是机械强度较低，性脆。

不透性石墨的耐腐蚀性主要取决于浸渍树脂的耐腐蚀性。由于其耐腐蚀性强和导热性好，常被用作强腐蚀性介质的换热器，如氯碱生产中应用的换热器和盐酸合成炉，也可以制作泵、管道和用作机械密封中的密封环及压力容器用的安全爆破片等。

第七节　化工设备的腐蚀及防腐措施

一、金属的腐蚀

金属和周围介质之间发生化学或电化学作用而引起的破坏称为腐蚀。如铁生锈、铜发绿锈、铝生白斑点等。根据腐蚀过程的不同，金属的腐蚀可分为化学腐蚀与电化学腐蚀。

（一）化学腐蚀

化学腐蚀是金属表面与环境介质发生化学作用而产生的损坏，它的特点是腐蚀发生在金属的表面上，腐蚀过程中没有电流的产生。

在化工生产中，有很多机器和设备是在高温下操作的，如氨合成塔、硫酸氧化炉、石油气制氢转化炉等。金属在高温下受蒸汽和气体作用，发生金属高温氧化及脱碳就是一种高温下的气体腐蚀，是化工设备中常见的化学腐蚀之一。

1.金属的高温氧化

当钢和铸铁温度高于300℃时，就在其表面出现可见的氧化皮。随着温度的升高，钢铁的氧化速度大为提高。在57℃以下氧化时，在钢表面形成的是Fe_2O_3、Fe_3O_4的氧化层。这个氧化层组织致密、稳定，附着在铁的表面上不易脱落，从而起到了保护膜的作用。在570℃以上时，钢件表层由Fe_2O_3、Fe_3O_4和FeO所构成，氧化层主要成分是FeO。由于FeO直接依附在铁上，而它结构疏松，容易剥落，不能阻止内部的铁进一步氧化。因此，钢件加热温度愈高或加热时间愈长，则氧化愈严重。

为了提高钢的高温抗氧化能力，就要阻止FeO的形成，可以在钢里加入适量的合金元素铝、硅或铝。因为这些元素的氧化物比FeO的保护性好。

2.钢的脱碳

钢是铁碳合金，碳可以渗碳体的形式存在。所谓钢的高温脱碳是指在高温气体作用下，钢的表面在产生氧化皮的同时，与氧化膜相连接的金属表面层发生渗碳体减少的现象。之所以发生脱碳，是因为当高温气体中含有O_2、H_2O、CO_2、H_2等成分时，钢中的渗碳体Fe_3C与这些气体发生反应。

脱碳使碳的含量减少，金属的表面硬度和抗疲劳强度降低。同时由于气体的析出，破坏了钢表面膜的完整性，使耐蚀性进一步降低。改变气体的成分，以减少气体的侵蚀作用是防止钢脱碳的有效方法。

3.氢腐蚀

在高温高压下的氢气中，碳钢和氢发生作用，使材料的机械强度和塑性显著下降，甚至破裂，这种现象常称为氢腐蚀或称氢脆。例如合成氨、石油加氢及合成苯的设备，由于反应介质是氢占很大比例的混合气体，而且这些过程又多在高温高压下进行，由此发生氢腐蚀。铁碳合金在高温高压下的氢腐蚀过程可分为氢脆阶段和氢侵蚀阶段。

第一阶段为氢脆阶段。氢与钢材直接接触时被钢材物理吸附，氢分子分解为氢原子并被钢表面化学吸附。氢原子穿过金属表面层的晶界向钢材内部扩散，溶解在铁素体中形成固溶体。在此阶段中，溶在钢中的氢并未与钢材发生化学作用，也未改变钢材的组织，在显微镜下观察不到裂纹，钢材的抗拉强度和屈服点也无明显改变。但是它使钢材显著变脆，塑性减小，这种脆性与氢在钢中的溶解度成正比。

第二阶段为氢侵蚀阶段。溶解在钢材中的氢气与钢中的渗碳体发生化学反应，生成甲烷气，由于甲烷的生成与聚集，形成局部高压和应力集中，引起晶粒边缘的破坏，使钢材力学性能降低。又由于渗碳体还原为铁素体时，体积减小，由此而产生的组织应力与前述内应力叠加在一起使裂纹扩展，而裂纹的扩展又为氢和碳的扩散提供了有利条件。这样反复不断进行下去，最后使钢材完全脱碳，使裂纹形成网格，严重地降低了钢材的力学性能，甚至遭到破坏。

铁碳合金的氢腐蚀随着压力和温度的升高而加剧，这是因为高压有利于氢气在钢中的溶解，而高温则加剧氢气在钢中的扩散速度及脱碳反应的速度。通常铁碳合金产生氢腐蚀有一起始温度和起始压力，它是衡量钢材抵抗氢腐蚀能力的一个指标。

为了防止氢腐蚀的发生，可以降低钢中的含碳量，使其没有碳化物（Fe_3C）析出。也可在钢中加入合金元素（如铬、钛、钼、钨、钒等），使其与碳形成稳定的碳化物，不易与氢作用，以避免氢腐蚀。

（二）电化学腐蚀

金属与电解质溶液间产生电化学作用所发生的腐蚀称电化学腐蚀。它的特点是在腐蚀过程中有电流产生。在水分子作用下，金属在电解质溶液中，使金属本身呈离子化，当金属离子与水分子的结合能力大于金属离子与其电子的结合能力时，一部分金属离子就从金属表面转移到电解液中，形成了电化学腐蚀。金属在各种酸、碱、盐溶液，工业用水中的腐蚀，都属于电化学腐蚀。

1.腐蚀原电池

把锌片和铜片分别放入盛有稀 H_2SO_4 溶液的同一容器中，用导线将二者与电流表相连，发现有电流通过。由于锌的电位较铜的电位低，电流是从高电位流向低电位，即从铜板流向锌板。按照电学中的规定，铜极应为正极，锌极应为负极，由于电子流动的方向，刚好同电流方向相反，电子是从锌极流向铜极。在化学中规定：失去电子的反应为氧化反应，凡是进行氧化反应的电极叫作阳极；而得到电子的反应为还原反应，凡进行还原反应的电极就叫作阴极。因此，在原电池中，低电位极为阳极，高电位极为阴极。阳极：锌失去电子而被氧化。

由此可见，在上述反应中，锌不断地溶解而遭到破坏，即被腐蚀。金属发生电化学腐蚀的实质就是原电池作用。金属腐蚀过程中的原电池就是腐蚀原电池。

2.微电池与宏电池

当金属与电解质溶液接触时，由于各种原因，在金属表面造成不同部位的电位不同，使整个金属表面有很多微小的阴极和阳极同时存在，因而在金属表面就形成许多微小的原电池。这些微小的原电池称为微电池。

形成微电池的原因很多，常见的有金属表面化学组成不均一（如铁中的铁素体和碱化物）、金属表面上组织不均一、金属表面上物理状态不均一（存在内应力）等。

不同金属在同一种电解质溶液中形成的腐蚀电池称为腐蚀宏电池。例如，碳钢制造的轮船与青铜的推进器在海水中构成的腐蚀电池造成船体钢板的腐蚀；在碳钢法兰与不锈钢螺栓间也会形成腐蚀。

3.浓差电池

由一种金属制成的容器中盛有同一种电解质溶液，由于在金属的不同区域，介质的浓度、温度、流动状态和pH值等不同，也会产生不同区域的电极电位不同而形成腐蚀电池，导致腐蚀的发生，此种腐蚀电池称为浓差电池。在这种电池中，与浓度较小的溶液相接触的部分电位较负，成为阳极，而与浓度较大的溶液相接触的部分电位较正，成为阴极。

4.电化学腐蚀的过程

无论金属在电解质溶液中发生哪一种腐蚀，其电化学腐蚀过程都是由三个环节组成：①在阳极区发生氧化反应，使得金属离子从金属本体进入溶液；②在两极电位差作用下电子从阳极流向阴极；③在阴极区，流动来的电子被吸收，发生还原反应。这三个环节互相联系，缺一不可，否则腐蚀过程将会停止。

二、金属腐蚀损伤与破坏的形式

金属在各种环境条件下，因腐蚀而受到的损伤或破坏的形态多种多样。按照金属腐蚀破坏的形态可分为均匀腐蚀和局部腐蚀（非均匀腐蚀）。而局部腐蚀又可分为区域腐蚀、点腐蚀、晶间腐蚀、表面腐蚀等。

均匀腐蚀是腐蚀作用均匀地发生在整个金属表面，这是危险性较小的一种腐蚀，只要设备或零件具有一定厚度时，其力学性能因腐蚀而引起的改变并不大。

局部腐蚀只发生在金属表面上局部地方，因整个设备或零件的强度依最弱的断面而定，而局部腐蚀能使金属强度大大降低，又常无先兆，难以预测，因此这种腐蚀很危险。尤其是点腐蚀常造成设备个别地方穿孔而引起渗漏。

金属由许多晶粒组成，晶粒与晶粒之间称为晶间或晶界。当晶界或其临界区域产生局部腐蚀，而晶粒的腐蚀相对很小时，这种局部腐蚀形态就是晶间腐蚀。晶间腐蚀沿晶粒边界发展，破坏了晶粒间的连续性，因而材料的机械强度和塑性剧烈降低，而且晶间腐蚀从外表不易发现，破坏突然发生，因此晶间腐蚀是一种很危险的腐蚀。氢腐蚀属于晶间腐蚀。铬镍不锈钢与含氯介质接触，在$500\sim800℃$时，有可能产生晶间腐蚀。因此在这一温度范围内使用的不锈钢必须注意。

三、金属设备的防腐措施

为了防止化工生产设备被腐蚀，除选择合适的耐腐蚀材料制造设备外，还可以采用多种防腐蚀措施对设备进行防腐。

（一）衬覆保护层

1.金属覆盖层

用耐腐蚀性能较强的金属或合金覆盖在耐腐蚀性能较弱的金属上，以防止腐蚀的方法，称为金属覆盖层保护方法。常见的有电镀法（镀铬、镀镍）、喷镀法、渗镀法、热镀法及衬不锈钢衬里等。

2.非金属覆盖层

用有机或无机物质制成的覆盖层称为非金属覆盖层，常用于金属设备内部衬非金属衬里和涂防腐涂料。

在金属设备内部衬砖、板是行之有效的非金属防腐方法。常用的砖、板衬里材料有酚醛胶泥衬瓷板、瓷砖，不透性石墨板；水玻璃胶泥衬辉绿岩板、瓷板、瓷砖。除砖、板衬里外，还有橡胶衬里和塑料衬里。

（二）电化学保护

根据金属腐蚀的电化学原理，如果把处于电解质溶液中的某些金属的电位提高，使金属钝化，人为地使金属表面生成难溶而致密的氧化膜，则可降低金属的腐蚀速度；同样，如果使某些金属的电位降低，使金属难于失去电子，也可大大降低金属的腐蚀速度，甚至使金属的腐蚀完全停止。这种通过改变金属-电解质的电极电位来控制金属腐蚀的方法称为电化学保护。电化学保护法包括阴极保护与阳极保护。

1.阴极保护

阴极保护法是通过外加电流使被保护的金属阴极极化以控制金属腐蚀的方法。它分为外加电流法和牺牲阳极法。外加电流法是把被保护的金属设备与直流电源的负极相连，电源的正极和一个辅助阳极相连。当电源接通后，电源便给金属设备以阴极电流，使金属设备的电极电位向负的方向移动，当电位降至腐蚀电池的阳极起始电位时，金属设备的腐蚀即可停止。阴极保护法用来防止在海水或河水中的金属设备的腐蚀非常有效，并已应用到石油、化工生产中海水腐蚀的冷却设备和各种输送管道，如碳钢制海水箱式冷却槽、卤化物结晶槽、真空制盐蒸发器等。在外加电流法中，辅助阳极的材料必须具有导电性好、在阳极极化状态下耐腐蚀、有较好的机械强度、容易加工、成本低、来源广等特点。常用的辅助阳极的材料有石墨、硅铸铁、镀铜、钛、镍、铅银合金和钢铁等。

牺牲阳极法是在被保护的金属上连接一块电位更负的金属作为牺牲阳极。由于外接的牺牲阳极的电位比被保护的金属更负，更容易失去电子，它输出阴极的电流使被保护的金属阴极极化。

2.阳极保护

阳极保护是把被保护设备与外加的直流电源阳极相连，在一定的电解质溶液中，把金属的阳极极化到一定电位，使金属表面生成钝化膜，从而降低金属的腐蚀作用，使设备受到保护。阳极保护只有当金属在介质中能钝化时才能应用，否则，阳极极化会加速金属的阳极溶解。阳极保护应用时受条件限制较多，且技术复杂，故使用不多。

（三）腐蚀介质的处理

在对金属进行防腐处理时，还可以通过改变介质的性质，降低或消除其对金属的腐蚀作用。例如，加入能减缓腐蚀速度的缓蚀剂。所谓缓蚀剂就是能够阻止或减缓金属在环境介质中腐蚀的物质。加入的缓蚀剂不应该影响化工工艺过程的进行，也不应该影响产品质量。一种缓蚀剂对各种介质的效果是不一样的，对某种介质能起缓蚀作用，对其他介质则可能无效，甚至有害，因此，须严格选择合适的缓蚀剂。选择缓蚀剂的种类和用量，须根据设备所处的具体操作条件通过试验来确定。

缓蚀剂分为重铬酸盐、过氧化氢、磷酸盐、亚硫酸钠、硫酸锌、硫酸氢钙等无机缓蚀剂和有机胶体、氨基酸、酮类、醛类等有机缓蚀剂。

按使用情况缓蚀剂可分二种：在酸性介质中常用若丁、乌洛托平（四胺）；在碱性介质中常用硝酸钠；在中性介质中常用重钠酸钠、亚硝酸钠、磷酸盐等。

四、金属腐蚀的评定方法

金属腐蚀的评定方法有多种多样。均匀腐蚀速度常用单位时间内单位面积的腐蚀质量或单位时间的腐蚀深度来评定。

（一）根据质量变化评定金属腐蚀

根据质量变化评定金属腐蚀速度的方法应用极为广泛。它是通过实验方法测出试件在单位表面积、单位时间腐蚀而引起的质量变化。当测定试件在腐蚀前后质量变化后，可用下式表示腐蚀速度：

$$K = \frac{m_0 - m_1}{A \, t} \tag{3-1}$$

式中：K为腐蚀速度，$g/(m^2 \cdot h)$；m_0为腐蚀前试件的质量，g；m_1为腐蚀后试件的质量，g；A为试件与腐蚀介质接触的面积，m^2；t为腐蚀作用的时间，h。

用质量变化来表示金属腐蚀速度的方法只能用于均匀腐蚀，并且只有当能很好地除去腐蚀产物而不致损害试件主体金属时，结果才准确。

（二）根据腐蚀深度评定金属的腐蚀

根据质量变化评定金属腐蚀速度时，没有考虑金属的相对密度，因此当质量损失相同时，相对密度不同的金属其截面尺寸的减少不同。为表示腐蚀前后尺寸的变化，常用金属厚度的减少量即腐蚀深度来表示腐蚀速度。

按腐蚀深度评定金属的耐腐蚀性能有三级标准，见表3-7。

表3-7　金属腐蚀性能三级标准

耐腐蚀性能	腐蚀级别	耐腐蚀速度/（mm·a^{-1}）
耐蚀	1	<0.1
耐蚀，可用	2	0.1~1.0
不耐蚀，不可用	3	>1.0

第八节　化工设备材料选择

在设计和制造化工设备时，合理选择和正确使用材料十分重要。这不仅要从设备结构、制造工艺、使用条件和寿命等方面考虑，还要从设备工作条件下材料的物理性能、力学性能、耐腐蚀性能及材料价格与来源、供应等方面综合考虑。

一、材料的物理、力学性能

在化工设备设计中，材料的选择应首先从强度、塑性、韧性及冷弯性能等多方面综合考虑。屈服强度、抗拉强度是决定钢板许用应力的依据。材料的强度越高，容器的强度尺寸（如壁厚）就可以越小，从而可以节省金属用量。但强度较高的材料，塑性、韧性一般较低，制造困难。因此，要根据设备具体工作条件和技术经济指标来选择适宜的材料。可以参考的原则是：一般中、低压设备可采用屈服极限为245~345MPa级的钢材；直径较大、压力较高的设备，均应采用普低钢，强度级别宜用400MPa级或以上；如果容器的操作温度超过400℃，还需考虑材料的蠕变强度和持久强度。

制造设备所用板材的延伸率是塑性的一个主要指标，它直接关系到容器制造时的冷加工及焊接等。过低的延伸率将使容器的塑性储备的安全性降低，为此，压力容器用钢材的延伸率A不得低于14%。当钢材延伸率，A<18%时，加工时应特别注意。钢管所用钢材不宜采用强度级别过高的钢种，因为钢管的强度不是使用中的主要问题，弯管率却很关键，故要求钢材塑性好。

二、材料的耐腐蚀性

对于腐蚀性介质，应当尽可能采用各种节镍或无镍不锈钢。

设计任何设备，在选材时都应进行认真调查与分析研究。例如，某磷肥厂需设计一个浓硫酸贮罐，容积为40m³。可选灰铸铁、高硅铸铁、碳钢、铬镍不锈钢和碳钢用瓷砖衬里等。考虑设备可能连续使用或间歇使用，因使用情况不同，腐蚀情况也不同。间歇使用，罐内硫酸时有时无，遇到潮湿天气，罐壁上的酸可能吸收空气中的水分而变稀，这样腐蚀情况要严重得多。从耐硫酸角度考虑，灰铸铁、高硅铸铁、碳钢和不锈钢都能使用。但灰铸铁、高硅铸铁抗拉强度低、质脆，不能铸造大型设备，故不宜采用。碳钢的机械强度高、质韧，焊接性能好，但稀硫酸对碳钢腐蚀严重，故也不能采用。不锈钢虽然各种性能都比较好，但价格比较贵，焊接加工要求较高。综合以上分析，碳钢做罐壳以满足机械强度、内衬非金属以解决耐腐蚀问题是较合适的材料选择方案。

三、材料的经济性

在满足设备使用性能前提下，选用材料应注意其经济效果。一些常用材料的相对比价列于表3-8中。由表中分析可知，碳钢与普低钢的价格比较低廉。在满足设备耐腐蚀性能和力学性能条件下应优先选用。同时，还应考虑国家生产与供应情况，因地制宜选取，品种应尽量少而集中，以便采购与管理。

四、其他方面

压力容器的材料选择应根据容器的操作条件、腐蚀设备情况及制造加工要求，依照国家标准 GB 150—2011 的规定，并按 GB 713—2008《钢炉和压力容器用钢板》与 NB/T 47008—2010《承压设备用碳素钢和低合金钢锻件》的规定选用。

由于强度级别低的普低钢的价格与碳素钢相近，但强度却比碳素钢高很多，为了节省材料，中、高压容器应优先选用普通低合金钢（Q345R）。另外，以刚度为主的常、低压容器或承受疲劳载荷作用的场合，采用强度级别高的材料是不经济的。

表 3-8 钢材的相对比价

类型	材料种类	相对比价	备注
板材	普通钢板	1.0	8~25mm 6~25mm 16~30inm 0.4~3.0mm，冷轧
	优质钢板	1.13	
	锅炉钢板	1.18	
	普通低合金钢板	1.04	
	铬不锈钢板	2.32	
	铬镍不锈钢板	4.96	
	超低碳不锈钢板	6.55	
	紫铜板	17.11	
	黄铜板	13.69	
	铝板	9.82	
	钛板	35.71	
管材	普通无缝管（热轧）	1.0	φ89~159 φ57×3.5
	普通无缝管（冷拔）	1.04	
	铬不锈钢管	3.21	
	铬镍不锈钢管	5.08	
	紫铜管	14.97	
	黄铜管	13.37	
	铝管	4.81	
	钛管	42.78	

第四章　容器设计

第一节　概述

一、容器的结构

在化工厂中，可以看到许多设备，有的用来贮存物料，例如各种贮罐、计量罐、高位槽；有的用来进行物理过程，例如换热器、蒸馏塔、沉降器、过滤器；有的用来进行化学反应，例如聚合釜、反应器、合成炉。这些设备虽然尺寸大小不一，形状结构各异，内部构件的形式更是多种多样，但是它们都有一个外壳，这个外壳就称为容器。所以容器是化工生产所用各种设备外部壳体的总称。

容器一般由壳体（又称筒体）、封头（又称端盖）、法兰、支座、接口管及人孔等组成。常、低压化工设备通用零部件大都有标准，设计时可直接选用。主要讨论承受中、低压容器的壳体、封头的设计计算，介绍常、低压化工设备通用零部件标准及其选用方法。

二、容器的分类

压力容器的种类很多，分类方法也各异，大致可以分为以下几类。

（一）按容器形状分类

（1）方形和矩形容器。此类容器由平板焊成，制造简便，但承压能力差，只用作小型常压贮槽。

（2）球形容器。此类容器由数块弓形板拼焊而成，承压能力好，但由于安装内件不便，制造稍难，一般多用作贮罐。

（3）圆筒形容器。此类容器由圆柱形筒体和各种凸形封头（半球形、椭球形、碟形、圆锥形）或平板封头组成作为容器主体的圆柱形筒体，制造容易，安装内件方便，而且承压能力较好，因此这类容器应用最广。

（二）按承压性质分类

按承压性质可将容器分为内压容器和外压容器两类。容器的内部介质压力大于外界压力时为内压容器；反之，则为外压容器。其中内部压力小于一个绝对大气压（0.1MPa）的外压容器，又叫真空容器。

内压容器按其设计压力，可划分为低压、中压、高压和超高压四个压力等级，见表4-1。

表4-1 内压容器的分类

容器的分类	设计压力 p/MPa
低压容器（代号L）	$0.1 \leq p < 1.6$
中压容器（代号M）	$1.6 \leq p < 10$
高压容器（代号H）	$10 \leq p < 100$
超高压容器（代号U）	$p \geq 100$

高压容器的设计计算方法、材料选择、制造技术及检验要求与中、低压容器不同，本章只讨论中、低压容器的设计。

（三）按容器温度分类

根据容器的壁温，可分为常温容器、中温容器、高温容器和低温容器.

（1）常温容器。常温容器指在壁温高于-20℃~200℃条件下工作的容器。

（2）高温容器。高温容器指在壁温超过材料的蠕变起始温度条件下工作的容器。对碳素钢或低合金钢容器，温度超过420℃，合金钢超过450℃，奥氏体不锈钢超过550℃，均属高温容器。

（3）中温容器。中温容器指壁温介于常温和高温之间的容器。

（4）低温容器。低温容器指设计温度低于-20℃的碳素钢、低合金钢、双相不锈钢制和铁素体不锈钢制容器以及设计温度低于-196℃的奥氏体不锈钢制容器。

（四）按制造材料分类

从制造容器所用的材料看，容器有金属制和非金属制两类。

金属容器又可分为钢制容器、铸铁容器及有色金属容器。目前应用最多的是低碳钢和普通低合金钢制的容器，在腐蚀严重或产品纯度要求高的场合，使用不锈钢、不锈复合钢板、铝制钢板及钛材等制的容器。在深冷操作中，可用铜或铜合金。而承压不大或不承压的塔节或容器，可用铸铁。

非金属材料既可作为容器的衬里，又可作为独立的构件。常用的有硬聚氯乙烯、玻璃钢、不透性石墨、化工搪瓷、化工陶瓷以及砖、板、橡胶衬里等。

容器的结构与尺寸、容器的制造与施工，在很大程度上取决于所选用的材料。不同材料的压力容器有不同的设计规定。

（五）按品种分类

按压力容器在生产工艺过程中的作用原理，可将压力容器分为反应压力容器、换热压力容器、分离压力容器和储存压力容器。

（1）反应压力容器（代号R）。反应压力容器指主要用来完成介质的物理、化学反应的压力容器，例如反应器、反应釜、分解锅、聚合釜、变换炉等。

（2）换热压力容器（代号E）。换热压力容器指主要用于完成介质热量交换的压力容器，例如热交换器、管壳式余热锅炉、冷却器、冷凝器、蒸发器等。

（3）分离压力容器（代号S）。分离压力容器指主要用于完成介质的流体压力平衡缓冲和气体净化分离的压力容器，例如分离器、过滤器、缓冲器、吸收塔、干燥塔等。

（4）储存压力容器（代号C，其中球罐代号B）。储存压力容器指主要用于储存、盛装气体、液体、液化气体等介质的压力容器，例如各种形式的贮罐、贮槽、高位槽、计量槽、槽车等。

在一种压力容器中，如同时具备两个以上的工艺作用原理，应当按照工艺过程中的主要作用来划分品种。

（六）按管理分类

1.介质分组

压力容器的介质分为以下两组：

（1）第一组介质，毒性程度为极度危害、高度危害的化学介质、易爆介质和液化气体；

（2）第二组介质，除第一组以外的介质。

2.介质危害性

介质危害性指压力容器在生产过程中因事故致使介质与人体大量接触，发生爆炸或者因经常泄漏引起职业性慢性危害的严重程度，用介质毒性程度和爆炸危害程度表示。

1）毒性程度

综合考虑急性毒性、最高容许浓度和职业性慢性危害等因素，极度危害最高容许浓度小于 $0.1mg/m^3$；高度危害最高容许浓度 $0.1\sim1.0mg/m^3$；中度危害最高容许浓度 $1.0\sim10.0mg/m^3$；轻度危害最高容许浓度大于或者等于 $10.0mg/m^3$。

2）易爆介质

易爆介质指气体或者液体的蒸气、薄雾与空气混合形成的爆炸混合物，并且其爆炸下限小于10%，或者爆炸上限和爆炸下限的差值大于或者等于20%的介质。

3）介质毒性危害程度和爆炸危险程度的确定

按照HG 20660—2000《压力容器中化学介质毒性危害和爆炸危险程度分类》确定。HG 20660没有规定的，由压力容器设计单位参照GBZ 230—2010《职业性接触毒物危害程度分级》的原则确定介质级别。

3.划分方法

为了利于安全技术分类管理和监督检验，根据危险程度，将压力容器划分为二类。压力容器类别的划分应当根据介质特性，按照以下要求选择类别划分图，再根据设计压力p（单位MPa）和容积V（单位L），标出坐标点，确定压力容器类别（I、II或III）。

属于安全监察范围的固定式压力容器，需要具备下列条件：

（1）最高工作压力大于或者等于0.1MPa；

（2）工作压力与容积的乘积大于或者等于2.4MPa·L；

（3）盛装介质为气体、液化气体以及最高工作温度高于或者等于其标准沸点的液体。

三、容器的零部件标准化

为便于设计，有利于成批生产，提高质量，便于互换，降低成本，提高劳动生产率，我国各有关部门对容器的零部件（例如封头、法兰、支座、人孔、手孔、视镜、液面计等）进行了标准化、系列化工作，许多化工设备（例如贮槽、换热器、搪玻璃与陶瓷反应器）也有了相应的标准。

容器零部件标准的最基本参数是公称直径DN与公称压力PN。

（一）公称直径

公称直径指标准化以后的标准直径，以DV表示，单位mm。例如内径1200mm的容器的公称直径标记为DN1200。

1.压力容器的公称直径

用钢板卷制而成的筒体，其公称直径指的是内径。现行标准中规定的公称直径系列如表4-2所示。若容器直径较小，筒体可直接采用无缝钢管制作，此时公称直径指钢管外径，如表4-3所示。

表4-2　压力容器公称直径（GB/T 9019-2001）　单位（mm）

300	350	400	450	500	550	600	650	700	750
800	850	900	950	1000	1100	1200	1300	1400	1500
1600	1700	1800	1900	2000	2100	2200	2300	2400	2500
2600	2700	2800	2900	3000	3100	3200	3300	3400	3500
3600	3700	3800	3900	4000	4100	4200	4300	4400	4500
4600	4700	4800	4900	5000	5100	5200	5300	5400	5500
5600	5700	5800	5900	6000	–	–	–	–	–

表4-3　无缝钢管制作筒体时容器的公称直径　单位（mm）

159	219	273	325	377	426

设计时，应将工艺计算初步确定的设备直径调整为符合表4-2或表4-3所规定的公称直径。

封头的公称直径与筒体一致。

2.管子的公称直径

为了使管子、管件连接尺寸统一，采用DN表示其公称直径（也称公称口径、公称通径）。化工厂用来输送水、煤气、空气、油以及取暖用蒸汽等一般压力的流体，管道往往采用电焊钢管，称有缝管。有缝管按壁厚可分为薄壁钢管、普通钢管和加厚钢管，其公称直径不是外径，也不是内径，而是近似普通钢管内径的一个名义尺寸。每一公称直径对应一个外径，其内径数值随壁厚不同而不同，见表4-4。公称直径可用公制mm表示，也可用英制in表示。

表4-4　钢管的公称口径与钢管的外径、壁厚对照表　单位（mm）

公称口径	外径	壁厚	
		普通钢管	加厚钢管
6	10.2	2.0	2.5
8	13.5	2.5	2.8
10	17.2	2.5	2.8
15	21.3	2.8	3.5
20	26.9	2.8	3.5
25	33.7	3.2	4.0
32	42.4	3.5	4.0
40	48.3	3.5	4.5
50	60.3	3.8	4.5

管路附件也用公称直径表示，意义同有缝钢管。

工程中所用的无缝钢管，如输送流体用无缝钢管（GB/T 8163—2008）、石油裂化用无缝钢管（GB/T 9948—2006）、高压化肥设备用无缝钢管（GB/T 6479—2000）、输送流体或制作各种结构和零件用的一般用途的无缝钢管（GB/T 8162—2008）等，标记方法不用公称直径，而是以外径乘以壁厚表示。标准中称此外径与壁厚分别为公称外径与公称壁厚。

输送流体用无缝钢管和一般用途无缝钢管分热轧管和冷拔管两种。冷拔管的最大外径为200mm；热轧管的最大外径为630mm。在管道工程中，管径超过57mm时，常采用热轧管；管径在57mm以内，常选用冷拔管。

3.容器零部件的公称直径

有些零部件如法兰、支座等的公称直径，指的是与它相配的筒体、封头的公称直径。DN2000法兰是指与DN2000筒体（容器）或封头相配的法兰。DN2000鞍座是指支撑直径为2000mm容器的鞍式支座。还有一些零部件的公称直径是用与它相配的管子的公称直径表示的。如管法兰，DN200管法兰是指连接公称直径为200mm管子的管法兰。另有一些容器零部件的公称直径是指结构中的某一重要尺寸，如视镜的视孔、填料箱的轴径等。DN80视镜，其窥视孔的直径为80mm。

（二）公称压力

容器及管道的操作压力经标准化以后的标准压力称公称压力，以PN表示，单位MPa。

由于工作压力不同，即使公称直径相同的压力容器，其筒体及零部件的尺寸也是不同的。为了使石油、化工容器的零部件标准化、通用化、系列化，就必须将其承受的压力范围分为若干个标准压力等级，即公称压力。表4-5列出了压力容器法兰与管法兰的公称压力。

表4-5　压力容器法兰与管法兰的公称压力　　单位（MPa）

压力容器法兰	0.25	0.6	1.0	1.6	2.5	4.0	6.4			
管法兰	0.25	0.6	1.0	1.6	2.5	4.0	5.0	10	15	25

设计时如果选用标准零部件，必须将操作温度下的最高操作压力（或设计压力）调整为所规定的某一公称压力等级，然后根据DN与PN选定该零部件的尺寸。如果不选用标准零部件，而是进行自行设计，设计压力就不必符合规定的公称压力。

四、压力容器的标准简介

压力容器标准是全面总结压力容器生产、设计、安全等方面的经验，不断纳入新科技成果而产生的。它是压力容器设计、制造、验收等必须遵循的准则。压力容器标准涉及设计方法、选材及制造、检验方法等。

（一）国外主要规范

1.美国 ASME 规范

ASME 规范是由美国机械工程师协会制定的。以往，ASME 规范本身并无法律上的约束力，而是由各州政府在其管辖范围内通过法律决定是否执行 ASME 规范。但由于 ASME 规范技术上的权威性，现在它已正式成为美国的国家标准，在其封面上印有美国国家标准学会（ANSI）的标志。

ASME 规范规模庞大、内容完善，仅依靠 ASME 规范本身即可完成压力容器选材、设计、制造、检验、试验、安装及运行等全部工作环节。现在 ASME 规范共有 12 卷，总计 22 册，另外还有 2 册规范案例。其中与压力容器密切相关的部分有第 II 卷材料技术条件、第 V 卷无损检验、第 VIII 卷压力容器、第 IX 卷焊接及钎焊评定、第 X 卷玻璃纤维增强塑料压力容器和第 VII 卷运输罐制造和延续使用规则。

ASME 规范每年增补一次，每三年出一新版。技术先进，修订及时，能迅速反映世界压力容器科技发展的最新成就，使它成为世界上影响最大的一部规范。

2.日本国家标准（JIS）

20 世纪 70 年代末期，日本开始对欧美各国的压力容器标准体系进行了全面深入的调研，提出了全国统一的 JIS 压力容器标准体系的构想，并于 20 世纪 80 年代初制定了两部基础标准，一部是参照 ASME 第 VIII 卷第 1 册制定的 JIS B8243《压力容器的构造》，另一部是参照 ASME 第 VIII 卷第 2 册制定的 JIS B8250《特定压力容器的构造》。

1993 年日本采用了新的压力容器标准体系，编制了基础标准、通用技术标准及相关标准：JIS B8270《压力容器（基础标准）》和 JIS B8271—8285《压力容器（单项标准）》。JIS B8270《压力容器（基础标准）》规定了二种压力容器的设计压力、设计温度、焊接接头形式、材料许用应力、应力分析及疲劳分析的适用范围、质量管理及质量保证体系、焊接工艺评定试验及无损检测等内容。JIS B8271—8285《压力容器（单项标准）》由 15 项单项标准组成，包括压力容器的简体和封头、螺栓法兰连接、平盖等结构形式和设计计算方法，以及应力分析与疲劳分析的分析方法和有关试验的规定。

3.德国压力容器规范（AD）

AD 压力容器规范是由德国职工联合会、锅炉压力容器管道联合会、化学工业联合会、冶金联合会、机械制造者协会、大锅炉企业主技术协会及技术监督会联合会（VDTUV）等七个部门联合编制的。AD 规范在技术上有许多独特的观点，它也是世界上具有广泛影响的规范。

AD 规范与 ASME 规范相比，具有如下特点。

（1）AD 规范只对材料的屈服极限取安全系数，且取数较小。因此，产品厚度薄、重量轻。

（2）AD规范允许采用较高强度级别的钢材。

（3）在制造要求方面，AD规范没有ASME详尽，他们认为这样可使制造厂具有较大的灵活性，易于发挥各厂的技术特长和创新。

4.欧盟压力容器标准体系

为了协调欧盟成员国的承压设备技术法规和标准，消除欧盟内的技术壁垒，实现自由贸易，欧盟颁布了一系列有关承压设备的EEC/EC指令和协调标准，逐步形成了以欧盟指令为中心、协调标准为补充的双重结构的承压设备法规和标准体系。指令是由政府规定的纯粹的行政法规，具有强制性。协调标准是欧洲标准化委员会编制的技术标准，是选择性的。97/23/EC《承压设备指令》是欧盟1997年5月正式实施的，并于2002年5月在欧盟内强制执行的指令。EN13445《非火焰接触压力容器》标准是满足97/23/EC欧盟指令的，符合该标准即被认为已满足标准中涉及的97/23/EC中的基本要求条款。

（二）国内主要规范

1989年我国压力容器标准化技术委员会制订了GB 150—89钢制《压力容器》，它是在我国《钢制石油化厂压力容器设计规范》实施多年的基础上，总结我国大量工程实践经验，以理论与实验研究为指导，并吸收了国际同类先进标准的内容而编制的，标志着我国集设计、制造、检验和验收技术要求于一体，独立、完整、统一的中国压力容器标准体系正在形成。1998年，针对GB 150—89又进行了修订，形成了GB 150—1998，使标准更加完善。2009年针对体现压力容器本质安全的建造理念，与安全技术规范协调一致，并纳入成熟的压力容器设计方法及建造技术，以及借鉴国际先进标准的技术纳入，在总结GB 150—1998使用经验基础上，经过两年时间的修订，形成了GB 150—2011《压力容器》（GB 150.1~GB 150.4）。GB 150—2011《压力容器》标准系集压力容器通用要求、材料、设计、制造、检验和验收于一体的综合性基础标准。

第二节　内压薄壁容器设计

一、薄壁容器设计的理论基础

（一）薄壁容器

压力容器按壁厚可以分为薄壁容器和厚壁容器。所谓厚壁与薄壁并不是按容器器壁厚度的大小来划分的，而是一种相对概念，通常根据容器外径与内径的比值 K 来判断，K>1.2 为厚壁容器，K≤1.2 为薄壁容器。工程实际中的压力容器大多为薄壁容器。

（二）圆筒形薄壁容器承受内压时的应力

为判断薄壁容器能否安全工作，需对压力容器各部分进行应力计算与强度校核，因此，必须了解在容器壁上的应力。因为薄壁容器的壁厚远小于筒体的直径，可认为在圆筒内部压力作用下，筒壁内只产生拉应力，不产生弯曲应力，且这些拉应力沿壁厚均匀分布。以圆筒形容器为例，当承受内部压力作用以后，内壁上的"环向纤维"和"纵向纤维"均有伸长，可以证明这两个方向都受到拉力的作用。用 σ_1（或 $\sigma_{轴}$）表示圆筒经线方向（即轴向）的拉应力，用 σ_2（或 $\sigma_{环}$）表示圆周方向的拉应力。

二、物理短理论基本方程式

（一）基本概念与基本假设

1. 基本概念

（1）旋转壳体。旋转壳体指以任意直线或平面曲线作母线，绕其同平面内的轴线旋转一周而成的旋转曲面。平面曲线的不同，得到的回转壳体的形状也不同。例如：与轴线平行的直线绕轴旋转形成圆柱壳；与轴线相交的直线绕轴旋转形成圆锥壳；半圆形曲线绕轴旋转形成球壳。

（2）轴对称。轴对称问题，指壳体的几何形状、约束条件和所受外力都是对称于某一轴的。化工用的压力容器设计遇到的通常是轴对称问题。

（3）旋转壳体的几何概念。图 4-1 表示一般旋转壳体的中面（即等分壁厚的面），它是由平面曲线 OAA' 绕同平面内的 OO' 轴旋转而成的。曲线称为"母线"。母线绕轴旋转时的任意位置，如 OBB' 称为"经线"，显然，经线与母线的形状完全相同。经线的位置可以以母线平面 OAA'O' 为基准，绕轴旋转 θ 角来确定。通过经线上任意一点 B 垂直于中面的直线，称为中面在该点的"法线"。过 B 点作垂直于旋转轴的平面与中面相割形成的圆称为"平行圆"，例如圆 ABD。平行圆的位置可由中面的法线与旋转轴的夹角 φ 来确定（当经线为一直线时，平行圆的位置可由离直线上某一给定点的距离确定），中面上任一点 B 处经线的曲率半径为该点的"第一曲率半径" R_1，即 $R_1=BK_1$。通过经线一点 B 的法线作垂直于经线的平面与中面相割形成的曲线 BE，此曲线在 B 点处的曲率半径称为该点的第二曲率半径 R_2，第二曲率半径的中心 K_2 落在回转轴上，其长度等于法线段 BK_2，即 $R_2=BK_2$。

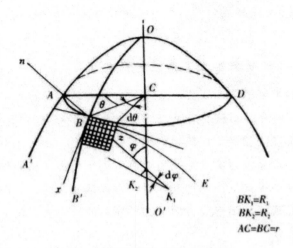

$$BK_1 = R_1$$
$$BK_2 = R_2$$
$$AC = BC = r$$

图 4-1 旋转壳体的几何特性

2.基本假设

假定壳体材料具有连续性、均匀性和各向同性，也即壳体是完全弹性的，则可采用以下三点假设。

（1）小位移假设。壳体受力以后，各点的位移都远小于壁厚。根据这一假设，在考虑变形后的平衡状态时，可以利用变形前的尺寸来代替变形后的尺寸。而变形分析中的高阶微量可以忽略不计，使问题简化。

（2）直线法假设。壳体在变形前垂直于中面的直线段，在变形后仍保持直线，并垂直于变形后的中面（等分壁厚面称为中面）。联系假设（1）可知，变形前后的法向线段长度不变。据此假设，沿厚度各点的法向位移均相同，变形前后壳体壁厚不变。

（3）不挤压假设。壳体各层纤维变形前后互不挤压。由此假设，壳壁法向的应力与壳壁其他应力分量比较是可以忽略的微小量，其结果就变为平面问题。这一假设只适用于薄壳。

（二）无力矩理论基本方程式

无力矩理论是在旋转薄壳的受力分析中忽略弯矩的作用。由于这种情况下的应力状态和承受内压的薄膜相似，故又称薄膜理论。

对任意形状的回转壳体，无力矩理论中采用对微元体建立平衡的方法，得到薄壁容器受力的基本方程式，称平衡方程。

基本方程式表达了壳体上任一点处的内压、该点曲率半径及壁厚的关系。对于任意壳体，用垂直于母线的圆锥面切割壳体，取截面以下部分为研究对象，建立轴向平衡方程。

三、设计参数

壁厚设计中的各个参数，应按 GB 150—2011 中的有关规定取值。

（一）设计压力

设计压力是在相应的设计温度下用以确定壳壁厚度的压力，亦即标注在铭牌上的容器设计压力。其值稍高于最大工作压力。最大工作压力是指容器顶部在工作过程中可能产生的最高表压力。使用安全阀时，设计压力不小于安全阀的开启压力，或取最大工作压力的 1.05~1.10 倍；使用爆破膜做安全装置时，根据爆破膜片的形式确定，一般取最大工作压力的 1.15~1.4 倍作为设计压力。

当容器内盛有液体物料时，若液体物料的静压力不超过最大工作压力的 5%，则在设计压力中可不计入液体静压力，否则，须在设计压力中计入液体静压力。

设计压力的具体取值可参考表 4-6。

表 4-6 设计压力

情况	设计压力（p）取值
容器上装有安全阀时	取不小于安全阀的初始整定压力，通常可取 $p \geqslant 1.05p_{工作}$ ~ $1.10p_{工作}$
单个容器不装安全泄放装置	取等于或略高于最高工作压力
容器内有爆炸性介质，装有防爆膜时	根据介质特性、气体容积、爆炸前的瞬时压力，防爆膜的破坏压力及排放面积等因素考虑，通常可取 $p \geqslant 1.15p_{工作}$ ~ $1.70p_{工作}$
装有液化气体的容器	根据容器的充装系数和可能达到的最高温度确定
外压容器	取不小于在正常操作情况下可能产生的内外最大压差
真空容器	当有安全阀控制时，取 1.25 倍的内外最大压差或 0.1MPa 这两种的较小者，当没有安全控制装置时，取 0.1MPa
带夹套的容器	计算带夹套部分的容器时，应考虑在正常操作情况下能出现的内外压差

此外，某些容器有时还必须考虑重力、风力、地震力等载荷及温度的影响。

（二）设计温度

设计温度的取值在设计公式中没有直接反映，但它与容器材料的选择和许用应力的确定直接有关。

设计温度指容器正常工作过程中，设定的元件的金属温度（沿元件金属截面的温度平均值）。设计温度不得低于元件金属在工作状态可能达到的最高温度。对于 0℃ 以下的金属温度，设计温度不得高于元件金属可能达到的最低温度。金属器壁的温度可通过传热计算、在已使用的同类容器上测定或者根据容器的内部介质温度并结合外部条件确定。为了方便起见，对于不被加热或冷却的器壁，规定取介质的最高或最低温度作为设计温度。对于用蒸汽、热水或其他载热体加热或冷却的壁，取加热介质（或冷却介质）的最高或最低温度作为设计温度。在工作过程中，当容器不同部位可能出现不同温度时，按预期的不同温度分别作为各相应部分的设计温度。

（三）许用应力

许用应力是以材料的各项强度数据为依据，合理选择安全系数 n 得出的。表4-7是钢材的安全系数推荐值。设计时应比较各种许用应力，取其中最低值。当设计温度低于0℃时，取20℃时的许用应力。以上许用应力的选取方法不适于直接受火焰加热的容器和受辐射及经常搬运的容器。

（四）焊接接头系数

焊缝是容器和受压元件中比较薄弱的环节，虽然在确定焊接材料时，往往使焊缝金属的强度等于甚至超过母材金属的强度，但由于施焊过程中焊接热的影响，而造成焊接应力、焊缝金属晶粒度粗大以及气孔、未焊透等缺陷，降低了焊缝及附近区域的强度。因此，焊接接头系数是考虑到焊接对强度的削弱，而用以降低设计许用应力的一种系数。

表4-7　安全系数推荐值

材料	许用应力/MPa（取下列各值中的最小值）
碳素钢、低合金钢	$R_m/2.7$，$R_{cL}/1.5$，$R_{cL}'/1.5$，$R_D'/1.5$，$R_n'/1.0$
高合金钢	$R_m/2.7$，R_{cL}（$R_{p0.2}$）$/1.5$，R_{cL}'（$R_{p0.2}'$）$/1.5$，$R_D'/1.5$，$R_n'/1.0$

焊接接头系数 φ 应根据受压元件的焊接接头形式及无损检测的长度比例确定，按表4-8选取。无损检测的比例为全部（100%）和局部（大于或等于20%）两种，铁素体钢制低温容器局部无损检测的比例应大于或等于50%。只有一类压力容器和设计压力小于5MPa的非易燃和有毒的二类容器才允许对焊缝作局部无损探伤。

表4-8　焊接接头系数 φ

无损检测的长度比例	焊接接头形式	
	全部	局部
双面焊对接接头或相当于双面焊的对接接头	1.0	0.85
单面焊对接接头（沿焊缝根部全长有紧贴基本金属的垫板）	0.9	0.8

（五）壁厚附加量

壁厚附加量是指在满足强度要求而计算出的壁厚之外，考虑其他因素而额外增加的壁厚量，包括钢板负偏差（或钢管负偏差）C_1、腐蚀裕量 C_2，即

$$C=C_1+C_2$$

C_1 按相应钢板（或钢管）的标准选取，单位为 mm，锅炉和压力容器用钢板厚度允许偏差见表 4-9。

表 4-9　锅炉和压力容器用钢板厚度允许偏差 C_1　　　单位（mm）

公称厚度	下列公称宽度的厚度允许偏差				
	≤1500	>1500~2500	>2500~4000	>4000~4800	
4.00-5.00		0.60	0.80	1.00	
>5.00-8.00		0.70	0.90	1.20	
>8.00-15.0		0.80	1.00	1.30	1.50
>15.0-25.0		1.00	1.20	1.50	1.90
>25.0-40.0		1.10	1.30	1.70	2.10
>40.0-60.0	−0.30	1.30	1.50	1.90	2.30
>60.0-100		1.50	1.80	2.30	2.70
>100-150		2.10	2.50	2.90	3.30
>150-200		2.50	2.90	3.30	3.50
>200-250		2.90	3.30	3.70	4.10
>250~300		3.30	3.70	4.10	4.50
>300~400		3.70	4.10	4.50	4.90

注：−0.30 适用于各公称宽度区间。

腐蚀裕量 C_2 应根据各种钢材在不同介质中的腐蚀速度和容器设计寿命确定。关于设计寿命，塔类、反应器类容器一般按 20 年考虑，换热器壳体、管箱及一般容器按 10 年考虑。

当腐蚀速度小于 0.05mm/a（包括大气腐蚀）时，碳素钢和低合金钢单面腐蚀取 $C_2=1$mm，双面腐蚀取 $C_2=2$mm，不锈钢取 $C_2=0$。当腐蚀速度大于 0.05mm/a 时，单面腐蚀取 $C_2=2$mm，双面腐蚀取 $C_2=4$mm。

当介质对容器材料产生氢脆、碱脆、应力腐蚀及晶间腐蚀等情况时，增加腐蚀裕量不是有效办法，而应根据情况采用有效防腐措施。

标准中规定：容器制造时，对于整体冲压成型的封头，由于其局部区域拉伸变形造成壁厚的减薄量或钢板热加工时引起壁厚的减薄量，由制造单位依据各自的加工工艺和加工能力自行选取，设计者在图纸上注明的壁厚不包括加工减薄量。

四、最小壁厚

对于设计压力较低的容器，根据强度公式计算出来的壁厚很薄。如果大型容器筒壁厚度过薄，将导致刚度不足而极易引起过大的弹性变形，不能满足运输、安装的要求。因此，必须限定一个最小厚度以满足刚度和稳定性要求。

壳体加工成型后（不包括腐蚀裕量）的最小壁厚按下列条件确定：①对于碳素钢和低合金钢制容器，不小于3mm；②对于高合金钢制容器，不小于2mm。

五、耐压试验

按强度、刚度计算确定的容器壁厚，由于材质、钢板弯卷、焊接及安装等制造加工过程不完善，有可能导致容器不安全，会在规定的工作压力下发生过大变形或焊缝有渗漏现象等，故必须进行耐压试验予以考核。

最常用的耐压试验方法是液压试验。通常用常温水作水压试验。需要时也可用不会发生危险的其他液体作液压试验。试验时液体的温度应低于其闪点或沸点。对于不适合作液压试验的容器，例如，生产时装入贵重催化剂，要求内部烘干的容器，或容器内衬有耐热混凝土不易烘干的容器，或由于结构原因不易充满液体的容器以及容积很大的容器等，可用气压试验或者气液组合试验代替液压试验。

六、边缘应力

在采用无力矩理论进行内压容器受力分析时，忽略了剪力与弯矩的影响，这样的简化可以满足工程设计精度的要求。但对图4-2所示的一些情况，就必须考虑弯矩的影响。图中（a）（b）（c）是壳体与封头连接处经线突然折断；结构（d）是两段厚度不等的筒体相连接；结构（e）（f）（g）是筒体上装有法兰、加强圈、管板等刚度很大的构件。另外，如壳体上相邻两段材料性能不同，或所受的温度或压力不同，都会导致连接的两部分变形量不同，但又相互约束，从而产生较大的剪力与弯矩。

以筒体与封头连接为例，若平板盖具有足够的刚度，则受内压作用时变形很小。而壳壁较薄，变形量较大，二者连接在一起，在连接处（即边缘部分）筒体的变形受到平板盖的约束，因此产生了附加的局部应力（即边缘应力）。边缘应力数值很大，有时能导致容器失效，设计时应予重视。

理论与实验已证明，发生在连接边缘处的边缘应力具有以下两个基本特性。

（1）局限性。不同性质的连接边缘产生不同的边缘应力，但它们大多数都有明显的衰减波特性，随着离开边缘的距离增大，边缘应力迅速衰减。

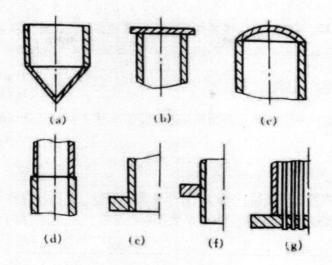

图4-2边缘结构示意

（2）自限性。由于边缘应力是两连接件弹性变形不一致、相互制约而产生的，一旦材料产生了塑性变形，弹性变形的约束就会缓解，边缘应力自动受到限制，这就是边缘应力的自限性，因此，若用塑性好的材料制造筒体，可减少容器发生破坏的危险性。

正是由于边缘应力的局部性和自限性，设计中一般不按局部应力来确定壁厚，而是在结构上作局部处理。但对于脆性材料，必须考虑边缘应力的影响。

第三节　外压圆筒设计

一、外压容器失稳

外压容器是指容器外部的压力大于内部压力的容器。在石油、化工生产中，处于外压操作的设备很多，例如石油分馏中的减压蒸馏塔、多效蒸发中的真空冷凝器、带有蒸汽加热夹套的反应釜以及真空干燥、真空结晶设备等。

当容器承受外压时，与受内压作用一样，也将在筒壁上产生经向和环向应力，但不是拉应力而是压应力。如果压缩应力超过材料的屈服极限或强度极限时，和内压圆筒一样，将发生强度破坏。然而，这种情况极少发生，往往是容器的强度足够却突然失去了原有的形状，筒壁被压瘪或发生褶皱，筒壁的圆环截面一瞬间变成了曲波形。这种在外压作用下，筒体突然失去原有形状的现象称为弹性失稳。容器发生弹性失稳将使容器不能维持正常操作，造成容器失效。

外压圆筒在失稳以前，筒壁内只有单纯的压缩应力，在失稳时，由于突然变形，在筒壁内产生了以弯曲应力为主的附加应力，而且这种变形和附加应力一直迅速发展到筒体被压瘪或发生褶皱为止。所以外压容器的失稳，实际上是容器筒壁内的应力状态由单纯的压应力平衡跃变为主要受弯曲应力的新平衡。

二、容器失稳形式

容器的失稳主要分为整体失稳和局部失稳。整体失稳中又分为侧向失稳和轴向失稳。

（一）侧向失稳

容器由于均匀侧向外压引起的失稳叫作侧向失稳。侧向失稳时壳体横断面由原来的圆形被压瘪而呈现波形，其波形数可以等于两个、三个、四个……。

（二）轴向失稳

如果一个薄壁圆筒承受轴向外压，当载荷达到某一数值时，也能丧失稳定性。在失去稳定时，它仍然具有圆形的环截面，但是破坏了母线的直线性，母线产生了波形，即圆筒发生了褶皱。

（三）局部失稳

容器在支座或其他支撑处以及在安装运输过程中由于过大的局部外压也可能引起局部失稳。

三、临界压力计算

导致筒体失稳的外压称为该筒体的临界压力，以 p_{cr} 表示。筒体在临界压力作用下，筒壁内的环向压缩应力称临界应力，以 σ_{cr} 表示。容器所受外压力低于 p_{cr} 时，产生的变形在压力卸除后能恢复其原来的形状，也即发生弹性变形。容器所受外压力高于 p_{cr} 时，产生的曲波形将不可能恢复。

容器在超过临界压力的载荷作用下产生失稳是它固有的性质，不是由于圆筒不圆或是材料不均以及其他原因所致。每一具体的外压圆筒结构，都客观上对应着一个固有的临界压力值。临界压力的大小与筒体几何尺寸、材质及结构有关。

工程中，根据失稳破坏的情况将承受外压的圆筒分为长圆筒、短圆筒和刚性圆筒三类。

（一）长圆筒

当筒体足够长，两端刚性较高的封头对筒体中部的变形不能起到有效支撑作用时，这类圆筒最容易失稳压瘪，出现波纹数 n=2 的扁圆形。这种圆筒称为长圆筒。长圆筒的临界压力仅与圆筒的相对厚度有关，而与圆筒的相对长度无关。

（二）短 圆 筒

若圆筒两端的封头对筒体变形有约束作用，圆筒失稳破坏的波数n>2，出现三波、四波等的曲形波，这种圆筒称短圆筒。

短圆筒的临界压力不仅与圆筒的相对厚度有关，同时也随圆筒的相对长度而变化。相对长度越大，封头的约束作用越小，临界压力越低。

实际使用的筒体都存在一定的椭圆度，不可能是绝对圆的，所以实际筒体的临界压力将低于由公式计算出来的理论值，但即使壳体的形状很精确、材料很均匀，当外压力达到一定数值时，也会失稳。只不过壳体的椭圆度与材料的不均匀性会使临界压力的数值降低，使失稳提前发生。

（三）刚 性 筒

若筒体较短，筒壁较厚，容器的刚性好，不会因失稳而破坏，这种圆筒称为刚性筒。刚性筒的问题是强度破坏，计算时只要满足强度要求即可，其强度校核公式与内压筒相同。

四、临界长度

实际的外压圆筒是长圆筒还是短圆筒，可根据临界长度来判别。

当圆筒处于临界长度时，用长圆筒公式计算所得的临界压力值与利用短圆筒公式计算的临界压力值应相等。

五、外压容器的试压

外压容器和真空容器按内压容器进行液压试验，试验压力取1.25倍的设计外压，即

$$p_T=1.25P \tag{4-1}$$

式中：p为设计外压力，MPa；p_T为试验压力，MPa。

对于带夹套的容器，应在容器液压试验合格后再焊接夹套。作夹套内压试验时，必须事先校核该容器在夹套试压时的稳定性是否足够。如果容器在该试验压力下不能满足稳定性要求，则应在夹套作液压试验时，使容器内保持一定压力，以便在整个试压过程中，夹套与筒体的压力差不超过设计值。夹套容器内筒如设计压力为正值，按内压容器试压；如设计压力为负值，按外压容器试压。

六、加 强 圈

一个内径为2000mm、全长（包括两端封头）为7000mm的分馏塔，要保证它在0.1MPa的外压下安全操作，必须采用14mm厚的钢板制造。较薄钢板满足不了

承受0.1MPa的外压要求。这是否说明较薄钢板不能用来制造较高压力的外压容器呢？工程实际并非如此，在筒体上装上一定数量的加强圈，利用加强圈对筒壁的支撑作用，可以提高圆筒的临界压力，从而提高其工作外压。扁钢、角钢、工字钢等都可用以制作加强圈。

在设计外压圆筒时，如果加强圈间距已选定，则可按上述图算法确定出筒体的壁厚。

加强圈可设置在容器的内部或外部。加强圈与筒体之间可采用连续的或间断的焊接。为加强圈设置在容器的外面时，加强圈每侧间断焊接的总长度不应小外圆筒外圆周长的1/2当设置在容器里面时，焊缝总长度不应小于内圆周长度的1/3。对于外加强圈，间断焊接的最大间距不能大于筒体名义壁厚的8倍；对内加强圈，间断焊接的最大间距不能大于筒体名义壁厚的12倍。

为保证强度，加强圈不能任意削弱或割断。对于设置在筒体外部的加强圈，这是比较容易做到的，但是对设置在内壁的加强圈有时就不能满足这一要求，如水平容器中的加强圈，必须开排液小孔。

第四节　封头的设计

封头又称端盖，按其形状可分为凸形封头、锥形封头（包括斜锥）和平板形封头三类。其中凸形封头包括半球形封头、椭圆形封头、碟形封头和球冠形封头。锥形封头分为无折边与折边两种。平板封头根据它与筒体连接方式不同也有多种结构。

一、半球形封头

半球形封头是由半个球壳构成的。

（一）受内压的半球形封头

受内压的半球形封头的壁厚计算与球壳相同。

半球形封头壁厚可较相同直接与压力的圆筒壳约减薄一半。但在实际工作中，为了焊接方便以及降低边界处的边缘压力，半球形封头常和筒体取相同厚度。半球形封头多用于压力较高的贮罐上。

（二）受外压的半球形封头

受外压的半球形封头的厚度设计，计算步骤如下。

(1) 假设 δ_n，计算 $\delta_e = \delta_n - C$，算出 R_0/δ_e。

(2) 根据下式计算外压应变系数：

A=0.125/（R_0/δ_e）

（3）根据所用材料，找到A值所在点。若A值落在该设计温度下材料温度曲线的右方，则由此点向上引垂线与设计温度下的材料线相交（遇中间温度值用内插法），再通过此交点向右引水平线，即可由右边读出B值。若力值超出设计温度曲线的最大值，则取对应温度曲线右端的纵坐标值为B值；若A值小于设计温度曲线的最小值，则计算B值。

（4）按下式计算许用外压力：

$$[p] = B/（R_0/\delta_e） \tag{4-2}$$

（5）比较许用外压［p］与设计外压p。若p≤［p］，假设的壁厚δ_n可用，若小得过多，可将δ_n适当减小，重复上述计算；若p>［p］，需增大初设的δ_n，重复上述计算，直至使［p］>p，且接近P为止。

二、椭圆形封头

椭圆形封头是由半椭球和高度为h的短圆筒（通称直边）两部分构成。直边的作用是为了保证封头的制造质量和避免筒体与封头间的环向焊缝受边缘应力作用。

虽然椭圆形封头各点曲率半径不一样，但变化是连续的，受内压时，薄膜应力分布没有突变。

三、碟形封头

碟形封头又称带折边球形封头，由以R_i为半径的球面、以r为半径的过渡圆弧（即折边）和高度为h的直边三部分构成。球面半径越大，折边半径越小，封头的深度将越浅。但是考虑到球面部分与过渡区连接处的局部高应力，规定碟形封头球面部分的半径一般不大于筒体内径，而折边内半径r在任何情况下均不得小于筒体内径的10%，且应不小于3倍的封头名义壁厚。

四、球冠形封头

为了进一步降低凸形封头的高度，将碟形封头的直边及过圆弧部分去掉，只留下球面部分，并把它直接焊在筒体上，这就构成了球冠形封头，这种封头也称为无折边球形封头。

五、锥形封头

锥形封头广泛应用于许多化工设备（如蒸发器、喷雾干燥器、结晶器及沉降器等）的底盖，它的优点是便于收集与卸除这些设备中的固体物料。此外，有一些塔设备上、下部分的直径不等，也常用锥形壳体将直径不等的两段塔体连接起来，这时的圆锥形壳体称为变径段。

锥形封头可以有四种形式：①单一厚度的锥壳；②同一半顶角不同厚度的多段锥壳的组合；③大端或小端带有折边（圆环壳）和直边段（圆筒壳）的锥壳；④大端或小端带有加强段的无折边锥壳。

六、平板封头

平板封头是化工设备常用的一种封头。平板封头的几何形状有圆形、椭圆形、长圆形、矩形和方形等，最常用的是圆形平板封头。根据薄板理论，受均布载荷的平板，最大弯曲应力与 $(R/\delta)^2$ 成正比，而薄壳的最大拉（压）应力与 (R/δ) 成正比。因此，在相同的 (R/δ) 和受载条件下，薄板的所需厚度要比薄壳大得多，即平板封头要比凸形封头厚得多。但是，由于平板封头结构简单，制造方便，在压力不高、直径较小的容器中，采用平板封头比较经济简便。而承压设备的封头一般不采用平板形，只是压力容器的人孔、手孔以及在操作时需要用盲板封闭的地方，才用平板盖。

另外，在高压容器中，平板封头用得较为普遍。这是因为高压容器的封头很厚，直径又相对较小，凸形封头的制造较为困难。

第五节　法兰连接

在石油、化工设备和管道中，由于生产工艺的要求，或者为制造、运输、安装、检修方便，常采用可拆卸的连接结构。常见的可拆卸结构有法兰连接、螺纹连接和承插式连接。采用可拆卸连接之后，确保接口密封的可靠性是保证化工装置正常运行的必要条件。由于法兰连接有较好的强度和紧密性，适用的尺寸范围宽，在设备和管道上都能应用，所以应用最普遍。但法兰连接时，不能很快地装配与拆卸，制造成本较高。

设备法兰与管法兰均已制定出标准。在很大的公称直径和公称压力范围内，法兰规格尺寸都可以从标准中查到，只有少量超出标准规定范围的法兰，才需进行设计计算。

一、法兰连接结构与密封原理

法兰连接结构是一个组合件，是由一对法兰、若干螺栓、螺母和一个垫片组成。在实际应用中，压力容器由于连接件或被连接件的强度破坏所引起法兰密封失效是很少见的，较多的是因为密封不好而泄漏。故法兰连接的设计主要解决的问题是防止介质泄漏。防止流体泄漏的基本原理是在连接口处增加流体流动的阻力，当压力介质通过密封口的阻力降大于密封口两侧的介质压力差时，介质就被密封住了。这种阻力的增加是依靠密封面上的密封比压来实现的。

　　法兰密封的原理是：法兰在螺栓预紧力的作用下，把处于压紧面之间的垫片压紧。施加于单位面积上的压力（压紧应力）必须达到一定数值才能使垫片变形而被压实，压紧面上由机械加工形成的微隙被填满，形成初始密封条件。所需的这个压紧应力叫垫片密封比压力，以 y 表示，单位为MPa。密封比压力主要取决于垫片材质。显然，当垫片材质确定后，垫片越宽，为保证应有的比压力，垫片所需的预紧力就越大，从而螺栓和法兰的尺寸也要求越大，所以法兰连接中垫片不应过宽，更不应该把整个法兰面都铺满垫片。当设备或管道在工作状态时，介质内压形成的轴向力使螺栓被拉伸，法兰压紧面沿着彼此分离的方向移动，降低了压紧面与垫片之间的压紧应力。如果垫片具有足够的回弹能力，使压缩变形的恢复能补偿螺栓和压紧面的变形，而使预紧密封比压值至少降到不小于某一值（这个比压值称为工作密封比压），则法兰压紧面之间能够保持良好的密封状态。反之，垫片的回弹力不足，预紧密封比压下降到工作密封比压以下，甚至密封处重新出现缝隙，则此密封失效。因此，为了实现法兰连接的密封，必须使密封组合件各部分的变形与操作条件下的密封条件相适应，即使密封元件在操作压力作用下，仍然保持一定的残余压紧力。为此，螺栓和法兰都必须具有足够大的强度和刚度，使螺栓在容器内压形成的轴向力作用下不发生过大变形。

二、法兰形式

　　法兰按整体性程度分为整体法兰、松式法兰和任意式法兰三种形式。

（一）整体法兰

　　法兰、法兰颈部及设备或接管三者能有效地连接成一整体结构时该法兰叫作整体法兰。常见的整体法兰形式有两种。

　　1.平焊法兰

　　平焊法兰的法兰盘焊接在设备筒体或管道上，制造容易，应用广泛，但刚性较差。法兰受力后，法兰盘的矩形截面发生微小转动，与法兰相连的筒壁或管壁随着发生弯曲变形。于是在法兰附近筒壁的截面上，将产生附加的弯曲应力。所以平焊法兰适用的压力范围较低（PN<4.0MPa）。

　　2.对焊法兰

　　对焊法兰又称高颈法兰或长颈法兰。颈的存在提高了法兰的刚性，同时由于颈的根部厚度比筒体厚，所以降低了根部的弯曲应力。此外，法兰与筒体（或管壁）的连接是对接焊缝，比平焊法兰的角焊缝强度好，故对焊法兰适用于压力、温度较高或设备直径较大的场合。

（二）松式法兰

松式法兰的特点是法兰和设备或管道不直接连成一体，而是把法兰盘套在设备或管道的外面，不须焊接，不具有整体式连接的同等结构。由于法兰盘可以采用与设备或管道不同的材料制造，因此这种法兰适用于铜制、铝制、陶瓷、石墨及其非金属材料的设备或管道上。另外，这种法兰受力后不会对筒体或管道产生附加的弯曲应力，这也是它的一个优点，但一般只适用于压力较低的场合。

（三）任意式法兰

任意式法兰如螺纹法兰。法兰与管壁通过螺纹进行连接。二者之间既有一定连接，又不完全形成一个整体。因此，法兰对管壁产生的附加应力较小，其整体性介于整体法兰和松式法兰之间。螺纹法兰多用于高压管道上。

法兰除常见的圆形外，还有方形与椭圆形。方形法兰有利于把管子排列紧凑。椭圆形法兰通常用于阀门和小直径的高压管上。

三、法兰分类

法兰按接触面可以分为窄面法兰和宽面法兰。窄面法兰是法兰与垫片的整个接触面积都位于螺栓孔包围的圆周范围内。宽面法兰是法兰与垫片接触面积位于法兰螺柱中心圆的内外两侧。

四、影响法兰密封的因素

影响法兰密封的因素很多。主要有螺栓预紧力、压紧面形式、垫片性能及法兰刚度和操作条件等。

（一）螺栓预紧力

螺栓预紧力是影响密封的一个重要因素。预紧力必须使垫片压紧并实现初始密封。同时，预紧力也不能过大，否则垫片会被压坏或挤出。

由于预紧力通过法兰压紧面传递给垫片，要达到良好密封，必须使预紧力均匀地作用于垫片。因此，当密封所需要的预紧力一定时，采取增加螺栓个数、减小螺柱直径的办法对密封是有利的。

（二）压紧面（密封面）形式

法兰连接的密封性能与密封面形式有直接关系，所以要合理选择密封面的形状。压紧面的加工精度不要过高，而且所需要的螺栓力也不要过大。一般与硬金属垫片相配合的压紧面,有较高的精度要求,而与软质垫片相配合的压紧面,可相对降低要求。但压紧面的表面决不允许有径向刀痕或划痕。

实践证明,压紧面与法兰中心轴线垂直、同心和压紧面的平直度,是保证垫片均匀压紧的前提;减小压紧面与垫片的接触面积,可以有效降低预紧力,但若减得过小,则易压坏垫片。

法兰压紧面形式的选择,既要考虑垫片的形状及材料,也要考虑工艺条件(压力、温度、介质等)和设备的尺寸。

1.平面形压紧面

这种压紧面的表面是一个光滑平面,有时在平面上车有数条三角形断面的沟槽。这种压紧面结构简单,加工方便,且便于进行衬里防腐。但是,这种压紧面垫片接触面积较大,预紧时垫片容易往两边挤,不易压紧,密封性能较差,故适用于压力不高(PN<2.5MPa)、介质无毒的场合。

2.凹凸形压紧面

这种压紧面是由一个凸面和一个凹面相配合组成,在凹面上放置垫片,能够防止垫片被挤出,故可适用于压力较高的场合。在现行标准中,可用于公称直径DN≤800mm、PN≤6.4MPa的场合。

3.榫槽形压紧面

这种压紧面由一个榫和一个槽组成,垫片置于槽中,不会被挤动。垫片可以较窄,因而压紧垫片所需的螺栓力相应较小。即使用于压力较高之处,螺栓尺寸也不致过大。因而,它比以上两种压紧面均易获得良好的密封效果,这种压紧面的缺点是结构与制造比较复杂,更换挤在槽中的垫片比较困难。此外,榫面部分容易损坏,故设备上的法兰应采取榫面,在拆装或运输过程中应注意。榫槽密封面适于易燃、易爆、有毒的介质以及压力较高的场合。当压力不大时,即使直径较大,也能很好地密封。

4.其他类型压紧面

对于高压容器和高压管道的密封,压紧面可采用锥形压紧面或梯形槽压紧面,它们分别与球面金属垫片(透镜垫片)和椭圆形或八角形截面的金属垫片配合。这些压紧面可适用于压力较高的场合,但需要的尺寸精度高,不易加工。

(三)　垫　片　性　能

垫片是构成密封的重要元件,适当的垫片变形和回弹能力是形成密封的必要条件。

最常用的垫片可分为非金属、金属以及非金属与金属混合制的垫片。

非金属垫片材料有石棉橡胶板、石棉板、聚四氟乙烯及聚乙烯板等,这些材料的优点是柔软和耐腐蚀。耐温和耐压性能较金属垫片差，通常只适用于常、中温和中低压设备及管道的法兰密封。

金属与非金属混合制垫片有金属包垫片及缠绕垫片等。金属包垫片是用薄金属板（镀锌薄铁片、不锈钢片等）将石棉等非金属包起来制成的；金属缠绕垫片是薄低碳钢带（或合金钢带）与石棉带一起绕制而成。这种缠绕式垫片有不带定位圈的和带定位圈的两种。金属包垫片及缠绕垫片较单纯的金属垫片有较好的性能，适应的温度与压力范围较高。

金属垫片材料一般并不要求强度高，而是要求软韧。常用的是软铝、紫铜、铁（软钢）、蒙耐尔合金钢（含 Ni67%~68%，Cu27%~29%，Fe2%~3%，Mn1.2%~1.8% 等）等。金属垫片主要用于中高温和中高压的法兰连接密封。

垫片材料的选择应根据温度、压力以及介质的腐蚀情况决定，同时还要考虑压紧面的形式、螺栓力的大小以及装卸要求等，垫片材料选用见表4-10。

表 4-10　垫片材料选用

材料		压力/MPa	温度/℃	介质
橡胶石棉板	高压	≤6.4	≤450	水，空气、蒸汽、惰性气体、变换气、氨、氟利昂，普通酸、碱、盐等一般介质
	中压	≤4.0	≤350	
	低压	≤1.6	≤250	
耐油橡胶石棉板		≤4.0	≤400	多种油品、油气、溶剂、醇、醛等（不宜用丁苯等）
金属缠绕垫片	08钢	≤6.4	≤450	对金属无腐蚀性的介质，例如水、饱和或过饱和热蒸汽、石油产品等
	0Cr13、1Cr/13、0Cr18Ni9		≤600	
塑料垫片	软聚氯乙烯	≤1.6	≤60	硝酸、氢氟酸、工水、浓碱等
	聚乙烯	≤2.5	≤250	
金属包石棉垫片	0Cr18Ni9Ti 和镀锌铁皮	≤6.4	≤450	对金属无腐蚀性的介质

五、法兰标准及选用

石油、化工上用的法兰标准有两类：一类是压力容器法兰标准；一类是管法兰标准。

（一）压力容器法兰标准

压力容器法兰分平焊法兰与对焊法兰两类。

1.平焊法兰

平焊法兰分成甲型与乙型两种。甲型平焊法兰与乙型平焊法兰相比，区别在于乙型法兰有一个壁厚不小于16mm的圆筒形短节，因而使乙型平焊法兰的刚性比甲型平焊法兰好。同时甲型的焊缝开V形坡口，乙型的焊缝开U形坡口，从这点看乙型也比甲型具有较高的强度和刚度。

甲型平焊法兰有PN0.25、PN0.6、PN1.0及PN1.6四个压力等级，在较小直径范围内使用（DN300~DN2000），适用温度范围为-20-300℃。乙型平焊法兰用于PN0.25~PN1.6压力等级中较大直径范围，并与甲型平焊法兰相衔接。而且还可用于PN2.5和PN4.0两个压力等级中较小且直径范围，适用的全部直径范围为DN300~DN3000，适用的温度范围为-20~350℃。

2.长颈对焊法兰

由于长颈对焊法兰具有厚度更大的颈，因而使法兰盘进一步增大了刚性。故规定用于更高的压力范围（PN0.6~PN6.4）和直径范围（DN300~DN2000）。适用温度范围为-70~45℃。乙型平焊法兰中DN2000以下的规格均已包括在长颈对焊法兰的规定范围之内。这两种法兰的连接尺寸和法兰厚度完全一样。所以DN2000以下的乙型平焊法兰可以用轧制的长颈对焊法兰代替，以降低法兰的生产成本。

（二）管法兰标准

由于容器筒体的公称直径和管子的公称直径所代表的具体尺寸不同，所以，同样公称直径的容器法兰和管法兰的尺寸亦不相同，二者不能互相代用。管法兰的形式除平焊法兰、对焊法兰外，还有铸钢法兰、铸铁法兰、活套法兰、螺纹法兰等。管法兰标准的查选方法、步骤与压力容器法兰相同。

管法兰标准除GB 9119.7—2010板式平焊钢制管法兰外，常用标准还有化工部标准HG 20592~HG 20602—2009，中石化标准SH 3406—1996等。其中化工部标准中分为欧洲体系、美洲体系等。我国常用的为欧洲体系。

第六节　容器支座

容器支座用来支撑容器的重量、固定容器的位置并使容器在操作中保持稳定。支座的结构形式很多，主要由容器自身的形式决定，分卧式容器支座、立式容器支座和球形容器支座。

一、卧式容器支座

卧式容器支座有鞍座、圈座和支腿三种。

（一）鞍式支座

鞍式支座是应用最广泛的一种卧式容器支座。常见的卧式容器、大型卧式贮槽、热交换器等多采用这种支座。为了简化设计计算，鞍式支座已有标准 JB/T 4712.1—2007《鞍式支座》，设计时可根据容器的公称直径和容器的重量选用标准中的规格。

鞍座由横向筋板、若干轴向板和底板焊接而成。在与设备连接处，有带加强垫板和不带加强垫板两种结构。

在 JB/T 4712 中，鞍式支座的鞍座包角 θ 为 120°或 150°，以保证容器在支座上安放稳定。鞍座的高度有 200mm、250mm 两种规格，但可以根据需要改变，改变后应作强度校核。鞍式支座的宽度 b 可根据容器的公称直径查出。

鞍座分为 A 型（轻型）和 B 型（重型）两类，其中 B 型又分为 BI-BV 五种型号，形式特征见表 4-11。A 型和 B 型的区别在于筋板、底板和垫板等尺寸不同或数量不同。鞍座的底板尺寸应保证基础的水泥面不被压坏。根据底板上螺栓孔形状的不同，每种形式的鞍座又分为固定式支座（代号 F）和滑动式支座（代号 S）两种。固定式鞍座底板上开圆形螺钉孔，滑动式支座开长圆形螺钉孔。在一台容器上，总是两个配对使用。在安装滑动支座时，地脚螺栓采用两个螺母。第一个螺母拧紧后倒退一圈，然后用第二个螺母锁紧，这样可以保证设备在温度变化时，鞍座能在基础面上自由滑动。长圆孔的长度须根据设备的温差伸缩进行校核。

一台卧式容器的鞍式支座，一般情况下不宜多于两个。因为鞍座水平高度的微小差异都会造成各支座间的受力不均，从而引起筒壁内的附加应力。采用双鞍座时，鞍座与筒体端部的距离可按原则确定：当筒体的 L/D 较大，且鞍座所在平面内又无加强圈时，应尽量利用封头对邻近筒体的加强作用，取 A≤0.25D；当筒体的 L/D 较小，δ/D 较大，或鞍座所在平面内有加强圈时，取 A≤0.2D。

鞍式支座标记方法如下：

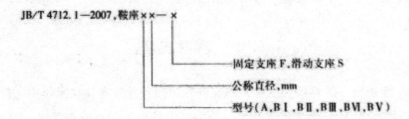

示例：DN325，120°包角重型不带垫板、标准尺寸的弯制固定式鞍座，鞍座材料 Q235A，其标记为

JB/T 4712.1—2007，鞍座 BV325-F

材料栏内注：Q235A。

表 4-11　鞍式支座的形式特性

形式			包角	垫板	筋板数	适用公称直径 DN/mm
轻型	焊制	A	120°	有	4	1000~2000
					6	2100~4000
重型	焊制	BI	120°	有	I	159~426
						300~450
					2	500~900
					4	1000~2000
					6	2100~4000
		BII	150°	有	4	1000~2000
					6	2100~4000
重型	焊制	BIII	120°	无	1	159~426
						300~450
					2	500~900
	弯制	BIV	120°	有	1	159~426
						300~450
					2	500~900
		BV	120°	无	1	159~426
						300~450
					2	500~900

（二）圈座

在下列情况下可采用圈座：对于大直径薄壁容器和真空操作的容器，因其自身重量可能严重挠曲；多于两个支撑的长容器。除常温常压下操作的容器外，若采用圈座则至少应有一个圈座是滑动支撑的。

（三）腿式支座

腿式支座简称支腿。因为这种支座在与容器壳壁连接处会造成严重的局部应力，故只适用于小型设备（DN≤1600、L≤5m）。腿式支座的结构形式、系列参数等参见标准 JB/T 4712.2—2007《腿式支座》。

腿式支座分为 A 型、B 型和 C 型，结构特征见表 4-12。

表4-12 腿式支座形式特征

形式		支座号	垫板	适用公称直径DN /mm
角钢支柱	AN	1~7	无	400~1600
	A		有	
钢管支柱	BN	1~5	无	400~1600
	B		有	
H型钢支柱	CN	1~10	无	400~1600
	C		有	

角钢支柱和H型钢支柱的材料应为Q235A；钢管支柱的材料为20号钢；底板、盖板的材料均为Q235A。若需要可以改用其他材料，具体要求见标准中的规定。

当容器用合金钢制造，或者容器壳体有焊后热处理的要求，或者与支腿连接处的圆筒有效厚度小于标准中规定的要求时，应选用带垫板的支腿。垫板的材料应与容器壳体材料相同。

支腿标记方法规定如下：

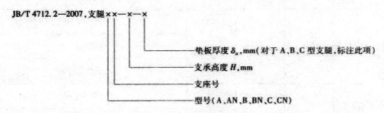

示例：容器公称直径800mm，角钢支柱支腿，不带垫板，支承高度H为900mm，其标记为

JB/T 4712.2—2007，支腿AN3-900

二、立式容器支座

立式容器支座主要有耳式支座、支承式支座和裙式支座三种。中、小型直立容器常采用前两种支座，高大的塔设备则广泛采用裙式支座。

（一）耳式支座

耳式支座简称耳座，它由筋板和支脚板组成。广泛用在反应釜及立式换热器等直立设备上。它的优点是简单、轻便，但对器壁会产生较大的局部应力。因此，当设备较大或器壁较薄时，应在支座与器壁间加一垫板。对于不锈钢制设备，当用碳钢做支座时，为防止器壁与支座在焊接过程中不锈钢中的合金元素流失，也需在支座与器壁间加一个不锈钢垫板。

耳式支座已经标准化，它们的形式、结构、规格尺寸、材料及安装要求应符合 JB/T 4712.3—2007《耳式支座》。该标准分为 A 型（短臂）、B 型（长臂）和 C 型（加长臂）三类，A 型和 B 型分为带垫板与不带垫板两种结构，C 型带垫板，见表 4-13。B 型耳式支座有较宽的安装尺寸，故又叫长臂支座。当设备外面有保温层或者将设备直接放在楼板上时，宜采用 B 型耳式支座。

表 4-13　耳式支座结构形式特征

形式		支座号	垫板	盖板	适用公称直径 DN/mm
短臂	A	1~5	有	无	300~2600
		6~8		有	1500~4000
长臂	B	1~5	有	无	300~2600
		6~8		有	1500~4000
加长臂	C	1~3	有	有	300~1400
		4~8			1000~4000

支座垫板材料一般应与容器材料相同。支座的筋板和底板材料分为四种，其代号见表 4-14。

表 4-14　材料代号

材料代号	I	II	III	IV
支座的筋板和底板材料	Q235A	16MnR	0Cr18Ni9	15CrMoR

耳式支座选用的步骤为：①根据设备估算的总重量，算出每个支座（按 2 个支座计算）需要承担的负荷 Q 值；②确定支座的形式后，根据标准中每种支座允许的载荷，按照支座允许负荷 $Q_允$ 大于实际负荷 Q 的原则，选出合适的支座。每台设备可配置 2 个或 4 个支座，考虑到设备在安装后可能出现全部支座未能同时受力等情况，在确定支座尺寸时，无论实际上支座是 2 个还是 4 个，可一律按 2 个计算。

小型设备的耳式支座可以支承在管子或型钢制的立柱上。大型设备的支座往往搁在钢梁或混凝土制的基础上。

耳式支座的标记方法如下：

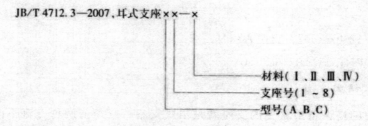

注 1：若塔板厚度 δ_3 与标准尺寸不同，则在设备图样中零件名称或备注栏注

明。如：$\delta_3=12$。

注2：支座及垫板的材料应在设备图样的材料栏内标注，表示方法如下：支座材料/垫板材料。

示例：A型，3号耳式支座，支座材料为Q235A，垫板材料为Q235A，则标记为

JB/T 4712.3—2007，耳式支座 A3-I

材料栏内注：Q235A。

（二）支承式支座

支承式支座可以用钢管、角钢、槽钢来制作，也可以用数块钢板焊成。它们的形式、结构、尺寸及所用材料应符合JB/T 4712.4—2007《支承式支座》。

支承式支座分为A型和B型，适用的范围和结构见表4-15所示。A型支座筋板和底板的材料均为Q235A；B型支座钢管材料为10，底板材料为Q235A。支承式支座的选用见标准中的规定。

支承式支座的优点是简单轻便，但它与耳式支座一样，对壳壁会产生较大的局部应力，因此当容器壳体的刚度较小、壳体和支座的材料差异或温度差异较大时，或壳体需焊后热处理时，在支座和壳体之间应设置垫板。垫板的材料应与壳体材料相同。

支承式支座的标记方法如下：

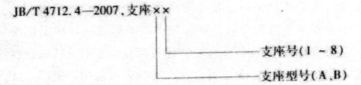

注1：若支座高度h，垫板厚度δ_3与标准尺寸不同，则应在设备图样零件名称或备注栏中注明。如：h=450，$\delta_3=14$。

注2：支座及垫板材料应在设备图样的材料栏内标注，表示方法如下：支座材料/垫板材料。

示例：钢板焊制的3号支承式支座，支座材料和垫板材料为Q235A和Q235B，则标记为

JB/T 4712.4—2007，支座 A3

材料栏内注：Q235A/Q235B。

（三）裙式支座

对高大的塔设备最常用的支座就是裙式支座。它与前两种支座不同，目前还没有标准。它的各部分尺寸均需通过计算或实践经验确定。

表4-15　支承式支座适用范围

形式		支座号	垫板	适用公称直径 DN/mm
钢板焊制	A	1~4	有	800~2200
		5~6		2400~3000
钢管制作	B	1~8	有	800~4000

第七节　容器的开孔与附件

一、容器的开孔与补强

为了满足工艺、安装、检修的要求，往往需要在容器的筒体和封头上开各种形状、大小的孔或连接接管。容器壳体上开孔后，不但削弱了容器壁的强度，而且在筒体与接管的连接处，由于原壳体结构产生了变化，出现不连续，在开孔区域将形成一个局部的高应力集中区。开孔边缘处的最大应力称为峰值应力。峰值应力通常较高，达到甚至超过了屈服极限较大的局部应力，加之容器材质和制造缺陷等因素的综合作用，往往会成为容器的破坏源。因此，为了降低峰值应力，需要对结构开孔部位进行补强，以保证容器安全运行。开孔应力集中的程度与开孔的形状有关，圆孔的应力集中程度最低，因此一般开圆孔。

（一）开孔补强的设计与补强结构

所谓开孔补强设计是指在开孔附近区域增加补强金属，使之达到提高器壁强度、满足强度设计要求的目的。容器开孔补强的形式概括起来分为补强圈补强和整体补强两种。

1.补强圈补强

补强圈补强是指在壳体开孔周围贴焊一圈钢板，即补强圈。一般补强圈与器壁采用搭接结构，材料与器壁相同，尺寸可由计算得到。当补强圈厚度超过8mm时，一般采用全焊透结构，使其与器壁同时受力，否则起不到补强作用。补强圈可以置于器壁外表面、内表面或在内外表面对称放置，但为了焊接方便，一般采用把补强圈放在外面的单面补强。为了检验焊缝的紧密性，补强圈上有一个M10的小螺纹孔，从这里通入压缩空气进行焊缝紧密性试验。补强圈现已标准化。

补强圈结构简单，易于制造，应用广泛。但补强圈与壳体之间存在着一层静止的气隙，传热效果差，致使二者温差与热膨胀差较大，容易引起温差应力。补强圈与壳体相焊时，使此处的刚性变大，对角焊缝的冷却收缩起较大的约束作用，容易在焊缝处造成裂纹。特别是高强度钢淬硬性大，对焊接裂纹比较敏感，更易开裂。还由于补强圈和壳体或接管金属没有形成一个整体，因而抗疲劳性能差。因此，对补强圈搭焊结构的使用范围需限制。GB150规定，采用补强圈结构补强时应遵循：①钢材的标准抗拉强度下限值叫 $R_m \leqslant 540MPa$；②补强圈厚度小于或等于 $1.5\delta_n$；③壳体名义厚度 $\delta_n \leqslant 38mm$。

2.整体补强

整体补强是指增加壳体的厚度，或用全截面焊透的结构形式将厚壁接管或整体补强锻件与壳体相焊。

1）增加壳体厚度

增加整个壳体的厚度。由于开孔应力集中的局部性，在远离开孔区的应力值与正常应力值一样，故除非制造或结构上的需要，一般并不需要把整个容器壁加厚，在实际中多采用局部补强。

2）接管补强

在开孔处焊上一段特意加厚的短管，使接管的加厚部分恰处于最大应力区内，以降低应力集中系数。接管补强的方式有内加强平齐接管、外加强平齐接管、对称加强凸出接管、密集补强。实验研究表明，从强度角度看，密集补强最好，外加强平齐接管效果最差。从制造角度来说，密集补强须将接管根部和壳体连接处做成一整体结构，制造加工困难；对称加强凸出接管连接处的内侧焊接困难，且容器和开孔直径越小越困难；对于内加强平齐接管来说，除加工制造困难外，还会给工艺流程带来问题。

3）整锻件补强

这种结构是将接管与壳体连同加强部分做成整体锻件，然后与壳体焊在一起。其优点是补强金属集中于开孔应力最大部分，应力集中现象得到大大缓和。

（二）开孔补强计算方法

容器本体的开孔补强计算方法包括等面积法和分析法。

1）等面积法适用范围

等面积法适用于压力作用下壳体和平封头上的圆形、椭圆形或长圆形开孔。当在壳体上开椭圆形或长圆形孔时，孔的长径与短径之比应不大于2.0。本方法的适用范围如下。

（1）当圆筒内径 $D_i \leqslant 1500mm$ 时，开孔最大直径 $d_{op} \leqslant D_i/2$，且 $d_{op} \leqslant 520mm$；当圆筒内径 $D_i > 1500mm$ 时，开孔最大直径 $d_{op} \leqslant D_i/3$，且 $d_{op} \leqslant 1000mm$。

（2）凸形封头或球壳开孔的最大允许直径 $d_{op} \leqslant D_i/2$。

（3）锥形封头开孔的最大直径 $d_{op} \leqslant D_i/3$，其中 D_i 为开孔中心处的锥壳内直径。

注：开孔最大直径 d_{op} 对椭圆形或长圆形开孔指长轴尺寸。

2）分析法适用范围

本方法是根据弹性薄壳理论得到的应力分析法，用于内压作用下具有径向接管圆筒的开孔补强设计，其适用范围为 $d \leqslant 0.9D$ 且 $\max [0.5, d/D] \leqslant \delta_{et}/\delta_e \leqslant 2$，其中 δ_{et} 为接管有效厚度（mm）。

（三）不需补强的最大开孔直径

容器上的开孔并不都需要补强。这是因为在计算壁厚时考虑了焊接接头系数而使壁厚有所增加；又因为钢板具有一定规格，壳体的壁厚往往超过实际强度的需要，厚度增加，使最大应力值降低，相当于容器已被整体加强；而且容器上的开孔总与接管相连，其接管的多于实际需要的壁厚也起补强作用；同时由于容器材料具有一定的塑性储备，允许承受不过大的局部应力，所以当孔径不超过一定数值时，可不进行补强。

当壳体开孔满足全部条件时可不另行补强：①设计压力小于或等于2.5MPa；②两相邻开孔中心的间距（对曲面间距以弧长计算）应不小于两孔直径之和的2倍；③接管公称外径小于或等于89mm；④接管最小壁厚满足表4-16的要求；⑤开孔不得位于A、B类焊接接头上。

表4-16　接管最小壁厚　　　　　　单位：（mm）

接管公称外径	25	32	38	45	48	57	65	76	89
最小壁厚	≥3.5			≥4.0		≥5.0		≥6.0	

二、容器的接口管与凸缘

设备上的接口管与凸缘，既可用于装置测量、控制仪表，也可用于连接其他设备和介质的输送管道。

（一）接口管

焊接设备的接口管如图4-3（a）所示，接口管长度可参照表4-17确定。铸造设备的接口管可与筒体一并铸出，如图4-3（b）所示。螺纹管主要用来连接温度计、压力表或液面计等，根据需要可制成阴螺纹或阳螺纹，见图4-3（c）。

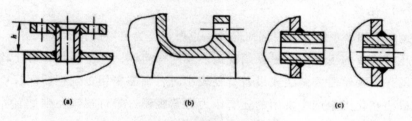

图4-23　容器的接口管

表 4-17 接管长度 h 单位：mm

公称直径 DN	不保温设备接管长	保温设备接管长	适用公称压力 PN/MPa
≤15	80	130	≤4.0
20~50	100	150	≤1.6
70~350	150	200	≤1.6
70~500			≤1.0

（二）凸缘

当接口管长度必须很短时，可用凸缘（又叫突出接口）来代替接口管。凸缘本身具有加强开孔的作用，不需再另外补强。缺点是当螺柱折断在螺栓孔中时，取出较困难。由于凸缘与管道法兰配用，因此它的连接尺寸应根据所选用的管法兰确定。

三、手孔与人孔

压力容器开设手孔和人孔是为了检查设备的内部空间以及安装和拆卸设备的内部构件。

手孔直径一般为 150~250mm，标准手孔公称直径有 DN150 和 DN250 两种。手孔的结构一般是在容器上接一短管，并在其上盖一盲板。

当设备的直径超过 900mm 时，不仅开有手孔，还应开设人孔。人孔的形状有圆形和椭圆形两种。椭圆形人孔的短轴应力与受压容器的筒身轴线平行。圆形人孔的直径一般为 400~600mrn，容器压力不高或有特殊需要时，直径可大一些。椭圆形人孔（或称长圆形人孔）的最小尺寸为 400mm × 300mm。

人孔主要由筒节、法兰、盖板和手柄组成。一般人孔有两个手柄，手孔有一个手柄。容器在使用过程中，人孔需要经常打开时，可选择快开式结构人孔。

手孔和人孔（HG 21514—2005~HG 21535—2005）已有标准，设计时可根据设备的公称压力、工作温度以及所用材料等按标准直接选用。

四、视镜与液面计

（一）视镜

视镜除了用来观察设备内部情况外，也可用作物料液面指示镜。

用凸缘构成的视镜称为不带颈视镜，其结构简单，不易截料，有比较宽阔的视野范围。当视镜需要斜装或设备直径较小时，则需采用带颈视镜。视镜已经标准化，目前在化工生产中常用的还有压力容器视镜、带灯视镜、带灯有冲洗孔的视镜、组合视镜等。

（二）液面计

液面计种类很多。公称压力不超过 0.7MPa 的设备可以直接在设备上开长条孔，利用矩形凸缘或法兰把玻璃固定在设备上。对于承压容器，一般都是将液面计通过法兰、活接头或螺纹接头与设备连接在一起。当设备直径很大时，可以同时采用几组液面计接管。在现有标准中，有玻璃板液面计、反射式防霜液面计、透光式板式液面计和磁性液面计。

第五章　塔设备设计

第一节　概述

　　塔设备是在一定条件下，将能达到气液共存状态的混合物实现分离、纯化的单元操作设备，广泛用于炼油、精细化工、环境工程、医药工程、食品工程和轻纺工程等行业和部门中。其投资在工程设备投资总额中占有很大比重，一般占20%-50%。塔设备与化工工艺密不可分，不管多好的工艺路线，没有良好的与之相匹配的化工装备，就不会达到预期的设计效果，也就实现不了预期的设计指标。因此，塔设备是工艺过程得以实现的载体，直接影响着生产产品的质量和效益。

　　塔设备按其结构特点可以分成板式塔、填料塔和复合塔三类。工业生产对塔设备的性能有着严格的要求，归纳起来主要有以下方面。

　　（1）具有良好的操作稳定性，这是保证正常生产的先决条件。一个性能良好的塔设备，首先要保证塔设备在连续生产中的稳定操作，具有一定的操作弹性。在允许的工艺波动范围内，设备本身的操作弹性必须大于等于生产中可能产生的工艺波动率。

　　（2）具有较高的生产效率和良好的产品质量，这是设备设计制造的核心。没有良好的产品质量，说明该设备不能胜任其相应的工艺操作。当然，仅有较高的产品质量，而没有较高的生产效率也是不可取的。一个好的设计应使二者兼顾，在保证产品质量的前提下，尽可能提高产品的生产效率。

　　（3）结构简单，制造费用低。塔设备在保证满足相应工艺要求的前提下，尽量采用简单的结构，降低设备材料、加工制作和日常维护的费用。设备尽可能采用通用材料，特殊场合如遇到盐酸、加氢反应、高温高压等比较苛刻的操作条件，也应尽可能采用复合材料，以便降低塔设备的制造成本。

（4）塔设备的寿命、质量与运行安全，一般要求其使用寿命在10年以上。在设计时，要综合考虑选用材料的成本、设备的运行安全、制造质量和其一次性投资等之间的关系。不要一味追求高寿命，并应注意塔设备在运行使用中的安全性和操作的方便性，在操作中不能出现任何可能导致操作失误的结构和部件。

第二节　板式塔及其结构设计

一、概述

在整个国民经济生产中，板式塔占有相当大的比重，工业上应用最多、使用经验较为丰富的有筛板塔、浮阀塔、泡罩塔和舌形塔。其中，泡罩塔是应用最早的一种工业塔型，在1813年由Cellier提出并制造，它具有操作弹性大、效率高、易操作的优点，但是由于其结构复杂、造价高、操作压降大等缺点，目前，在新设计中，该塔型已很少使用。与泡罩塔相比，浮阀塔既具有泡罩塔的优点，结构又较泡罩塔简单，且处理能力大。目前，我国的浮阀塔型已标准化，使用较多的是V形浮阀。与前两种塔型相比，筛板塔结构最简单，造价最低，处理量也最大。筛板塔的效率要比泡罩塔高出约15%，处理能力高出10%~15%，造价低40%左右，具有很大的发展潜力。目前，筛板塔所使用的筛孔一般为$\phi3$~$\phi8$；大孔筛板塔的筛孔为$\phi10$~$\phi15$。舌形塔是喷射型塔，与泡罩塔相比结构简单，处理能力大，压力降小。但它操作弹性小，板效率低。

二、板式塔的主要结构

板式塔的塔盘结构可以分为整块式和分块式两种。当塔径DN≤700mm时，采用整块式塔盘；当DN≥2800mm时，宜采用分块式塔盘。

（一）整块式塔盘

1.塔盘

整块式塔盘根据组装方式不同分为定距管式和重叠式两类。采用整块式塔盘的塔体是由若干个塔节组成的，塔节之间用法兰连接。每个塔节中安装若干块塔盘，塔盘与塔盘之间用管子支撑，并保持所规定的间距。

重叠式塔盘结构在第一节塔节下面焊有一组支座，底层塔盘安装在支座上。然后依次装入上一层塔盘，塔盘间距由焊在塔盘下的支座保证，并用调节螺钉调整水平。塔盘与塔壁的间隙用软质填料密封后再用压板和压圈压紧。

2.塔盘的密封结构

在这类结构中，为了便于在塔方内装卸塔盘，塔盘与塔壁之间必须有一定间隙，此间隙一般用填料密封，以防止气体由此通过，造成短路。在塔壁和塔盘圈之间，用2~3圈直径为10~12mm的石棉绳作为密封填料，其上安放压圈和压板。用焊在塔盘圈内壁上的螺栓与螺母拧紧，这样，填料就被压实并达到密封的目的。

3.降液管

降液管的形式有弓形和圆形两种。由于圆形降液管的面积较小，通常在液体负荷低或塔径较小时使用，工业上多用弓形结构。在整块式塔盘中，弓形降液管是用焊接方法固定在塔盘上的，它由一块平板和弧形板构成。降液管出口处的液封由下层塔盘的受液盘来保证。但在最下层塔盘的降液管的末端应另设液封槽。液封槽的尺寸由工艺条件决定。

4.塔盘支撑结构

常用的塔盘支撑结构为定距管支撑。定距管对塔盘起支撑作用并保证相邻两塔盘的板间距。定距管内有一拉杆，拉杆穿过各层塔盘上的拉杆孔，拧紧拉杆上、下两端螺母，就可以把各层塔板紧固成一整体，最下一层塔盘固定在塔节内壁的支座上。

5.塔节尺寸

塔节的长度取决于塔径和支承结构。当塔内径 D_i 在300~500mm时，只能将手臂伸入塔节内进行塔盘安装，这时长度以800~1000mm为宜；塔径在500~800mm时，可将上身伸入塔内安装，塔节的长度可取2000~2500mm为宜。当塔径大于800mm时，人可进入塔内安装，塔节长度应不超过2500~3000mm。因为定距管支撑结构受到拉杆长度和塔节内塔盘数的限制，每个塔节安装的塔盘数以5~6层为宜，否则会使安装发生困难。

碳钢塔盘板的厚度为3~4mm，不锈钢塔盘板的厚度为2~3mm。

（二） 分块式塔盘

当塔直径较大（ϕ>800mm）时，如果仍用整块式塔盘，则由于刚度的要求，势必要增加塔盘板的厚度，而且在制造、安装和检修等方面都很不方便。为了便于安装，一般采用分块式塔盘。此时，塔体无须分成塔节，而是依据工艺要求做成整体结构。同时，塔盘分成数块，通过人孔送入塔内，每块塔盘用快装螺栓或卡具固定在各自的固定架上。

为了减少液位落差，分块式塔盘又可按塔径和液体量的大小分为单流塔盘和双流塔盘。一般地，当塔径为800~2400mm时，可以采用单流塔盘；而当塔径大于2400mm时，常采用双流塔盘。

为便于表达塔盘的详细结构，其主视图上的下层塔盘未安装塔板，仅画出它的固定件。俯视图上做了局部拆卸剖视，卸掉了其右后四分之一的塔板，以便表示其下面的塔盘固定件。

起支撑作用的支撑板、降液板、支撑圈和受液盘分别焊在塔体上。当塔柱大于或等于1600mm时，受液盘下面尚需放一块筋板进行加固。

1.塔板结构

塔板的结构设计应满足具有良好的拐度和方便的拆装要求。塔板的结构形式分为平板式、槽式和自身梁式。本节以自身梁式塔板为例介绍塔板的结构。

（1）弓形板。将弦边做成自身梁，长度与矩形板相同。弧边直径D和内径D_i与弧边到塔体的径向距离m有关，当$D_i \leqslant 2000mm$时，m=20mm；当$D_i > 2000mm$时，m=30mm。弓形板的矢高E与塔径、塔板分块数和m有关。

（2）矩形板。它是将矩形板沿其长边向下弯曲而成，从而形成梁和塔板的统一整体。自身梁式矩形板仅有一边弯曲成梁，在梁板过渡处有一凹平面，以便与另一塔板实现搭接安装并与之保持在同一水平面上。

（3）通道板。通道板无自身梁，其两边搁置在其他塔板上而做成一平板。通道板的长边尺寸同矩形板，短边尺寸统一取400mm。

2.降液板和受液盘

1）降液板结构

用于分块式塔盘的降液管结构，分为可拆式和焊接固定式两种。常用的降液管形式有垂直式、倾斜式和阶梯式。

可拆式降液板由上降液板、可拆降液板及两块连接板构成，相互间用螺栓连接。检修时，松掉螺母，就可以把可拆降液板取下来。为了便于在安装时调整连接板位置，可拆降液板上的4个螺栓孔应做成长圆形，如图中节点放大图所示。连接板与塔壁接触的边线应按塔径放样下料，使之相互吻合，以防漏气。

2）受液盘结构

受液盘有平板形和凹形两种结构形式。受液盘的结构对降液管的液封和液体流入塔盘的均匀性有一定影响。这种受液盘的优点是：①在多数情况下，即使在较高气液比下操作时，仍能保持正液封；②液体沿降液板向下流动时带有一定能量，若以水平方向直接流入塔板，必然会涌起一个液封，而凹形受液盘可使液体先有一个向上的运动，然后再水平流入塔板，以利于板入口处的液体更好地鼓泡。

受液盘的盘深由工艺设计确定，一般可选取50mm、25mm或150mm，较常用的数值为50mm。一般地，当D_i=800~1400mm时，受液盘厚度=4mm；D_i=1600~2400mm时，受液盘厚度=6mm；当$D_i \leqslant 1400mm$时，受液盘只需开一个ϕ10的泪孔。

第三节 填料塔及其结构设计

填料塔的传质形式与板式塔不同，它是连续式气液传质设备。这种塔由塔体与裙座体、液体分布装置、填料、再分布器、填料支撑以及气、液的进出口等部件组成。填料塔操作时，气体由塔底进入塔体，穿过填料支撑沿填料的孔隙上升；液体入塔后经液体分布器均匀分布在填料层上，然后自上而下穿过填料压圈，进入填料层，在填料表面上与自下而上流动的气体进行气液接触，并在填料表面形成若干个混合池，从而进行质量、热量和动量的传递，以实现液相轻重组分的分离。

填料塔的特点是结构简单、装置灵活、压降小，持液量少、生产能力大、分离效率高，耐腐蚀且易于处理易起气泡、易热敏、易结垢的物系。

一、液体分布装置

液体分布装置设计不合理时，将导致液体分布不均，减少填料润湿面积，增加沟流和壁流现象，直接影响填料的处理能力和分离效率。因此，设计液体分布装置应使液体能均匀分散于塔的截面，通道不易堵塞，结构简单，便于制造与检修。

液体分布装置的类型很多，常用的有喷洒型、溢流型和冲击型等。

（一）喷洒型

1.管式液体分布器

对于小直径（<300mm）的填料塔，可以采用管式分布器，通过在填料上面的进液管直接进行喷洒。进液管可以是直管、弯管或缺口管。这种结构的优点是简单和制造安装方便，缺点是淋洒不够均匀。

直径稍大的塔可采用直管喷孔式分布器（ϕ<800mm）或环管多孔式分布器（ϕ<1200mm）。直管或环管上的小孔直径为$\phi 4 \sim \phi 8$mm，可有3~5排。小孔面积总和约等于管横截面积。环管中心圆孔直径D_1=（0.6~0.8）D_i。这种分布器一般要求液体清洁，否则小孔易堵塞。它的优点是结构简单，制造和安装方便，但喷洒面积小，不够均匀。

2.喷头式分布器（莲蓬头）

这是一种应用较广泛的液体分布器。莲蓬头可以是半球形、碟形或杯形，一般做成开有许多小孔的球面分布器。它悬挂于填料上方的正中央，液体借助产泵或高位槽产生的静压头自小孔喷出，喷洒半径的大小随液体压力和高度不同而异。

在压力稳定的场合，可达到较均匀的喷洒效果。小孔球面上一般采用同心圆排列，为了使喷洒均匀，球面上各小孔的轴线应交汇于一点。

莲蓬头上的小孔易堵塞，雾沫夹带严重，因而要求液体清洁。由于改变喷淋压头才能改变喷淋液量，同时也改变了喷洒半径，这将会影响预定的液体分布。

（二）溢流型

溢流型分布装置是目前广泛应用的分布器，特别适合于大型填料塔。它的优点是操作弹性大，不易堵塞，操作可靠，便于分块安装。

1.溢流盘式分布器

液体通过进料管降到缓冲管而流到分布盘上，然后通过溢流短管，淋洒到填料层上，溢流短管可按正三角形或正方形排列并焊在分布盘上。分布盘上开有φ3的泪孔，以便停车时将液体排净。

分布盘周边焊有三个耳座，通过耳座上的螺钉，将分布盘支撑在塔壁的支座上。拧动螺钉，可把分布盘调整成水平位置，以便液体均匀淋洒在填料层上。气体则通过分布盘与塔壁之间的空隙上升。若这个间隙比较小，气体要通过分布盘，则可在分布盘上少安排一些溢流短管，换上一些大直径的升气管。

溢流盘式分布器可用金属、塑料或陶瓷制造。分布盘内径为塔内径的80%～85%，且保证有8~12mm的间隙。它结构简单，流体阻力小，但由于自由截面较小，适用于直径不大、气液负荷较小的塔。

2.溢流槽式分布器

当塔径较大时，因分布板上的液面高度差较大而影响液体的均匀分布，此时可采用溢流槽式分布器。液体先进入顶槽，再由顶槽分配到下面的分槽内，然后再由分槽的开孔处溢流分布到填料表面上。分布槽的开孔可以是矩形或三角形。一般地，槽式分布器做成可拆式结构，以便于从人孔装入塔内，布液孔径一般由工艺参数决定，但不要太小，以免发生堵塞影响正常操作。这种分布器具有结构简单、通量大、阻力小的优点，常用在大型规整填料塔中。但是，大型塔对安装水平度有较高的要求，且要注意液体进料引起冲击造成的飞溅和偏流。

（三）冲击型

常用的冲击型液体分布装置有反射板式分布器和宝塔式分布器。反射板式分布器由中心管和反射板组成。反射板可以是平板、凸板或锥形板。操作时，液体沿中心管流下，靠液流冲击反射板的反射飞溅作用而分布液体。反射板中央钻有小孔以使液体流下淋洒到填料层中央部分。

为使反射更均匀，可由几个反射板构成宝塔式分布器。宝塔式分布器的优点是喷洒范围大、液体流量大、结构简单、不易堵塞。缺点是改变液体流量或压头时影响喷洒范围，故须在恒定压力和流量情况下操作。

二、液体再分布装置

当液体沿填料层向下流动时，有流向器壁形成"壁流"的倾向，结果使液体分布不均匀，降低传质效率，严重时使塔中心的填料不能被润湿而形成"干锥"。为了提高塔的传质效率，填料必须分段，在各段填料之间安装液体再分布装置，作用是收集上一填料层的液体，并使其在下一填料层均匀分布。

液体再分布装置的结构设计与液体分布装置相同，但需配有适宜的液体收集装置。在设计液体再分布装置时，应尽量少占用塔的有效高度。再分布装置的自由截面不能过小（约等于填料的自由截面积），否则将会使压强降增大，要求结构既简单又可靠，能承受气、液流体的冲击，便于装拆。

在液体再分布器中，分配锥是最简单的，沿壁流下的液体用分配锥再将它导至中央。这种结构适用于小直径的塔（例如塔径在1m以下），截锥小头直径一般为（0.7~0.8）D_i。为了增加气体流过时的自由截面积，在分配锥上可开设4个管孔。这样，气体通过分配锥时，不致因速度过大而影响操作。

三、塔填料

塔填料是填料塔的核心组件，它提供气液接触的场所，是决定设备性能的主要构件之一。塔填料可以分为规整填料和散堆填料。

（一）散堆填料

按材质区分，散堆填料有金属、塑料和陶瓷等。其装填方式有散堆和整装两种，以散堆装填方式为主。

散堆填料的主要类型有拉西环（Raschig Ring）、鲍尔环（Pall Ring）、阶梯环（Cascade Mini Ring）、贝尔鞍形填料（Berl Saddle）等，随后出现了改进鲍尔环（Hy-Pak）、金属矩鞍（IMTP）等。由于散堆填料装填的随机性，极容易造成填料塔内的壁流和沟流，填料的端效应非常严重，从而造成填料的放大效应较大，并限制了其在工业生产上的应用范围。

（二）规整填料

规整填料是指将气液的通道"规范化"，预先按一定的规则将填料做成塔径大小的填料盘，然后再将填料装入塔内。较典型的填料有金属网波纹填料、金属板片波纹填料等。规整填料的特点是效率高、压降小、操作稳定、持液量小、安装方便、寿命长。不同型号的填料其每米理论板数可达2~15块不等。

四、填料的支撑结构

填料支撑的主要目的是支撑其上方的填料及填料所持液体的质量。设计时应考虑有足够的强度和刚度，同时，应避免在此发生液泛。支撑板的通量要大，阻力要小，安装要方便，最好具有一定的气液均一功能。

常用的填料支撑结构形式有孔管形、波纹形、栅板形、驼峰形等几种形式。一般地，栅板形多用于规整填料塔，其他几种形式则多用于散堆填料塔。在设计栅板支撑结构时，需要注意：①栅板必须有足够的强度和耐腐蚀性；②栅板必须有足够的自由截面，一般应和填料的自由截面大致相等；③栅板扁钢条之间的距离为填料外径的60%~80%；④栅板可以制成整块或分块。对于小直径（例如500mm以下）的塔，则采用结构较简单的整块式；对于大直径塔，可将栅板分成多块。在设计分块栅板时，要注意使每块栅板能够从人孔处放进与取出。

第四节　其他结构设计

一、接管结构

（一）进气管结构

为了获得填料塔良好的操作性能，必须设计合理的气相入塔装置及相应的分布器，这对大直径填料塔尤为重要。通常情况下，气相进料有两种情况，塔底气相（或气液混合）进料和塔中气相进料。

对于小直径填料塔（φ<800mm）来讲，由于气体的自我分布性，对进气装置要求不高，通常使用图5-1（a）（b）所示的进气结构。为了避免液体淹没气体通道，进气管安装在最高操作液面之上。

当塔径比较大或填料床层高度较低时，需要考虑非均匀气相进料对填料塔分离效率的影响，尽可能减小气相端效应，有效提高填料利用率。常用的结构形式如图5-1（c）所示。对于特大直径填料塔，在上面进料结构的基础上，还应设置相应的进气均布装置。

当进塔物料为气液两相混合物时，一般可考虑切向进料结构。该结构借助于切向离心力，可有效地将液体分离下来，并使气相均布。

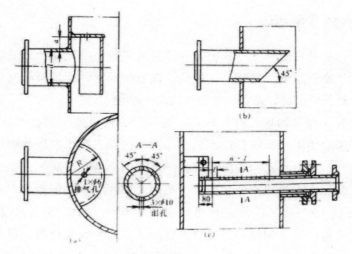

图 5-1　进气管

（二）液相进料管和回流管

对直径大于或等于800mm的塔，如果物料洁净、不易聚合且腐蚀性不大时，塔设备的液相进料管结构可用焊接结构形式。当塔径较小时，为检修方便，液体进料管常采用可拆式结构。当物料易聚合或不洁净并有一定腐蚀性时，对大塔也常采用可拆式结构，其结构尺寸见表5-1。

为了防止易起泡沫的物料液泛，也可采用进料管伸入塔内与降液管平行运行。这种结构多用于板式塔。该进料管一般开两排孔，开孔面积的总和等于1.3-1.5倍的进料管截面积。

（三）出料管结构

塔器底部出料管一般需要伸出裙座外壁。在这种结构中，引出管的加强管上一般应焊支撑板支撑（当介质温度低于-20℃时，宜采用木垫），与引出管间应预留有间隙，以考虑热膨胀的需要。

表 5-1　液体进料管结构尺寸　　　　　　　　单位：mm

内管 $d_{N1} \times S_1$	外管 $d_{N2} \times S_2$	a	b	c	δ	H_1	H_2
25 × 3	45 × 3.5	10	20	10	5	120	150
32 × 3.5	57 × 3.5	10	25	10	5	120	150
38 × 3.5	57 × 3.5	10	32	15	5	120	150
45 × 3.5	76 × 4	10	40	15	5	120	150
57 × 3.5	76 × 4	15	50	20	5	120	150
76 × 4	108 × 4	15	70	30	5	120	150

内管 $d_{N1} \times S_1$	外管 $d_{N2} \times S_2$	a	b	c	δ	H_1	H_2
89 × 4	108 × 4	15	80	35	5	120	150
108 × 4	133 × 4	15	100	45	5	120	200
133 × 4	159 × 4.5	15	125	55	5	120	200
159 × 4.5	219 × 6	25	150	70	5	120	200
219 × 6	273 × 8	25	210	95	8	120	200

填料底的液体出口管，要考虑防止破碎填料的堵塞并便于清理。

二、除沫装置

在空塔气速较大、塔顶溅液现象严重以及工艺过程不允许出塔气体夹带雾滴的情况下，设置除沫装置可用于分离塔顶出口气体中夹带的液滴，以保证传质效率、减少有价值物料的损失及改善下游设备的操作条件。工业上常用除沫器有丝网除沫器、折流板除沫器、旋流板除沫器。

丝网除沫器具有比表面积大、质量轻、空隙率大以及使用方便等优点，尤其是它具有除沫效率高、压力降小的特点，使它成为一种广泛使用的除沫装置。它适用于洁净的气体，不宜用于液滴中含有或易析出固体物质的场合，以免液体蒸发后留下固体使丝网堵塞。气体中含有黏结物时，也容易堵塞丝网。

折流除沫器结构简单，一般可除去 5×10^{-5}m 的液滴。增加折流次数，能保证足够高的分离效率。除沫器的压力降一般为 50~100Pa。但这种除沫器耗用金属多、造价高。

旋流板除沫器使气体产生旋转运动，利用离心力分离雾沫，除沫率可达98%~99%。

下面详细介绍丝网除沫器结构。

除沫器常用的安装类型有两种：当除沫器直径较小（通常在600mm以下），并且与出气口直径接近时，安装在塔顶出气口处；当除沫器直径与塔接近时，安装在塔顶人孔之下。除沫器与塔盘的间距一般大于塔盘间距。

小型除沫器结构属于下拆式，即支撑网的下栅板与除沫器筒体用螺栓螺母连接。丝网上面的压板，用扁钢圈与圆钢焊成格栅（I）型或与法兰盘焊成格栅（II）型。它们都是可拆的。

除沫器直径较大时，可将栅板分块制作，其外形尺寸应考虑能从人孔中通过。丝网材料多种多样，有镀锌铁丝网、不锈钢丝网，也有尼龙丝网和聚四氟乙烯丝网等。丝网的适宜厚度按工艺条件通过试验确定，一般取100~150mm。

第六章　反应釜设计

第一节　概述

在化工生产过程中，为化学反应提供反应空间和反应条件的装置称为反应釜或反应设备。为了使化学反应快速均匀进行，需对参加化学反应的物质进行充分混合，且对物料加热或冷却，采取搅拌操作才能得到良好的效果。

实现搅拌的方法有机械搅拌、气流搅拌、射流搅拌、静态（管道）搅拌和电磁搅拌等。其中机械搅拌应用最早，至今仍被广泛采用。机械搅拌反应釜简称搅拌反应釜。

搅拌反应釜适用于各种物性（如黏度、密度）和各种操作条件（温度、压力）的反应过程，广泛应用于合成塑料、合成纤维、合成橡胶、医药、农药、化肥、染料、涂料、食品、冶金、废水处理等行业。如实验室的反应釜可小至数十毫升，而污水处理、湿法冶金、磷肥等工业大型反应釜的容积可达数千立方米。搅拌反应釜除用作化学反应釜和生物反应釜外，还大量用于混合、分散、溶解、结晶、萃取、吸收或解吸、传热等操作。

一、搅拌的目的

搅拌既可以是一种独立的单元操作，以促进混合为主要目的，如进行液-液混合、固-液悬浮、气-液分散、液-液分散和液-液乳化等；又往往是完成其他单元操作的必要手段，以促进传热、传质、化学反应为主要目的，如进行流体的加热与冷却、萃取、吸收、溶解、结晶、聚合等操作。

概括起来，搅拌反应釜的操作目的主要表现为四个方面：①使不互溶液体混合均匀，制备均匀混合液、乳化液，强化传质过程；②使气体在液体中充分分散，强化传质或化学反应；③制备均匀悬浮液，促使固体加速溶解、浸取或液–固化学反应；④强化传热，防止局部过热或过冷。

二、搅拌反应釜的基本结构

一般来讲，搅拌反应釜主要由反应釜、搅拌装置、传动装置和轴封等组成。反应釜包括釜体和传热装置，它是提供反应空间和反应条件的部件，如蛇管、夹套和端盖工艺接管等。搅拌装置由搅拌器和搅拌轴组成，靠搅拌轴传递动力，由搅拌器达到搅拌目的。传动装置包括电动机、减速机及机座、联轴器和底座等附件，它为搅拌器提供搅拌动力和相应的条件。轴封为反应釜和搅拌轴之间的密封装置，以封住釜体内的流体不致泄漏。

通气式搅拌反应釜由电机驱动，经减速机带动搅拌轴及安装在轴上的搅拌器以一定转速旋转，使流体获得适当的流动场，并在流动场内进行化学反应。为满足工艺的换热要求，釜体上装有夹套，夹套内螺旋导流板的作用是改善传热性能。釜体内设置有气体分布器、挡板等附件。在搅拌轴下部安装径向流搅拌器、上层为轴向流搅拌器。

三、搅拌反应釜机械设计的依据

搅拌反应釜的机械设计是在工艺设计之后进行的。工艺设计所确定的对搅拌反应釜的工艺要求是机械设计的依据。

搅拌反应釜的工艺要求通常包括反应釜的容积、最大工作压力、工作温度、工作介质及腐蚀情况、传热面积、换热方式、搅拌形式、转速及功率、接口管方位与尺寸的确定等。

四、搅拌反应釜机械设计的内容

搅拌反应釜机械设计大体上包括：①确定搅拌反应釜的结构形式和尺寸；②选择材料；③计算强度或稳定性；④选用主要零部件；⑤绘制图样；⑥提出技术要求。

第二节　釜体与传热装置

搅拌反应釜釜体的主要部分是一圆柱形容器，其结构形式与传热方式有关。常用的传热形式有两种：夹套式壁外传热结构和釜体内部蛇管传热结构。必要时也可将夹套和蛇管联合使用。根据工艺要求，釜体上还需安装各种工艺接管。由此可见，搅拌反应釜釜体和传热装置设计的主要内容包括釜体的结构形式和各部分尺寸、传热形式和结构、各种工艺接管的安设等。

一、釜体几何尺寸的确定

釜体的几何尺寸是指筒体的内径 D_i、高度 H。

釜体的几何尺寸首先要满足化工工艺要求。对于带搅拌器的反应釜来说，容积 V 为主要决定参数。由于搅拌功率与搅拌器直径的五次方成正比，而搅拌器直径往往需随釜体直径的增加而增大。因此，在同样的容积下，筒体的直径太大是不适宜的。对于发酵类物料的反应釜，为使通入的空气能与发酵液充分接触，需要有一定的液位高度，故筒体的高度不宜太矮。若采用夹套传热结构，单从传热角度考虑，一般也希望筒体高一些。根据实践经验，反应釜的 H/D_i 值可按表 6-1 选取。

在确定反应釜直径及高度时，还应根据反应釜操作时所允许的装料程度——装料系数 η 等予以综合考虑，通常装料系数 η 可取 0.6~0.85。如果物料在反应过程中产生泡沫或呈沸腾状态，η 应取较低值，一般为 0.6~0.7；若反应状态平稳，可取 0.8~0.85（物料黏度大时，可取最大值）。因此，釜体的容积 V 与操作容积 V_0 应有如下关系：$V_0 = \eta V$。工程实际中，要合理选用装料系数，以尽量提高设备利用率。

表 6-1　反应釜的 H/D_i 值

种类	釜内物料类型	H/D_i
一般反应釜	液–液相或液–固相物料	1~1.3
	气–液相物料	1~2
发酵罐类	气–液相物料	1.7~2.5

二、夹套的结构和尺寸

所谓夹套，就是在釜体的外侧用焊接或法兰连接的方式装设各种形状的钢结构，使其与釜体外壁形成密闭的空间。在此空间内通入加热或冷却介质，可加热或冷却反应釜内的物料。夹套的主要结构形式有整体夹套、型钢夹套、蜂窝夹套和半圆管夹套等，其适用的温度和压力范围见表 6-2。当釜体直径较大，或者传热介质压力较高时，常采用型钢夹套、半圆管夹套或蜂窝夹套代替整体夹套。这样不仅能提高传热介质的流速，改善传热效果，而且还能提高筒体承受外压的稳定性和刚度。

表6-2　各种碳素钢夹套的适用温度和压力范围

夹套形式	最高温度/℃	最高压力/MPa
整体夹套（U形）	350	0.6
整体夹套（圆筒形）	300	1.6
型钢夹套	200	2.5
蜂窝夹套（短管支撑式）	200	2.5
蜂窝夹套（折边锥体式）	250	4.0
半圆管夹套	350	6.4

（一）整体夹套

常用整体夹套的结构形式有四种。（a）为圆筒形夹套，仅在圆筒部分有夹套，传热面积较小，适用于换热量要求不大的场合。（b）为U形夹套，圆筒一部分和下封头包有夹套，是最常用的典型结构；（c）为分段式夹套，适用于釜体细长的场合，是为了减小釜体的外压计算长度（当按外压计算釜体壁厚时），或者为了实现在釜体的轴线方向分段控制温度、进行加热和冷却而对夹套分段，各段之间设置加强圈或采用能够起到加强圈作用的夹套封口件；（d）为全包式夹套，与前三种比较，传热面积最大。

整体夹套与釜体的连接方式有可拆式和不可拆式。可拆式连接结构，适用于需要检修内筒外表面以及定期更换夹套，或者由于特殊要求，夹套与内筒之间不能焊接的场合；不可拆式连接结构，夹套与内筒之间采用焊接，加工简单，密封可靠。

夹套上设有介质进出口。当夹套中用蒸汽作为载热体时，蒸汽一般从上端进入夹套，冷凝液从夹套底部排出，如用液体作为冷却液则相反，采取下端进，上端出，以使夹套中经常充满液体，充分利用传热面，加强传热效果。

当采用液体作为载热体时，为了加强传热效果，也可以在釜体外壁焊接螺旋导流板。导流板以扁钢绕制而成，与筒体可采用双面交错焊，导流板与夹套筒体内壁间隙越小越好。

夹套内径 D_j 一般按公称尺寸系列选取，以利于按标准选择夹套封头，具体可根据筒体直径 D_i 一按表6-3中推荐数值选用。

夹套筒体高度 H_j 主要由传热面积确定，一般应不低于料液高度，以保证充分传热。根据装料系数 η、操作容积 ηV，夹套筒体的高度 H_j 可由下式估算：

$$H_j = \frac{\eta V - V_h}{\frac{\pi}{4} D_i^2} \qquad (6-1)$$

确定夹套筒体高度还应考虑两个因素：当反应釜筒体与上封头采用法兰连接

时，夹套顶边应在法兰下150-200mm处（视法兰螺栓长度及拆卸方便而定）；当反应釜具有悬挂支座时，应考虑避免因夹套顶部位置而影响支座的焊接。

表6-3　夹套直径与筒体直径的关系

D_i/mm	500~600	700~1800	2000~3000
D_j/mm	D_i+50	D_i+100	D_i+200

（二）型钢夹套

型钢夹套一般用角钢与筒体焊接组成。角钢主要有两种布置方式：沿筒体外壁螺旋布置和沿筒体外壁轴向布置。由于型钢的刚度大，因而与整体夹套相比，型钢夹套能承受更高的压力，但其制造难度也相应增加。

（三）半圆管夹套

半圆管在筒体外的布置，既可螺旋形缠绕在筒体上，也可沿筒体轴向平行焊在筒体上或沿筒体圆周方向平行焊接在筒体上半圆管由带材压制而成，加工方便，半圆管夹套的缺点是焊缝多，焊接工作量大，筒体较薄时易造成焊接变形。

（四）蜂窝夹套

蜂窝夹套以整体夹套为基础，采取折边或短管等加强措施，提高筒体的刚度和夹套的承载能力，减小流道面积，从而减薄筒体厚度，强化传热效果。常用的蜂窝夹套有折边式和拉撑式两种形式，夹套向内折边与筒体贴合好再进行焊接的结构称为折边式蜂窝夹套。拉撑式蜂窝夹套是用冲压的小锥体或钢管做拉撑体。蜂窝孔在筒体上呈正方形或三角形布置。

三、釜体和夹套壁厚的确定

釜体和夹套的强度和稳定性设计可按内、外压容器的设计方法进行。

对于釜体，当受内压时，若不带夹套，则筒体与上、下封头均按内压容器设计。真空反应器按承受外压设计。带夹套的反应器，按承受内压和外压分别进行计算。按内压计算时，最大压力差为釜体内的工作压力；按外压计算时，最大压力差为夹套内的工作压力或夹套内工作压力加0.1MPa（当釜体内为真空操作时）。若上封头不被夹套包围，则不承受外压作用，只按内压设计，但通常取与下封头相同的壁厚。

夹套的筒体和封头壁厚则完全按照内压容器设计方法进行。

釜体制造好以后在安装夹套之前，要进行水压试验，水压试验压力的确定同一般压力容器。

夹套的水压试验压力要以夹套设计压力为基础，如果夹套的试验压力超过了釜体的稳定计算压力，在夹套进行水压试验时，应在釜体内保持一定的压力以保证釜体的安全。

四、蛇管的布置

当所需传热面积较大而夹套传热不能满足要求，或釜体内有衬里隔热而不能采用夹套时，可采用蛇管传热。它沉浸在物料中，热量损失小，传热效果好，同时，还可与夹套联合使用，以增大传热面积。但蛇管检修较麻烦。

蛇管一般采用无缝钢管做成螺旋状。蛇管还可以几组按竖式对称排列，除传热外，蛇管还起到挡板作用。蛇管管径通常为25~57mm。

（一）蛇管的长度与排列

蛇管不宜太长，因为冷凝液可能会积聚，使这部分传热面降低传热作用，而且从很长的蛇管中排出蒸汽中的不凝性气体也很困难。因此，当蛇管以蒸汽作载热体时，管长不应太长，其长径比可按表6-4选取。

表6-4　蛇管长度与直径比值表

蒸汽压力/MPa	0.045	0.125	0.2	0.3	0.5
管长与管径最大比值	100	150	200	225	275

为了减小蛇管的长度，又不影响传热面积，可采用多根蛇管串联使用，形成同心圆的蛇管组。内圈与外圈的间距t一般可取（2~3）d_0，各圈蛇管的垂直距离h可取（1.5~2）d_0。

（二）蛇管的固定

蛇管要在釜体内进行固定，固定蛇管的方法很多。如果蛇管的中心圆直径较小或圈数不多、质量不大，可以利用蛇管进出口接管固定在釜体的顶盖上，不再另设支架以固定蛇管。当蛇管中心圆直径较大、比较笨重或搅拌有振动时，则需要安装支架以增加蛇管的刚性。

五、工艺接管

反应釜上工艺接管包括进料接管、出料接管、仪表接管、温度计及压力表接管等，其结构与容器接管结构基本相同。这里仅介绍反应釜上常用的进、出料管的结构和形式。

（一）进料管

进料管一般从顶盖引入伸进釜体内，并在管端开45°的切口，可避免物料沿釜体内壁流动，切口向着搅拌反应釜中央，这样可减少物料飞溅到筒体壁上，从而降低物料对釜壁的局部磨损与腐蚀。

（二）出料管

反应釜出料有上出料和下出料两种方式。

当反应釜内液体物料需要被输送到位置更高或与它并列的另一设备时，可采用压料（上出料）管结构。利用压缩空气或惰性气体的压力，将物料压出。压料管采用可拆结构，反应釜内由管卡固定出料管，以防止搅拌物料时引起出料管晃动。压料管下部应与釜体内壁贴合。下管口安置在反应釜的最低处，并切成45°～60°的角，加大压料管入口处的截面积，使反应釜内物料能近乎全部压出。

当反应釜内物料需放入位置较低的设备，以及物料黏稠或物料含有固体颗粒时，可采用下出料方式，接管和夹套处的尺寸如表6-5所示。

表6-5　夹套下部和接管尺寸

接管公称直径 DN	50	70	100	125	150
D_{min}	130	160	210	260	290

第三节　反应釜的搅拌装置

搅拌装置由搅拌器和搅拌轴组成。电动机驱动搅拌轴上的搅拌器以一定的方向和转速旋转，使静止的流体形成对流循环，并维持一定的湍流强度，从而达到加强混合、提高传热和传质速率的目的。

一、搅拌器的形式和选用

（一）搅拌器的形式

1.桨式搅拌器

桨式搅拌器结构简单，桨叶一般以扁钢制造，材料可以采用碳钢、合金钢、有色金属，或碳钢包橡胶、环氧树脂、酚醛玻璃布等。桨叶有直叶和折叶两种。直叶的叶面与其旋转方向垂直，折叶则是与旋转方向成一倾斜角度。直叶主要使物料产生切线方向的流动，折叶除了能使物料作圆周运动外，还能使物料上下运动，因而折叶比直叶搅拌作用更充分。

在料液层比较高的情况下，为了搅拌均匀，常装有几层桨叶，相邻两层桨叶交错成90°安装。

2.涡轮式搅拌器

涡轮式搅拌器是应用较广的一种搅拌器，能有效地完成几乎所有的搅拌操作，并能处理黏度范围很广的流体。涡轮式搅拌器常用开启式和圆盘式两类，此外还有闭式。开启涡轮式搅拌器的叶片直接安装在轮毂上，一般叶片数为2~6叶；圆盘涡轮式搅拌器的圆盘直接安装在轮毂上，而叶片安装在圆盘上。涡轮式搅拌器的叶片有直叶、折叶、弯叶等，以达到不同的搅拌目的。

3.推进式搅拌器

推进式搅拌器有三瓣螺旋形叶片，其螺距与桨直径D相等。

推进式搅拌器常用整体锻造，加工方便，焊接时，需模锻后再与轴套焊接，加工较困难。制造时应作静平衡试验。搅拌器可用轴套以平键或紧定螺钉与轴连接，直径D取反应釜内径D_i的1/4~1/3。

在搅拌时，推进式搅拌器能使物料在反应釜内循环流动，起的作用以容积循环为主，切向作用小，上下翻腾效果好。当需要更大的液流速度和液体循环时，可安装导流筒。这种搅拌器适用于低黏度、大流量场合。

5.其他形式搅拌器

除上述几种常见的搅拌器外，还有许多不同形式的搅拌器，如螺杆式和螺带式搅拌器等。

（二）搅拌器的选型

搅拌器的选型既要考虑搅拌效果、物料黏度和釜体的容积大小，也应该考虑动力消耗、操作费用，以及制造、维护和检修等因素。因此，一个完整的选型方案必须满足效果、安全和经济等各方面的要求。常用的搅拌器选型方法如下。

1.按搅拌目的选型

仅考虑搅拌目的时搅拌器的选型见表6-6。

表6-6　搅拌目的与推荐的搅拌器形式

搅拌目的	挡板条件	推荐形式	流动状态
互溶液体的混合及在其中进行化学反应	无挡板	三叶折叶涡轮，六叶折叶开启涡轮，桨式，圆盘涡轮	湍流（低黏度流体）
	有导流筒	三叶折叶涡轮，六叶折叶开启涡轮，推进式	
	有或无导流筒	桨式，螺杆式，框式，螺带式，锚式	层流（高黏度流体）

搅拌目的	挡板条件	推荐形式	流动状态
固-液相分散及在其中溶解和进行化学反应	有或无挡板	桨式，六叶折叶开启式涡轮	湍流（低黏度流体）
	有导流筒	三叶折叶涡轮，六叶折叶开启涡轮，推进式	
	有或无导流筒	螺带式，螺杆式，锚式	层流（高黏度流体）
液-液相分散（互溶的液体）及在其中强化传质和进行化学反应	有挡板	三叶折叶涡轮，六叶折叶开启涡轮，桨式，圆盘涡轮，推进式	湍流（低黏度流体）
液-液相分散（不互溶的液体）及在其中强化传质和进行化学反应	有挡板	圆盘涡轮，六叶折叶开启涡轮	湍流（低黏度流体）
	有反射物	三叶折叶涡轮	
	有导流筒	三叶折叶涡轮，六叶折叶开启涡轮，推进式	
	有或无导流筒	螺带式，螺杆式，锚式	层流（高黏度流体）
气-液相分散及在其中强化传质和进行化学反应	有挡板	圆盘涡轮，闭式涡轮	湍流（低黏度流体）
	有反射物	三叶折叶涡轮	
	有导流筒	三叶折叶涡轮，六叶折叶开启涡轮，推进式	
	有导流筒	螺杆式	层流（高黏度流体）
	无导流筒	锚式，螺带式	

2.按搅拌器形式和适用条件选型

按操作目的和搅拌器流动状态选用搅拌器见表6-7。由表可见，对低黏度流体的混合，推进式搅拌器由于循环能力强，动力消耗小，可应用到很大容积的釜中；涡轮式搅拌器应用的范围最广，各种搅拌操作都适用，但流体黏度不超过50Pa•s；桨式搅拌器结构简单，在小容积的流体混合中应用较广，对大容积的流体混合，则循环能力不足；对于高黏流体的混合则以锚式、螺杆式、螺带式更为合适。

表 6-7　按搅拌器形式和适用条件选型

搅拌器形式	流动状态			搅拌目的									搅拌参数		
	对流循环	湍流循环	剪切流	低黏度液液混合	高黏度液混合及传反应	分散	溶解	固体悬浮	气体吸收	结晶	传热	液相反应	搅拌设备容量/m³	转速/(r·min⁻¹)	最高黏度/(Pa·s)
涡轮式	○	○	○	○	○	○	○	○	○	○	○	○	1~100	10~300	50
桨式	○	○	○	○	○		○	○	○		○	○	1~200	10~300	50
推进式	○	○		○		○	○	○					1~1000	100~500	2
折叶开启涡轮式	○	○		○							○		1~1000	10~300	50
锚式	○				○		○						1~100	1~100	100
螺杆式	○				○		○						1~50	0.5~50	100
螺带式	○				○		○						1~50	0.5~50	100

二、流型

搅拌器旋转时把机械能传递给流体，在搅拌器附近形成高湍动的充分混合区，并产生一股高速射流推动流体在搅拌釜内循环流动。这种循环流动的途径称为流型。搅拌釜内的流型取决于搅拌器的形式、搅拌釜和搅拌附件几何特征、流体性质、搅拌器转速等因素。对于顶插入式中心安装的立式圆筒，有以下三种基本流型。

（一）径向流

流体的流动方向垂直于搅拌轴，沿径向流动，碰到釜体壁面分成两股流体向上、向下流动，再回到叶端，不穿过叶片，形成上下两个循环流动。

（二）轴向流

流体的流动方向平行于搅拌轴，流体由桨叶推动，使流体向下流动，遇到釜体底面再翻上，形成上下循环流。

（三）切向流

无挡板的搅拌釜内，流体绕轴做旋转运动，流速高时流体表面会形成旋涡，这种流型称为切向流。此时流体的混合效果很差。

三、搅拌附件

为了改善物料的流动状态，在搅拌反应釜内增设的零件称为搅拌附件，通常指挡板和导流筒。

（一）挡板

搅拌器在搅拌黏度不高的液体时，只要搅拌器转速足够高，都会产生切向流，严重时可使全部流体在反应釜中央围绕搅拌器的圆形轨道旋转，形成"圆柱状回转区"。在这一区域内，液体没有相对运动，所以混合效果差。另外，液体在离心力作用下甩向釜壁，使周边的液体沿釜壁上升，而中心部分的液面下降，于是形成一个大的旋涡。搅拌器的转速越高，旋涡越深，这种现象叫作"打旋"。打旋时几乎不产生轴向混合作用。相反，如果被搅拌的物料是多相系统，这时，在离心力的作用下不是造成混合，而是发生分层或分离，其中的固体颗粒被甩向釜壁，然后沿釜壁沉落在釜底。

为了消除"圆柱状回转区"和"打旋"现象，可在反应釜中装设挡板，通常径向安装4块宽度为釜体内径的1/12~1/10的挡板，当釜体内径很大或很小时，可酌量增加或减小挡板的数量。

挡板有竖挡板和横挡板两种，常用竖挡板。安装竖挡板时，挡板一般紧贴于釜体壁，挡板上端与静液面相齐，下端略低于下封头与筒体的焊缝线即可。当物料中含有固体颗粒或液体黏度达7~10Pa•s时，为了避免固体堆积或液体黏附，挡板需离壁安装。

在高黏度物料中使用桨式搅拌器时，可装设横挡板以增加混合作用。挡板宽度可与桨叶宽度相同。横挡板与搅拌器的距离越近，剪切切向流的作用越大。

（二）导流筒

无论搅拌器的形式如何，流体总是从各个方向流向搅拌器。在需要控制流向的速度和方向以确定某一特定流型时，可在反应釜中设置导流筒。

导流筒的作用在于提高混合效率。一方面它提高了对筒内液体的搅拌程度，加强搅拌器对液体的直接机械剪切作用；另一方面，由于限制了流体的循环路径，确定了充分循环的流型，使反应釜内所有物料均能通过导流筒内的强烈混合区，减小了走短路的机会。

四、搅拌轴

（一）搅拌轴直径的确定

搅拌轴的材料常用45钢，有时还需要适当的热处理，以提高轴的强度和耐磨性。对于要求较低的搅拌轴可采用普通碳素钢（如Q235A）制造。当耐磨性要求较高或釜内物料不允许被铁离子污染时，应当采用不锈钢或采取防腐措施。

搅拌轴受到扭转和弯曲的组合作用，其中以扭转为主，所以工程上采用近似的方法来确定搅拌轴的直径，即假定搅拌轴只承受扭矩的作用，然后用增加安全系数以降低材料许用应力的方法来弥补由于忽略轴受弯曲作用所引起的误差。

搅拌轴的直径应同时满足强度和刚度两个条件，取二者较大值。考虑到轴上键槽或孔对轴横截面的局部削弱以及介质对搅拌轴的腐蚀，搅拌轴直径应按计算直径给予适当增大，并圆整到适当的轴径，以便与其他零件相配合。

（二）搅拌轴的临界转速

当搅拌轴的转速达到其自振频率时会发生剧烈振动，并出现很大的弯曲，这个速度称为临界转速 n_c。轴在接近临界转速转动时，常因剧烈振动而破坏，因此工程上要求搅拌轴的转速应避开临界转速。通常把工作转速 n 低于第一临界转速的轴称为刚性轴，要求 $n \leqslant 0.7n_c$；把工作转速 n 大于第一临界转速的轴称为柔性轴，要求 $n \geqslant 1.3n_c$。轴还有第二、第三临界转速。搅拌轴一般转速较低，很少达到第二、第三临界转速。

低速旋转的刚性轴，一般不会发生共振。当搅拌轴转速 $n \geqslant 200r/min$ 时，应进行临界转速的验算。

搅拌轴的临界转速与支撑形式、支撑点距离及轴径有关，不同形式支撑轴的临界转速计算公式不同。对于常用的双支撑、一端外伸单层及多层搅拌器，其第一临界转速 n_c 按下式计算：

$$n_c = \frac{30}{\pi} \sqrt{\frac{3EJ_\rho}{m_D L_1^2 (L_1 + B)}} \qquad (6-2)$$

式中：n_c 当为临界转速，r/min；E 为搅拌轴材料的弹性模量，Pa；J_ρ 为轴的惯性矩，m^4；m_D 为等效质量，kg，$m_D=m_1+m_2\left(L_2/L_1\right)^3+m_3\left(L_3/L_1\right)^3+m_0A$；$m_0$ 为轴外伸端的质量，kg；A 为系数，随外伸端长度与支撑点距离的比值 L_1/B 而变化，从表6-8查取；m_1、m_2、m_3 为搅拌器质量，kg。

表6-8　双支撑、一端外伸等截面轴的系数 A

L_1/B	1.0	1.1	1.2	1.4	1.6	1.8	2.0	2.5	3.0	3.5	4.0	5.0
A	0.279	0.277	0.275	0.271	0.268	0.266	0.264	0.259	0.256	0.254	0.252	0.249

从临界转速计算式中可以看出，增大轴径、增加一个支撑点或缩短搅拌轴的长度、降低轴的质量（如空心轴或阶梯轴），都会提高轴的刚性，即提高轴的临界转速 n_c。工程设计时也常采取这些措施来保证搅拌轴能在安全范围内工作。

（三）搅拌轴的支撑

一般情况下，搅拌轴依靠减速机内的一对轴承支撑。但是，由于搅拌轴往往较长而且悬伸在反应釜内进行搅拌操作，因此运转时容易发生振动，将轴扭弯，甚至完全破坏。

为保持悬臂搅拌轴的稳定，悬臂轴长度 L_1、搅拌轴直径 d、两轴承间的距离 B 之间关系应满足以下条件：

$$L_1/B \leqslant 4\sim5 \quad (6-3)$$

$$L_1/d \leqslant 40\sim50 \quad (6-4)$$

当轴的直径裕量较大、搅拌器经过平衡及低转速时，L_1/B 及 L_1/d 可取偏大值。

当不能满足上述要求，或搅拌转速较快而密封要求较高时，可考虑安装中间轴承。

第四节　传动装置

搅拌反应釜的传动装置通常设置在反应釜的顶盖（上封头）上，一般采取立式布置。电动机经减速机将转速减至工艺要求的搅拌转速，再通过联轴器带动搅拌轴旋转，从而带动搅拌器转动。电动机与减速机配套使用。减速机下设置一机座，安装在反应釜的封头上。考虑到传动装置与轴封装置安装时要求保持一定的同心度以及装卸检修的方便，常在封头上焊一底座。整个传动装置连同机座及轴封装置都一起安装在底座上。

根据上述情况，搅拌反应釜的传动装置包括电动机、减速机、联轴器、机座和底座等。

一、电动机

电动机的型号应根据功率、工作环境等因素选择，其中工作环境包括防爆、防护等级、腐蚀环境等。同时，选用电动机时，应特别考虑与减速机的匹配问题。在很多场合，电动机与减速机一并配套供应，设计时可根据选定的减速机选用配套的电动机。

二、减速机

搅拌反应釜往往在载荷变化、有振动的环境下连续工作，选择减速机时应考虑这些特点。常用的减速机有摆线针轮行星减速机、齿轮减速机和三角皮带减速机，其传动特点见表6-9。我国于1978年专门制订并颁布了釜用立式减速机的行业标准，即 HG/T 3139~HG/T 3142；2001年在原标准基础上进行了全面修订，标准内容给予大范围扩充，形成了 HG/T 3139.1~HG/T 3139.12《釜用立式减速机》标准族。新标准共包括三大类减速机68种机型，共3800多个规格的产品。

一般根据功率、转速来选择减速机。选用减速机时应优先考虑传动效率高的齿轮减速机和摆线针轮行星减速机。

三、传动装置的机座

立式搅拌反应釜的传动装置通过机座安装在反应釜封头上，机座内应留有足够位置，以容纳联轴器、轴封装置等部件，并保证安装操作所需要的空间。在大多数情况下，机座中间还要安装中间轴承装置，以改善搅拌轴的支承条件。

机座形式可分为无支点机座、单支点机座和双支点机座。无支点机座一般仅适用于传递小功率和轴向载荷较小的条件。单支点机座适用于电动机或减速机可作为一个支点，或反应釜内可设置中间轴承和底轴承的情况。双支点机座适用于悬臂轴。

搅拌轴的支承有悬臂式和单跨式。考虑到筒体内不设置中间轴承或底轴承时，维护检修方便，特别对卫生要求高的生物反应器，减少了筒体内的构件，因此应优先采用悬臂轴。

四、底座

底座焊接在釜体的上封头上。减速机的机座和轴封装置的定位安装面均在底座上，这样可使二者在安装时有一定的同心度，保证搅拌轴既可与减速机顺利连接，又可使搅拌轴穿过轴封装置，进而能够良好运转。视釜内物料的腐蚀情况，底座有不衬里和衬里两种。不衬里的底座材料可用Q235A；要求衬里的，则在与物料可能接触的表面衬一层耐腐蚀材料，通常为不锈钢。

第五节　轴封装置

反应釜中介质的泄漏会造成物料浪费并污染环境，易燃、易爆、剧毒、腐蚀性介质的泄漏会危及人身安全和设备安全。因此，选择合理的密封装置是非常重要的。

为了防止介质从转动轴与封头之间的间隙泄漏而设置的密封装置称为轴封装置。反应釜中使用的轴封装置主要有填料密封和机械密封两种。

一、填料密封

填料密封是搅拌反应釜最早采用的轴封结构，其特点是结构简单、易于制造，适用于低压、低温场合。

（一）填料的结构和工作原理

在压盖压力作用下，装在搅拌轴与填料箱之间的填料产生径向扩张，对搅拌轴表面施加径向压紧力，塞紧了间隙，从而阻止介质的泄漏。由于填料中含有一定量的润滑剂，因此，在对搅拌轴产生径向压紧力的同时形成一层极薄的液膜，它一方面使搅拌轴得到润滑，另一方面阻止设备内流体逸出或外部流体渗入而达到密封效果。

虽然填料中含有一些润滑剂，但其数量有限且在运转中不断消耗，故填料箱上常设置添加润滑油的装置。

填料密封不可能达到绝对密封，因为压紧力太大时会加速轴与填料的磨损，使密封失效更快。从延长密封寿命出发，允许有一定的泄漏量（150-450mL/h），运转过程中需调整压盖的压紧力，并规定更换填料的周期。

（二）填料

填料是保证密封的主要零件。填料选用正确与否对填料的密封性起关键作用。对填料的基本要求是：①富有弹性，这样在压紧压盖后，填料能贴紧搅拌轴并对轴产生一定的抱紧力；②具有良好的耐磨性；③与搅拌轴的摩擦系数要小，以便降低摩擦功率损耗，延长填料寿命；④导热性良好，使摩擦产生的热量能较快地传递出去；⑤耐介质及润滑剂的浸泡和腐蚀。此外，对用在高温高压下的填料还要求耐高温及有足够的机械强度。

填料的选用应根据反应釜内介质的特性（包括对材料的腐蚀性）、操作压力、操作温度、转轴直径、转速等进行选择。

对于低压（PN≤0.2MPa），介质无毒，非易燃易爆者，可选用一般石棉绳，安装时外涂黄油，或者采用油浸石棉填料。

压力较高或介质有毒及易燃易爆者，最常用的是石墨石棉填料和橡胶石棉填料。

三口在安装石棉填料时，先将填料开斜口，然后把填料放入填料箱内，并注意使每圈的斜口错开，否则切口处会产生泄漏。

（二）填料箱

填料箱体有的用铸铁铸造，有的用碳钢或不锈钢焊接而成。通常用螺栓将填料箱固定在封头的底座上，填料箱法兰与底座采用凹凸密封面连接，填料箱为凸面，底座为凹面。

当反应釜内操作温度大于或等于100℃，或搅拌轴线速度大于或等于1m/s时，填料箱应带水夹套，其作用是降低填料温度，保持填料具有良好的弹性，延长填料使用寿命。

填料箱中设置油环的作用是使从油杯注入的油通过油环润滑填料和搅拌轴的密封面，以提高密封性能，减少轴的磨损，延长使用寿命。

在填料箱底部设置衬套，使安装搅拌轴时容易对中，尤其是对悬臂较长的轴可起到支承作用。

对于常用的填料箱，我国于1992年颁布了行业标准HG21537.1~HG21537.8，一般使用条件下均可按标准选用。

二、机械密封

机械密封是用垂直于轴的两个密封元件（静环和动环）的平面相互贴合，并做相对运动达到密封的装置，又称端面密封。机械密封耗功小、泄漏量低、密封可靠，广泛应用于搅拌反应釜的轴封。

（一）机械密封的结构和工作原理

图6-1是一种典型反应釜机械密封的结构图。从图中可以看出，静环14依靠螺母1、双头螺栓2和静环压板16固定在静环座17上，静环座与反应釜底座连接。弹簧座9依靠3只紧定螺钉10固定在轴上，而双头螺栓6使弹簧压板11与弹簧座9进行轴向连接，3只固定螺钉又使动环13与弹簧压板进行周向固定。所以当轴转动时，搅拌轴带动弹簧座、弹簧压板、动环等零件一起旋转。由于弹簧力的作用，动环紧紧压在静环上，而静环静止不动，这样动环和静环相接触的环形端面就阻止了介质的泄漏。

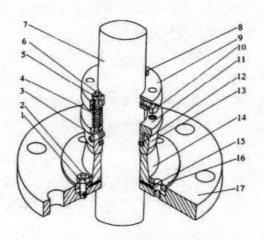

图 6-1　机械密封的结构图

机械密封有4个密封点，如图6-2所示。A点是静环座和反应釜底座之间的密封，属静密封。通常反应釜底座做成凹面，静环座做成凸面，形成凹凸密封面，中间用一般垫片。B点是静环座与静环之间的密封，也属静密封，通常采用各种形状具有弹性的密封圈。C点是动环和静环间有相对旋转运动的两个端面密封，是机械密封的关键部分，属动密封，依靠弹性元件及介质的压力使两个光滑而平直的端面紧密接触，而且端面间形成一层极薄的液膜达到密封作用。D点是动环与搅拌轴或轴套之间的密封，也属静密封，常用的密封元件是"O"形环。

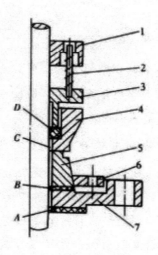

图 6-2　机械密封的密封点

（二）机械密封的结构形式

机械密封的结构形式很多，按液体压力平衡情况分为非平衡型和平衡型；按摩擦副对数分类分为单端面密封和双端面密封。

（三）搅拌反应釜用机械密封

搅拌反应釜用机械密封有多部行业标准，如 HG/T 2098《釜用机械密封系列及主要参数》、HG 21571《搅拌传动装置——机械密封》等，有定点厂生产并供应各种规格产品。常用的结构形式有单端面大弹簧非平衡型、单端面小弹簧非平衡型、单端面大弹簧平衡型、单端面小弹簧平衡型、双端面小弹簧非平衡型和双端面小弹簧平衡型等。设计者可根据介质特性、使用条件以及对密封的要求来选择结构形式和参数。

三、机械密封与填料密封的比较

综上所述，机械密封与填料密封有很大区别。首先，从密封性质讲，在填料密封中轴和填料的接触是圆柱形表面，而在机械密封中动环和静环的接触是环形平面。其次，从密封力看，填料密封中的密封力靠拧紧压盖螺栓后，使填料发生径向膨胀而产生，在轴的运转过程中，伴随着填料与轴的摩擦发生磨损，从而减小了密封力会引起泄漏。而在机械密封中，密封力是靠弹簧压紧动环和静环而产生的，当两个环有微小磨损后，密封力基本保持不变，因而介质不容易泄漏。故机械密封比填料密封要优越得多。表 6-12 列出了机械密封与填料密封的比较情况。

表 6-12　机械密封与填料密封的比较

比较项目	填料密封	机械密封
泄漏量	180-450mL/h	一般平均泄漏量为填料密封的 1%
摩擦功耗	机械密封为填料密封的 10%-50%	
轴磨损	有磨损，用久后轴要更换	几乎无磨损
维护及寿命	需要经常维护，更换填料，个别情况 8h（每班）更换一次	寿命半年至一年或更长，很少需要维护
高参数	高压、高温、高真空、高转速、大直径等密封很难解决	高压、高温、高真空、高转速、大直径等密封可以解决
加工及安装	加工要求一般，填料更换方便	动环、静环表面粗糙度要求高，不易加工，成本高，装拆不便
对材料要求	一般	动环、静环要求有较高减磨性能

第七章　化工设备安全基础

第一节　化工设备分类

一、化工设备的主要分类

（一）按结构特征和用途分类

主要分为容器、塔器、换热器、反应器（包括各种反应釜、固定床或液态化床）和管式炉等。

（二）按结构材料分类

金属设备（碳钢、合金钢、铸铁、铝、铜等）、非金属设备（陶瓷、玻璃、塑料、木材等）和非金属材料衬里设备（衬橡胶、塑料、耐火材料及搪瓷等），其中碳钢设备最为常用。

（三）按受力情况分类

外压设备（包括真空设备）和内压设备，内压设备又分为常压设备（操作压力小于 $1kgf/cm^2$，$1kgf/cm^2=0.1MPa$）、低压设备（操作压力为 $1\sim16kgf/cm^2$）、中压设备（操作压力为 $16\sim100kgf/cm^2$）、高压设备（操作压力为 $100\sim1000kgf/cm^2$）和超高压设备（操作压力大于 $1000kgf/cm^2$）。

二、化工承压容器分类

（一）按化工设备安装方式分类

固定式压力容器：有固定安装和使用地点，工艺条件和操作人员也较固定的压力容器，大多数容器属于固定式压力容器。

移动式压力容器：使用时不仅承受内压或外压载荷，还会受到由于设备移动造成的内部介质晃动引起的冲击载荷，因而，在结构、使用和安全方面均有其特殊的要求，主要用于介质的运输。

（二）按化工设备承压状况分类

按照设备承受压力的状态可以把化工设备分为内压设备和外压设备。

内压设备是指设备内部压力高于外部压力的设备。大部分的承压设备都属于内压设备。

外压设备是指设备内部压力低于外部压力的设备。

（三）按化工设备承压分类

按照设计压力 p 大小，内压容器可以分为四个压力等级，具体划分如下。

低压（代号 L）容器，$0.1MPa \leqslant p < 1.6MPa$。

中压（代号 M）容器，$1.6MPa \leqslant p < 10.0MPa$。

高压（代号 H）容器，$10MPa \leqslant p < 100MPa$。

超高压（代号 U）容器，$p \geqslant 100MPa$。

（四）按化工设备用途分类

按照容器在工业生产中的作用可以将其分为以下几个种类。

反应压力容器（代号 R）：用于完成介质的物理、化学反应。

换热压力容器（代号 E）：用于完成介质的热量交换。

分离压力容器（代号 S）：用于完成介质的流体压力平衡缓冲和气体净化分离。

储存压力容器（代号 C，其中球罐代号 B）：用于储存、盛装气体、液体、液化气体等介质。

在一种压力容器中，如同时具备两个以上的工艺作用原理时，应按工艺过程中的主要作用来划分品种。

（五）按化工设备安全技术管理分类

出于对化工设备安全的考虑，《固定式压力容器安全技术监察规程》按照安全技术管理的要求把承压设备分成了三类，分别为第一类、第二类和第三类。对于这三类设备，分别在设计、制造、安装及使用过程中提出了不同的要求。按照安全技术管理分类的主要分类依据包括介质的危害性以及压力 p 和体积 V 三个方面。

1.介质的危害性

这里所致的介质包括气体、液化气体或者最高工作温度高于或者等于标准沸点的液体。

介质危害性是指介质的毒性、易燃性、腐蚀性和氧化性等，其中影响压力容器分类的是介质的毒性和易燃性，而腐蚀性和氧化性则从材料方面考虑。

（1）毒性。毒性是指某种化学毒物引起机体损伤的能力。毒性大小一般以化学物质引起试验动物某种毒性反应所需要的剂量来表示。气态毒物，以空气中该物质的浓度表示。我国将化学介质的毒性程度分为四级，其最高容许浓度分别如下。

极度危害（I级），最高容许浓度<0.1mg/m^3。

高度危害（II级），最高容许浓度0.1~1.0mg/m^3。

中度危害（III级），最高容许浓度1.0~10mg/m^3。

轻度危害（IV级），最高容许浓度≥10mg/m^3。

属I、II级毒性危害的介质有氟、氢氟酸、光气、氟化氢、碳酸氟氯等。

属III级毒性危害的介质有二氧化硫、氨、一氧化碳、氯乙烯、甲醇、氧化乙烯、硫化烯、二硫化碳、乙炔、硫化氢等。

属IV级毒性危害的介质有氢氧化钠、四氟乙烯、丙酮等。

介质的毒性危害越高，压力容器爆炸或泄漏造成的危害就越严重，对容器的设计、材料选用、制造、检验、使用和管理的要求就越高。

（2）易燃性。易燃性是指介质与空气混合后发生燃烧或爆炸的难易程度。介质与空气混合后是否会发生燃烧和爆炸与介质的浓度和温度有关，通常将可燃气体与空气的混合物遇明火能够发生爆炸的浓度范围称为爆炸极限。发生爆炸时的最低浓度和最高浓度分别称为爆炸下限和爆炸上限。爆炸下限小于10%，或爆炸上限和下限之差值大于等于20%的介质，称为易燃介质，如甲胺、乙烷、乙烯、氯甲烷、环氧乙烷、环丙烷、氢气、丁烷、三甲胺、丁二烯、丁烯、丙烷、丙烯、甲烷等都属于易燃气体。

压力容器中的介质为混合物时，应以介质的组分并按上述毒性程度或易燃介质的划分原则，由设计单位的工艺设计或使用单位的生产技术部门提供介质毒性程度或是否属于易燃介质的依据。无法提供依据时，按毒性危害程度或爆炸危险程度最高的介质确定。

2.介质分组

根据介质的毒性、易燃易爆性能，将介质分为两个组别。

（1）第一组介质。毒性程度为极度危害、高度危害的化学介质，易爆介质，液化气体。

（2）第二组介质。除第一组介质外的其他介质。

第二节 化工设备的结构

一、化工设备总体结构

由于生产过程的多种需要，化工设备的种类繁多，具体结构也多种多样，但其共同的特点是它们都有一个承受一定压力的各种不同形状的外壳，这个外壳称为容器。压力容器一般由筒体、封头、法兰、密封元件、开孔与接管、安全附件及支座等部分组成。

（一）筒体

筒体是储存或完成化学反应所需的压力空间。常见的筒体外形有圆柱形和球形两种。压力容器的筒体，通常是用钢板卷成筒节后焊接而成，对于小直径的压力容器一般采用无缝钢管制成。

（二）封头

封头的形式较多，以它的轴向剖面形状划分，有半球形、碟形、椭圆形、无折边球形、锥形和平板封头等几种。其中，半球形、碟形、椭圆形、无折边球形封头属于凸形封头。

（三）法兰

由于生产工艺的要求，或者为制造、运输、安装、检修方便，在筒体与筒体、筒体与封头、管道与管道、管道与阀门之间，常采用可拆连接结构，常见的可拆连接结构有法兰连接、螺纹连接和承插式连接。由于法兰连接具有密封可靠、强度高、适用尺寸范围宽等优点，所以应用最普遍。但法兰连接制造成本较高，装配与拆卸较麻烦。

容器法兰（或称设备法兰）与管法兰均已制定出标准。在一定的公称直径和公称压力范围内，法兰规格尺寸都可以从标准中查到，只有少量超出标准规定范围的法兰，才需进行设计计算。

1.法兰连接的结构及密封原理

采用法兰连接时，确保连接处密封的可靠性，是保证容器设备与装置正常运行的必要条件。

法兰连接结构是一个组合件，由一对法兰、若干螺栓、螺母和一个垫片所组成。在实际应用中，压力容器由于连接件或被连接件的强度破坏所引起法兰密封失效是很少见的，较多的是因为密封不好而泄漏，故法兰连接的设计中主要解决的问题是防止介质泄漏。

法兰连接的密封原理是：法兰在螺栓预紧力的作用下，把处于密封面之间的垫片压紧。当施加于单位面积上的压力（压紧应力）达到一定的数值时，使垫片变形而被压实，密封面上由机械加工形成的微隙被填满，形成初始密封条件。形成初始密封条件时所需的压紧应力叫预紧密封比压。当容器或管道在工作状态时，介质内压形成的轴向力使螺栓被拉伸，法兰密封面趋于分离，降低了密封面与垫片之间的压紧应力。垫片具有足够的回弹能力，压缩变形的恢复能补偿螺栓和密封面的变形，密封比压值降到至少不小于某一值，使法兰密封面之间能够保持良好的密封状态。为达到密封不漏，垫片上所必须维持的压紧应力称为工作密封比压。若垫片的回弹力不足，垫片上的压紧力下降到工作密封比压以下，则密封处出现泄漏，此密封失效。因此，为了实现法兰连接处的密封，必须使密封组合件各部分的变形与操作条件下的密封条件相适应，即使密封元件在操作压力作用下，仍然保持一定的残余压紧力。为此，螺栓和法兰都必须具有足够大的强度和刚度，使螺栓在容器内压形成的轴向力作用下不发生过大的变形。

2.法兰类型

根据法兰与设备或管道连接的整体性程度可分为以下两种。

（1）整体法兰。整体法兰有平焊法兰和对焊法兰。

（2）松式法兰。松式法兰的特点是法兰未能有效地与容器或管道连接成一整体。因此，不具有整体式连接的同等强度，一般只适用于压力较低的场合。由于法兰盘可以采用与容器或管道不同的材料制造，因此，这种法兰适用于铜制、铝制、陶瓷、石墨及其非金属材料的容器或管道上。另外，这种法兰受力后不会对简体或管道产生附加的弯曲应力。

3.法兰密封面形式

法兰连接的密封性能与密封面形式有直接关系，所以要合理选择密封面的形状。法兰密封面形式的选择，主要考虑压力、温度、介质。压力容器和管道中常用的法兰密封面形式有平面、凹凸面和梯槽面。

（1）平面型密封面。平面型密封面是一个光滑的平面，或在光滑平面上有几条同心圆的环形沟槽。这种密封面结构简单，加工方便，且便于进行防腐衬里。但垫片不易对中压紧，密封性能较差，主要用于介质无毒、压力较低、尺寸较小的场合。

（2）凹凸型密封面。这种密封面是由一个凸面和一个凹面相配合组成。在凹面上放置垫片，压紧时能够防止垫片被挤出，密封效果好，故可适用于压力较高的场合。

（3）梯槽型密封面。这种密封面是由梯面和槽面配对组成。垫片置于槽中，对中性好，压紧时垫片不会被挤出，密封可靠。垫片宽度较小，因而压紧垫片所需的螺栓力也就相应较小，即使用于压力较高之时，螺栓尺寸也不致过大。梯槽型密封面的缺点是结构与制造比较复杂，更换挤在槽中的垫片比较困难。此外，梯面部分容易损坏，在拆装或运输过程中应加以注意。梯槽型密封面适于易燃、易爆、有毒的介质以及较高压力的场合。当压力不大时，即使直径较大，也能很好地密封。

（四）开孔与接管

由于生产工艺和结构的要求，需要在容器和设备上开孔并安装接管，如物料进、出口接管，测量和控制点接管，视镜，人孔，手孔等。

1.物料进出口管

输送物料的工艺接管一般直径较大，常采用设备上焊接短管，利用法兰与外管路连接。接管长度根据设备外壁是否需要设置保温层和便于接管法兰的螺栓装拆等因素来确定，一般不小于80mm。

2.测量和控制点接管

为了控制和监测工艺操作过程，需设置测量温度、压力、液位的仪表和安全装置接口。

3.视镜

视镜的主要作用是用来观察设备内部的操作情况，也可用作物料液面指示镜。视镜有两种结构：不带颈视镜和带颈视镜。不带颈视镜结构简单，不易结料，有比较宽阔的观察范围。当视镜需要斜装或设备直径较小时，则需采用带颈视镜。为了便于观察设备内物料的情况，视镜应成对使用，一个视镜作照明用，另一个作观察用。

4.人孔和手孔

压力容器开设人孔和手孔是为了检查设备的内部情况以及安装或拆卸设备的内部构件。

设备直径大于900mm时可开设人孔。人孔的尺寸大小及位置以设备内件安装和工人进出方便为原则。人孔的形状有圆形和椭圆形两种。圆形人孔制造方便，应用广泛。椭圆形人孔制造加工较困难，但对设备的削弱较小，椭圆形人孔的短轴应与容器的筒体轴线平行。圆形人孔的直径一般为400~600mm。椭圆形人孔的最小尺寸为400mm×300mm。

人孔结构有多种形式，主要由人孔接管、法兰、人孔盖和手柄组成。容器在使用过程中，人孔需要经常打开时，可选用快开式结构人孔。

当设备直径在900mm以下时，一般只考虑开设手孔。标准手孔公称直径有150mm和250mm两种。手孔的结构一般是在容器上接一短管，并在其上盖一盲板。

5.开孔补强

容器壳体上开孔后，除削弱容器壁的强度外，在壳体与接管的连接处，因结构连续性被破坏，在开孔区域将形成一个局部的高应力集中区。较大的局部应力会给容器的安全操作带来隐患，因此，压力容器设计必须充分考虑开孔的补强问题。

压力容器接管补强通常采用局部补强结构，主要有补强圈补强、厚壁接管补强和整锻件补强三种形式。

（1）补强圈补强。补强圈补强是中低压容器应用最多的补强结构，补强圈贴焊在壳体与接管连接处。它结构简单，制造方便，使用经验丰富。但补强面积分散，补强效率不高；补强圈与壳体金属之间不能完全贴合，在补强局部区域产生较大的热应力；另外，补强圈与壳体采用搭接连接，难以与壳体形成整体，抗疲劳性能差。所以，这种补强结构一般适用于静载、常温、中低压的容器。

（2）接管补强。接管补强是在开孔处焊上一段厚壁管。由于接管的加厚部分正处于最大应力区内，故比补强圈的补强面积集中，能有效降低应力集中系数。接管补强结构简单，焊接接头少，补强效果较好。

（3）整锻件补强。该补强结构是将接管和部分壳体连同补强部分做成整体锻件，再与壳体和接管焊接。其优点是：补强金属集中于开孔应力最大部位，能最有效地降低应力集中系数；可采用对接焊缝，质量容易保证，并使焊缝及其热影响区离开最大应力点，抗疲劳性能好。缺点是制造麻烦，成本较高，所以只在重要压力容器中应用。

（五）支座

容器的支座用来支承容器的重量、承受操作时设备的振动、地震力及风载荷等，并将其固定在需要的位置上。支座的形式很多，按容器的自身结构形式分为卧式容器支座、立式容器支座和球形容器支座。

1.卧式容器支座

卧式容器支座有三种：鞍式支座、圈式支座和腿式支座。

（1）鞍式支座的结构。鞍式支座简称鞍座，是由钢板焊制而成。鞍式支座是最为常用的卧式容器支座，它由腹板、筋板、垫板组成，在与容器连接处，有带加强垫板和不带加强垫板两种结构。

鞍座包围圆筒部分弧长所对应的圆心角θ称为鞍座的包角。鞍座包角为120°或150°，采用较大包角时，有利于降低鞍座边角处筒壁内的应力，从而提高鞍座的承载能力，但也使鞍座显得笨重。

（2）圈式支座。圈式支座也称圈座，主要用于一些薄壁容器或者承受外压的容器。圈式支座由于支座与容器的连接区域面积较大，载荷比较均匀，可以起到应力均匀分布的作用；此外，对于外压容器来说圈式支座也起到了加强圈的作用。

（3）腿式支座。腿式支座主要用于小型的卧式容器。

2.立式容器支座

立式容器支座有腿式、耳式、支承式和裙式。

（1）腿式支座。腿式支座由支柱、垫板、盖板和底板组成，支柱可采用角钢（A型）、钢管（B型）或H型钢（C型）制作。腿式支座结构简单、轻巧、安装方便，在容器下面有较大的操作维修空间。但当容器上的管线直接与产生脉动载荷的机器设备刚性连接时，不宜选用腿式支座。这种支座适用于小型直立设备的支承，当容器总高 $H_1 \leqslant 8000$ mm、公称直径 $D_N = 400 \sim 1600$ mm、圆筒切线长度 L 与公称直径 D_N 之比 $L/D_N \leqslant 5$ 时，腿式支座的结构形式、系列参数可根据标准 JB/T 4712.2《容器支座第2部分：腿式支座》选取。

（2）耳式支座。耳式支座简称耳座，广泛用于中、小型直立设备的支承。它由两块筋板和支脚板焊接而成。一般设备采用 2~4 个支座支承，设备通常是通过支座搁置在钢梁、混凝土基础或其他设备上。

耳式支座的优点是：结构简单、制造方便，但对器壁会产生较大的局部应力。因此，当设备较大或器壁较薄时，应在支座与器壁间加一块垫板。对于不锈钢设备，所加垫板必须采用不锈钢，以避免不锈钢壳体与碳钢支座焊接而降低壳体焊接区域的耐蚀性。

耳式支座已经标准化，它们的形式、结构、规格尺寸、材料及安装要求均应符合 JB/T 4712.3《容器支座第3部分：耳式支座》。标准中将耳座分为 A 型（短臂）、B 型（长臂）和 C 型（加长臂）三类。当设备外面有保温层或者将设备直接放在楼板上时，宜采用 B 型、C 型耳式支座。设计时可根据容器的公称直径 D_N 和支座所需承受载荷的估计值选取标准耳座的规格和个数，然后根据标准校核耳座承受的实际载荷 Q 及耳式支座处圆筒所受的支座弯矩 M_L。

（3）支承式支座。对于高度不大、安装位置距基础面较近且具有凸形封头的立式容器，可采用支承式支座。它是在容器封头底部焊上数根支柱，直接支承在基础地面上。

支承式支座的优点是简单轻便，但它和耳式支座一样，对壳壁会产生较大的局部应力，因此当容器壳体直径较大或壳体较薄时，在支座和容器封头之间应设置垫板，以改善封头局部受力情况。垫板的材料应和壳体材料相同或相似。

支承式支座的标准为 JB/T 4712.4《容器支座第4部分：支承式支座》。它将支承式支座分为 A 型和 B 型，A 型支座由钢板焊制而成，B 型支座采用钢管作支柱。

（4）裙式支座。裙座体可分为圆筒形和圆锥形两类。圆筒形裙座制造方便，经济上合理，故应用广泛。但对于塔径小且很高的塔（如 $D_N < 1m$，且 $H/D_N > 25$，或 $D_N > 1m$，且 $H/D_N > 30$），为防止风载或地震载荷引起的弯矩造成塔翻倒，则需要配置较多的地脚螺栓及具有足够大承载面积的基础环。此时，应采用圆锥形裙座。

二、化工设备的焊接结构

化工压力容器各受压部件及其相关附件的组装大多采用焊接方式，焊缝的接头形式和坡口形式的设计直接影响到焊接的质量与容器的安全，因而，必须对容器焊接接头的结构进行合理的设计。

（一）焊接接头形式

焊缝系指焊件经焊接所形成的结合部分，而焊接接头是焊缝、熔合线和热影响区的总称。焊接接头通常可分为对接接头、角接接头及T形接头、搭接接头。

（1）对接接头。对接接头是两个相互连接零件在接头处的中面处于同一平面或同一弧面内进行焊接的接头。其特点是：受热均匀，受力对称，连接强度高，便于无损检测，焊接质量容易得到保证。因此，对接接头是压力容器中最常用的焊接结构形式。

（2）角接接头和T形接头。该种接头是两个相互连接零件在接头处的中面相互垂直或相交成某一角度进行焊接的接头。两构件呈T字形焊接在一起的接头，称为T形接头。角接接头和T形接头都形成角焊缝。

角接接头和T形接头，在接头处构件结构是不连续的，承载后受力状态不如对接接头，应力集中比较严重，且焊接质量也不易得到保证。但是在容器的某些特殊部位，由于结构的限制，不得不采用这种焊接结构，如接管、法兰、夹套、管板和凸缘的焊接多为角接接头或T形接头。

（3）搭接接头。其接头结构为两个相互连接零件在接头处有部分重合在一起，中面相互平行，进行焊接的接头为搭接接头。搭接接头的焊缝属于角焊缝，与角接接头一样，在接头处结构明显不连续，承载后接头部位受力情况较差。在压力容器中搭接接头主要用于加强圈与壳体、支座垫板与器壁的焊接。

（二）坡口形式

为了保证全熔透和焊接质量、减少焊接变形，施焊前，一般将焊件连接处预先加工成各种形状，称为焊接坡口。不同的焊接坡口，适用于不同的焊接方法和焊件厚度。

基本的坡口形状有五种，即I形、V形、单边V形、U形和J形。基本坡口可以单独使用，也可两种或两种以上组合使用，如双V形坡口由两个V形坡口和一个I形坡口组合而成。

压力容器采用对接接头、角接接头和T形接头时，施焊前一般应开设坡口，而搭接接头无须开坡口即可焊接。

（三）焊接结构设计的基本原则

压力容器焊接结构的设计应遵循以下基本原则。

（1）尽量采用对接接头。前已述及，对接接头易于保证焊接质量，因而，除容器壳体所有的纵向及环向焊接接头、凸形封头上的拼接焊接接头，必须采用对接接头外，其他位置的焊接结构也应尽量采用对接接头。

（2）尽量采用全熔透的结构，不允许产生未熔透缺陷。所谓未熔透是指基体金属和焊缝金属局部未完全熔合而留下空隙的现象。未熔透往往导致脆性破坏的起裂点，在交变载荷作用下，它也可能诱发疲劳破坏。为避免发生未熔透，在结构设计时应选择合适的坡口形式，如双面焊；当容器直径较小，且无法从容器内部清根时，应选用单面焊双面成型的对接接头，如用氩弧焊打底或采用带垫板的坡口等。

（3）尽量减少焊缝处的应力集中。焊接接头常常是脆性破坏和疲劳破坏的起源处，因此，在设计焊接结构时必须尽量减少应力集中。如对接接头应尽可能采用等厚度焊接，对于不等厚钢板的对接，应将较厚板按一定斜度削薄过渡，然后再进行焊接，以避免形状突变，减缓应力集中程度。

第三节　化工设备强度计算基础

一、化工承压设备的应力状态

（一）一点的应力状态描述

为了便于研究，人们围绕所研究的点，取出一个边长无限小的正六面体对该点的应力进行分析，则这个正六面体就称为该点的单元体。单元体上的平面都是构件对应截面的一部分。显然，当单元体的边长无限趋近于零时，单元体就无限趋近于该点。因此，单元体上的应力即代表了该点的应力状态。

根据静力平衡条件，并考虑到单元体的几何对称性可知，单元体相对两面上的应力必然大小相等、方向相反。这样，实际只需要研究单元体上六个面中的三个面的应力状况，就可描述该点的应力状态。

（二）主平面和主应力

过某点的单元体有无数个，由弹性理论可以证明，总有一个单元体，其上的三对平面上只有正应力 σ，而没有剪应力 τ，或没有应力。我们把只有正应力 σ 而无剪应力 τ 的平面称为主平面，主平面上的正应力 σ 称为主应力。

由于主平面上只有正应力 σ 而无剪应力 τ，因此，可以用由三对主平面构成的单元体来表示一点的应力状态。根据静力平衡条件和单元体的几何对称性可知，单元体上最多有三个主应力，则用单元体上的三个主应力就可以描述该点的应力状态。

三个主应力分别用 σ_1、σ_2 和 σ_3 表示，规定主应力的编号按应力代数值的大小进行排序，即

$$\sigma_1 > \sigma_2 > \sigma_3 \quad (7-1)$$

（三）应力状态分类

1.单向应力状态

只有一个主应力不为零的应力状态称为单向应力状态。例如，受轴向拉伸（压缩）的直杆和纯弯曲的直梁，只有横截面上的主应力不为零，其他截面上的主应力均为零，其上各点的应力状态均为单向应力状态。

2.二向应力状态

有两个主应力不为零的应力状态称为二向应力状态，又称平面应力状态。例如，受扭转的圆轴除轴线上各点外的其他各点的应力状态。又如，受压力作用的薄壁容器上各点的应力状态。

3.三向应力状态

三个主应力均不为零的应力状态称为三向应力状态。例如，高压容器筒体上各点的应力状态，其上有三个主应力，即经向应力 σ_φ、周向应力 σ_θ 和径向应力 σ_r。

单向应力状态又称为简单应力状态；与之相对应的，把二向应力状态和三向应力状态称为复杂应力状态。

二、化工承压设备的应力强度理论

（一）材料的失效

把材料失去正常的工作能力的现象称为失效。按照材料塑性的好坏，可把材料可分为塑性材料和脆性材料，与其相对应，材料的失效形式可分为屈服破坏和脆性断裂两大类。

屈服破坏是指材料由于出现屈服现象或发生显著塑性变形而产生的破坏。当构件出现屈服或显著的塑性变形时，往往会丧失正常的工作能力，故屈服是一种失效形式。例如，低碳钢在拉伸试验时出现屈服现象，发生显著的塑性变形，此时，晶格沿最大剪应力的面发生滑移。

脆性断裂是指材料无显著塑性变形的破坏。例如，铸铁受轴向载荷而沿横截面发生断裂时，无显著的塑性变形。脆性材料的断裂发生在拉应力最大的截面上。

（二）强度理论的概念

直杆轴向拉伸（压缩）的强度条件是$\sigma_{max} \leqslant [\sigma]$，其中的许用应力$[\sigma]$是按有关材料手册确定的，其中构件材料的极限应力——屈服极限σ_s和强度极限σ_b通过试验测量而得。可见，单向应力状态的强度条件直接通过试验而建立。

对于复杂应力状态的构件，三个主应力σ_1、σ_2和σ_3对材料破坏的影响可有多种组合形式。如果仿照单向拉伸（压缩）时直接根据试验的方法来确定材料在复杂应力状态下的极限应力是极为困难的。由于无论构件处于何种应力状态，构件破坏时脆性材料均无显著的塑性变形，塑性材料均会出现屈服现象或显著的塑性变形，因此，人们为了建立复杂应力状态的强度条件，从观察材料在各种情况下的破坏现象出发，运用判断、推理的方法，提出了一些假设，这种关于构件材料破坏原因的假说和推断称为强度理论。

第四节　化工设备的载荷

化工承压设备的载荷主要考虑以下几个方面。

（1）内压或者外压引起的载荷。

（2）重量引起的载荷。它包括容器的重量、操作或者试验过程中内部介质的重量、附属设备的重量（如电动机、运转设备、其他容器、管道、衬里、保温层等）等引起的载荷。

（3）连接件引起的载荷。主要包括内部构件、容器的支座等引起的载荷。

（4）周期性载荷。由于温度或者压力波动而引起的，或者由附属设备引起的周期性和动荷反作用力以及机械载荷。

（5）特殊条件下的载荷。根据容器工作的环境需要考虑一些特殊条件下的载荷，如风载荷、雪载荷、地震载荷等。

（6）冲击反力。由流体等冲击导致的载荷。

（7）温度载荷。由于温度梯度引起的热应力。

（8）其他载荷。如爆燃引起的各种异常压力等。

第八章　化工设备安全技术

第一节　设备安全技术

在工业生产过程中，为化学反应提供反应空间和反应条件的装置，称为反应设备或反应器。它是石油、化工、医药、生物、橡胶、染料等行业生产中的关键设备之一，主要用于完成氧化、氢化、磺化、烃化、水解、裂解、聚合、缩合及物料混合、溶解、传热和悬浮液制备等工艺过程，使物质发生质的变化，生成新的物质而得到所需要的中间产物或最终产品。可见，反应器对产品生产的产量和质量起着决定作用。

一、反应设备的类型及操作方式

（一）反应设备的类型及特点

反应设备的结构形式与工艺过程密切相关，种类也各不相同，如用于有机染料和制药工业的各种反应锅、制碱工业的苛化桶、化肥工业的甲烷合成塔和氨合成塔以及乙烯工程高压聚乙烯聚合釜等。常见反应设备的类型、反应过程如表8-1所列。

表8-1　化工生产常见反应器类型

类型	反应过程	反应器举例
单相反应器	气相	管式反应器，喷射反应器，燃烧炉
	液相	釜式反应器，喷射反应器，管式反应器
	固相	回转窑

续表

类型	反应过程	反应器举例
多相反应器	气-固	固定床反应器，流化床反应器，移动床反应器
	气-液	鼓泡塔，鼓泡搅拌釜，填充塔，板式塔，喷射反应器
	液-液	釜式反应器，喷射反应器，填充塔
	液-固	固定床反应器，流化床反应器，移动床反应器
	气-液-固	涓流床反应器，浆态反应器
	固-固	搅拌釜，回转窑，反射炉

1.管式反应器

管式反应器由长径比值较大的空管或填充管构成，一般用于大规模的气相反应和某些液相反应，还可用于强烈放热或吸热的化学反应。反应时，将混合好的气相或液相反应物从管道一端进入，连续流动，连续反应，从管道另一端排出。管式反应器结构简单，制造方便，耐高压，传热面积较大，传热系数较高，流体流速较快，因此反应物停留时间短，便于分段控制以创造最适宜的温度梯度和浓度梯度。此外，不同的反应，管径和管长可根据需要设计；管式反应器可连续或间歇操作，反应物不返混，高温、高压下操作。

2.釜式反应器

由长径比值较小的圆筒形容器构成，常装有机械搅拌或气流搅拌装置，可用于液相单相反应过程和液-液相、气-液相、气-液-固相等多相反应过程。用于气-液相反应过程的称为鼓泡搅拌釜；用于气-液-固相反应过程的称为搅拌釜式浆态反应器。按换热方式，分为夹套加热式釜式反应器和内盘管加热式釜式反应器。

3.有固体颗粒床层的反应器

气体或（和）液体通过固定的或运动的固体颗粒床层以实现多相反应过程，包括固定床反应器、流化床反应器、移动床反应器、涓流床反应器等，具有结构简单、操作稳定、便于控制、易实现大型化和连续化生产等优点，在现代化工和反应中应用很广泛，如氨合成塔、甲醇合成塔、硝酸生产的CO变换塔、SO_2转换器等。

4.塔式反应器

塔式反应器是用于实现气-液相或液-液相反应过程的塔式设备，包括填料塔、板式塔、鼓泡塔和喷淋塔等。

鼓泡塔反应器广泛应用于液相也参与反应的中速、慢速反应和放热量大的反应。例如，各种有机化合物的氧化反应、各种石蜡和芳烃的氯化反应、各种生物化学反应、污水处理曝气氧化和氨水碳化生成固体碳酸氢铵等反应，都采用这种鼓泡塔反应器。

填料塔反应器是用于气体吸收的设备，也可用作气-液相反应器，由于液体沿填料表面下流，在填料表面形成液膜而与气相接触进行反应，故液相主体量较少，适用于瞬间反应、快速和中速反应过程。例如，催化热碱吸收 CO_2、水吸收 NO_x、HCl 和 SO_3 等通常都使用填料塔反应器。填料塔反应器具有结构简单、压降小、易于适应各种腐蚀介质和不易造成溶液起泡的优点。

板式塔反应器的液体是连续相而气体是分散相，借助于气相通过塔板分散成小气泡而与板上液体相接触进行化学反应。板式塔反应器适用于快速及中速反应。采用多板可以将轴向返混降低至最低程度，并且它可以在很小的液体流速下进行操作，从而能在单塔中直接获得极高的液相转化率。同时，板式塔反应器的气液传质系数较大，可以在板上安置冷却或加热元件，以适应维持所需温度的要求。

喷淋塔反应器结构较为简单，液体以细小液滴的方式分散于气体中，气体为连续相，液体为分散相，具有相接触面积大和气相压降小等优点。适用于瞬间、界面和快速反应，也适用于生成固体的反应。

5.喷射反应器

喷射反应器是利用喷射进行混合，实现气相或液相单相反应过程和气-液相、液-液相等多相反应过程的设备。喷射反应器具有设备操作简单、反应时间短、传质效果好、转化率高、生成物纯度高等优点，是一类高效的多相反应器。目前，喷射反应器不再是简单的单元设备，而是由喷射器、釜体以及其他附属装置（如气液分离器、换热器、循环泵等）组成的一套装置的总称。根据不同的生产要求，还可将喷射反应器直接与参加反应的设备串联使用。喷射反应器在化工领域，主要用于磺化、氧化、烷基化等反应。

除上述几种反应器外，在化工生产中还有其他多种非典型反应器，如回转窑、曝气池等。

（二）反应设备的操作方式与加料方式

反应器的操作方式分间歇式、连续式和半连续式。

1.间歇操作反应器

间歇操作反应器系将原料按一定配比一次加入反应器，待反应达到一定要求后，一次卸出物料，操作灵活，设备简单，易于适应不同操作条件和产品品种，适用于小批量、多品种、反应时间较长的产品生产，且反应器中不存在物料的返混，对大多数反应有利。其缺点是需要装卸料、清洗等辅助工序，产品质量不易稳定。有些反应过程，如一些发酵反应和聚合反应，实现连续生产尚有困难，至今还采用间歇釜式反应器。

2.连续操作反应器

连续操作反应器系连续加入原料，连续排出反应产物。最典型的是连续釜式反应器。当操作达到定态时，反应器内任何位置上物料的组成、输度等状态参数不随时间而变化。连续操作反应器的优点是产品质量稳定，易于操作控制，适用于大规模生产。其缺点是连续反应器中都存在程度不同的返混，这对大多数反应皆为不利因素，应通过反应器合理选型和结构设计加以抑制。

3.半连续操作反应器

半连续操作反应器也称为半间歇操作反应器，介于上述两者之间，通常是将一种反应物一次加入，然后连续加入另一种反应物。反应达到一定要求后，停止操作并卸出物料。

反应器加料方式，必须根据反应过程的特征决定。对有两种以上原料的连续反应器，物料流向可采用并流或逆流。对几个反应器组成级联的设备，还可采用错流加料，即一种原料依次通过各个反应器，另一种原料分别加入各反应器。除流向外，还有原料是从反应器的一端（或两端）加入和分段加入之分。分段加入指一种原料由一端加入，另一种原料分成几段从反应器的不同位置加入，错流也可看成一种分段加料方式。

二、反应设备的主要危险性

反应设备中的化学反应需在一定的条件（压力、温度、催化剂等）下进行，因此，反应设备属于维持一定压力、完成化学反应的压力容器，通常还装设一些加热（冷却）装置、触媒筐和搅拌器，以便于对反应进行控制。此外，由于涉及反应器物系配置、投料速度、投料量、升温冷却系统、检测、显示、控制系统以及反应器结构、搅拌、安全装置、泄压系统等，反应设备具有较大的危险性，易于引发各类事故，如检修中未进行彻底置换、违章动火、物料性能不清、开车程序不严格、操作中超压和泄漏造成的爆炸事故，因泄漏严重、违章进入釜内作业造成的中毒事故等。触媒中毒、冷管失效也是常见的反应器事故形式。

（一）固有危险性

（1）物料。化工反应设备中的物料大多属于危险化学品。如果物料属于自燃点和闪点较低的物质，一旦泄漏后，会与空气形成爆炸性混合物，遇到点火源（明火、火花、静电等），可能引起火灾爆炸；如果物料属于毒害品，一旦泄漏，可能造成人员中毒窒息。

（2）设备装置。反应器设计不合理、设备结构形状不连续、焊缝布置不当等，可能引起应力集中；材质选择不当，制造容器时焊接质量达不到要求，以及热处理不当等，可能使材料韧性降低；容器壳体受到腐蚀性介质的侵蚀，强度降低或安全附件缺失等，均有可能使容器在使用过程中发生爆炸。

（二）操作过程危险性

反应设备在生产操作过程中主要存在以下风险。

（1）反应失控引起火灾爆炸。许多化学反应，如氧化、氯化、硝化、聚合等均为强放热反应，若反应失控或突遇停电、停水，造成反应热蓄积，反应釜内温度急剧升高、压力增大，超过其耐压能力，会导致容器破裂。物料从破裂处喷出，可能引起火灾爆炸事故；反应釜爆裂导致物料蒸气压的平衡状态被破坏，不稳定的过热液体会引起二次爆炸（蒸汽爆炸）；喷出的物料再迅速扩散，反应釜周围空间被可燃液体的雾滴或蒸汽笼罩，遇点火源还会发生三次爆炸（混合气体爆炸）。导致反应失控的主要原因有反应热未能及时移出、反应物料没有均匀分散和操作失误等。

（2）反应容器中高压物料窜入低压系统引起爆炸。与反应容器相连的常压或低压设备，由于高压物料窜入，超过反应容器承压极限，从而发生物理性容器爆炸。

（3）水蒸气或水漏入反应容器发生事故。如果加热用的水蒸气、导热油，或冷却用的水漏入反应釜、蒸馏釜，可能与釜内的物料发生反应，分解放热，造成温度压力急剧上升，物料冲出，发生火灾事故。

（4）蒸馏冷凝系统缺少冷却水发生爆炸。物料在蒸馏过程中，如果塔顶冷凝器冷却水中断，而釜内的物料仍在继续蒸馏循环，会造成系统由原来的常压或负压状态变成正压，超过设备的承受能力发生爆炸。

（5）容器受热引起爆炸事故。反应容器由于外部可燃物起火，或受到高温热源热辐射，引起容器内温度急剧上升，压力增大发生冲料或爆炸事故。

（6）物料进出容器操作不当引发事故。很多低闪点的甲类易燃液体通过液泵或抽真空的办法从管道进入反应釜、蒸馏釜，这些物料大多数属绝缘物质，导电性较差，如果物料流速过快，会造成积聚的静电不能及时导出，发生燃烧爆炸事故。

三、反应器安全运行的基本要求

反应器应该满足反应动力学要求、热量传递的要求、质量传递过程与流体动力学过程的要求、工程控制的要求、机械工程的要求、安全运行要求。

基本要求如下。

（1）必须有足够的反应容积，以保证设备具有一定的生产能力，保证物料在设备中有足够的停留时间，使反应物达到规定的转化率。

（2）有良好的传质性能，使反应物料之间或与催化剂之间达到良好的接触。

（3）适当的温度下进行。

（4）有足够的机械强度和耐腐蚀能力，并要求运行可靠，经济适用。

（5）在满足工艺条件的前提下结构尽量合理，并具有进行原料混合和搅拌的性能，易加工。

（6）材料易得到，价格便宜。

（7）操作方便，易于安装、维护和检修。

四、釜式反应器的选择与安全运行

（一）釜式反应器的结构

在化工生产中，釜式反应器（又称为反应釜）因原料的物态、反应条件和反应效应的不同则有多种多样的类型和结构，但它们具有以下共同特点。

（1）结构基本相同，除有反应釜体外，还有传动装置、搅拌器和加热（冷却）装置等。

（2）操作压力、操作温度较高，适用于各种不同的生产规模。

（3）可间歇操作或连续操作。投资少，投产快、操作灵活性大等优点。

主要由以下部件组成。

（1）釜体及封头。提供足够的反应体积以保证反应物达到规定转化率所需的时间，并且有足够的强度、刚度和稳定性及耐腐蚀能力以保证运行可靠。

（2）换热装置。有效地输入或移出热量，以保证反应过程最适宜的温度。

（3）搅拌器。使各种反应物、催化剂等均匀混合，充分接触，强化釜内传热与传质。

（4）轴密封装置。用来防止釜体与搅拌轴之间的泄漏。

（二）釜式反应器的安全运行

（1）釜体及封头的安全。釜体及封头提供足够的反应体积以保证反应物达到规定转化率所需的时间。釜体及封头应有足够的强度、刚度和稳定性及耐腐蚀能力以保证运行可靠。

（2）搅拌器的安全。搅拌器的安全可靠是许多放热反应、聚合过程等安全运行的必要条件。搅拌器选择不当，可能发生中断或突然失效，造成物料反应停滞、分层、局部过热等，以至发生各种事故。

搅拌器又称搅拌桨或搅拌叶轮，是搅拌反应器的关键部件，其功能是提供过程所需要的能量和适宜的流动状态。工作原理是搅拌器旋转时把机械能传递给流体，在搅拌器附近形成高湍动的充分混合区，并产生一股高速射流推动液体在搅拌容器内循环流动。

搅拌器的类型比较多，其中桨式、推进式、涡轮式和锚式搅拌器，在搅拌反应设备中应用最为广泛，据统计约占搅拌器总数的75%~80%。

①桨式搅拌器。叶片用扁钢制成，焊接或用螺栓固定在轮毂上，叶片数有2片、3片或4片，叶片形式，可分为平直叶式和折边叶式两种。优点是结构最简单，缺点是不能用于以保持气体和以细微化为目的的气-液分散操作中。主要用于液-液系中可以防止分离，使罐的温度均一，固-液系中多用于防止固体沉降，也用于高的流体搅拌，促进流体的上下交换，代替价格高的螺带式叶轮，能获得良好的效果。

②推进式搅拌器。推进式搅拌器又称船用推进器。标准推进式搅拌器有三瓣叶片，其螺距与桨直径d相等。它直径较小，d/D=1/4~1/3，叶端速度一般为7~10m/s，最高达15m/s。流体由桨叶上方吸入，下方以圆筒状螺旋形排出，流体至容器底再沿壁面返至桨叶上方，形成轴向流动。其特点是推进式搅拌器搅拌时流体的湍流程度不高，但循环量大，结构简单，制造方便。适用于黏度低、流量大的场合，利用较小的搅拌功率，通过高速转动的桨叶能获得较好的搅拌效果。主要用于液-液系混合，使温度均匀，在低浓度固-液系中防止淤泥沉降等。

③涡轮式搅拌器。涡轮式搅拌器又称透平式叶轮，是应用较广的一种搅拌器，能有效地完成几乎所有的搅拌操作，并能处理黏度范围很广的流体。涡轮式搅拌器有较大的剪切力，可使流体微团分散得很细，适用于低黏度到中等黏度流体的混合、液-液分散、液-固悬浮，以及促进良好的传热、传质和化学反应。

④锚式搅拌器。它适用于黏度为100Pa·s以下的流体搅拌，当流体黏度为10~100Pa•s时，可在锚式桨中间加一横桨叶，即为框式搅拌器，以增加容器中部的混合。常用于对混合要求不太高的场合。

搅拌器的选型一般从搅拌目的、物料黏度和搅拌容器容积大小三个方面考虑。选用时除满足工艺要求外，还应考虑功耗、操作费用，以及制造、维护和检修是否方便等因素。

第二节 传热设备安全技术

一、换热器安全技术

（一）换热器的类型

换热器是用来完成各种传热过程的设备，又称热交换器，在化工生产中有着广泛应用，占总投资的10%~20%。换热器也属于压力容器，除了承受压力载荷外，还有温度载荷（产生热应力），并伴随有振动和特殊环境的腐蚀发生。

按作用原理或传热方式，换热器可分为间壁式、蓄热（能）式、直接接触式和中间载热体式四大类；按功能分类，可分为加热器、冷却器、冷凝器和再沸器等；按结构形式分，可分为蛇管式、套管式、列管式、翅片管式和板式等。

化工生产中常用的是间壁式换热器，是通过将两种流体隔开的固体壁面进行传热的换热器，间壁式换热器有管壁传热式换热器和板壁传热式换热器两种。

1.管壁传热式换热器

主要分为蛇管式、套管式和管壳式换热器。

（1）蛇管式换热器。蛇管式换热器有沉浸式和喷淋式两种。沉浸式蛇管换热器的优点是结构简单，操作敏感性小，承受压力大；缺点是传热效率低。适用于高压流体的冷却以及反应器的传热元件。喷淋式蛇管换热器的优点是管外流体的传热系数大，且便于检修和清洗；缺点是体积庞大，冷却水用量较大，有时喷淋效果不够理想。

（2）套管式换热器。套管式换热器的优点是结构简单，传热系数大，传热面积增减方便，工作适应范围大；缺点是单位传热面的金属消耗量大，检修、清洗和拆卸都较麻烦，在可拆连接处容易造成泄漏。套管式换热器一般适用于高温、高压、小流量流体和所需要的传热面积不大的场合。

（3）管壳式换热器。管壳式换热器的类型有固定管板式、浮头式、U形管式、填料函式换热器。

①固定管板式换热器的优点是结构简单、紧凑、能承受较高的压力，造价低，管程清洗方便，管子损坏时易于堵管或更换；缺点是当管束与壳体的壁温或材料的线膨胀系数相差较大时，壳体和管束中将产生较大的热应力。适用于壳侧介质清洁且不易结垢并能进行溶解清洗，管、壳程两侧温差不大或温差较大但壳侧压力不高的场合。

②浮头式换热器分内浮头式换热器和外浮头式换热器。浮头式换热器的优点

是管间和管内清洗方便，不会产生热应力；缺点是结构复杂，造价比固定管板式换热器高，设备笨重，材料消耗量大，且浮头端小盖的密封性在操作中无法检查，制造时对密封要求较高。适用于壳体和管束之间壁温差较大或壳程介质易结垢的场合。

③U形管换热器的优点是结构比较简单、价格便宜，承压能力强；缺点是受弯管曲率半径的限制，其换热管排布较少，管束最内层管间即较大，管板的利用率较低，壳程流体易形成短路，对传热不利。当管子泄漏损坏时，只有管束外围处的U形管才便于更换，内层换热管坏了不能更换，只能堵死，而坏一根U形管相当于坏两根管，报废率较高。适用于管、壳壁温差较大或壳程介质易结垢需要清洗，又不适宜采用浮头式和固定管板式的场合。特别适用于管内走清洁而不易结垢的高温、高压、腐蚀性大的物料。

2.板壁传热式换热器

板壁式换热器又分为螺旋板式换热器和板式换热器。

（1）螺旋板式换热器。螺旋板式换热器的优点是结构紧凑，单位体积内的传热面积为管壳式换热器的2~3倍，传热效率比管壳式高50%~100%，制造简单，材料利用率高，流体单通道螺旋流动，有自冲刷作用，不易结垢，可呈全逆流流动，传热温差小；缺点是承压能力小。适用于液-液、气-液流体换热，对于高黏度流体的加热或冷却、含有固体颗粒的悬浮液的换热尤为适合。

（2）板式换热器。板式换热器有凸凹板和板翅式两种。板式换热器具有传热效率高、结构紧凑、使用灵活、清洗和维修方便、能精确控制换热温度等优点，应用范围广泛；其缺点是密封周边太长，不易密封，渗漏的可能性大，承压能力低，使用温度受密封垫片材料耐温性能的限制不宜过高；流道狭窄，易堵塞，处理量小；流动阻力大。适用于处理从水到高黏度的液体的加热、冷却、冷凝、蒸发等过程，也适用于经常需要清洗，工作环境要求十分紧凑等场合。

（二）换热器的安全选择

换热器的运行中涉及工艺过程中的热量交换、热量传递和热量变化，过程中如果热量积累，造成超温就会发生事故。选择换热器形式时，要根据流体的性质，操作压力和温度及允许压力损失的范围，对清洗、维修的要求，以及材料的价格、使用寿命等合理选择。其要点如下。

（1）确定基本信息，如流体流量，进、出口温度，操作压力，流体的腐蚀情况等。

（2）确定定性温度下流体的物性数据，如动力黏度、密度、比热容、热导率等。

（3）根据设计任务计算热负荷与加热剂（或冷却剂）用量。

（4）根据工艺条件确定换热器类型，并确定走管程、壳程的流体。

（5）计算传热面积，选换热器型号，确定换热器的基本结构参数（所选换热器的传热面积应为计算面积的1.15~1.25倍）。

（三）换热器的安全运行

化工生产中对物料进行加热（沸腾）、冷却（冷凝），由于加热剂、冷却剂等的不同，换热器具体的安全运行要点也有所不同。

（1）蒸汽加热必须不断排除冷凝水，否则积于换热器中，部分或全部变为无相变传热，传热速率下降。同时，还必须及时排放不凝性气体。因为不凝性气体的存在使蒸汽冷凝的给热系数大大降低。

（2）热水加热，一般温度不高，加热速度慢，操作稳定，只要定期排放不凝性气体，就能保证正常操作。

（3）烟道气一般用于生产蒸汽或加热、汽化液体，烟道气的温度较高，且温度不易调节，在操作过程中，必须时时注意被加热物料的液位、流量和蒸汽产量，还必须做到定期排污。

（4）导热油加热的特点是温度高（可达400℃）、黏度较大、热稳定性差、易燃、温度调节困难，操作时必须严格控制进出口温度，定期检查进出管口及介质流道是否结垢，做到定期排污，定期放空，过滤或更换导热油。

（5）水和空气冷却操作时，应注意根据季节变化调节水和空气的用量，用水冷却时，还应注意定期清洗。

（6）冷冻盐水冷却操作时，温度低，腐蚀性较大，在操作时应严格控制进出口的温度防止结晶堵塞介质通道，要定期放空和排污。

（7）冷凝操作需要注意的是，定期排放蒸汽侧的不凝性气体，特别是减压条件下不凝性气体的排放。

（四）换热器的常见故障与处理方法

1.列管换热器的维护和保养

（1）保持设备外部整洁、保温层和油漆完好。

（2）保持压力表、温度计、安全阀和液位计等仪表和附件的齐全、灵敏和准确。

（3）发现阀门和法兰连接处渗漏时，应及时处理。

（4）开停换热器时，不要将阀门开得太猛，否则，容易造成管子和壳体受到冲击，以及局部骤然胀缩，产生热应力，使局部焊缝开裂或管子连接口松弛。

（5）尽可能减少换热器的开停次数，停止使用时，应将换热器内的液体清洗放净，防止冻裂和腐蚀。

（6）定期测量换热器的壳体厚度，一般两年一次。

列管换热器的常见故障及其处理办法如表8-2所列。

表 8-2　列管换热器的常见故障与处理方法

故障	产生原因	处理方法
传热效率下降	列管结垢	清洗管子
	壳体内不凝汽或冷凝液增多	排放不凝汽和冷凝液
	列管、管路或阀门堵塞	检查清理
振动	壳程介质流动过快	调节流量
	管路振动所致	加固管路
	管束与折流板的结构不合理	改进设计
	机座刚度不够	加固机座
管板与壳体连接处开裂	焊接质量不好	清除补焊
	外壳歪斜、连接管线拉力或推力过大	重新调整矫正
	腐蚀严重、外壳壁厚减薄	鉴定后修补
管束、胀口渗漏	管子被折流板磨破	堵管或换管
	壳体和管束温差过大	补胀或焊接
	管口腐蚀或胀（焊）接质量差	换管或补胀（焊）

2.板式换热器的维护和保养

（1）保持设备整洁、油漆完好，紧固螺栓的螺纹部分应涂防锈油并加外罩，防止生锈和沾灰尘。

（2）保持压力表、温度计灵敏、准确，阀门和法兰无渗漏。

（3）定期清理和切换过滤器，预防换热器堵塞。

（4）组装板式换热器时，螺栓的拧紧要对称进行，松紧适宜。

板式换热器的主要故障和处理方法如表8-3所列。

表 8-3　板式换热器常见故障和处理方法

故障	产生原因	处理方法
密封处渗漏	胶垫未放正或扭曲	重新组装
	螺栓预紧力不均匀或紧固不够	检查螺栓紧固度
	胶垫老化或有损伤	更换新垫
内部介质渗漏	板片有裂缝	检查更新
	进出口胶垫不严密	检查修理
	侧面压板腐蚀	补焊、加工
传热效率下降	板片结垢严重	解体清理
	过滤器或管路堵塞	清理

（五）换热器常见事故及预防

换热器是化工、石化等领域中广泛应用的一种通用工艺设备。在化工厂中，换热器投资约占总投资的20%以上，占设备总质量的40%以上。有的换热工作条件要求在高温高压条件下进行，如工作介质的压力最高可达250MPa，操作温度最高达1000~1500℃；有的其工作流体具有易燃、易爆、有毒、腐蚀性特点，加之化工、石化生产要求处理量大、连续性强，因此，这就给换热器正常运行带来了一定的困难，稍有不慎就会发生事故。据国外化工设备损坏情况统计资料介绍，换热器的损坏率在所有化工设备损坏中所占的比例最大，为27.2%，远远高于槽、塔、釜的损坏率（17.2%）。

热交换器的事故类型主要有燃烧爆炸、严重泄漏和管束失效三种。其中设计不合理、制造缺陷、材料选择不当、腐蚀严重、违章作业、操作失误和维护管理不善是导致换热器发生事故的主要原因。

1.燃烧爆炸

燃烧爆炸事故原因及预防措施如表8-4所列。

表8-4 燃烧爆炸事故原因及预防措施

原因	预防措施
自制换热器，盲目将设备结构和材质做较大改动，制造质量差，不符合压力容器规范，设备强度大大降低	换热器设计、制造应符合国家压力容器的规范要求，图纸修改与变动必须经主管部门同意，经验收质量合格
焊接质量差，特别是焊接接头处未焊透，又未进行焊缝探伤检查、爆破试验，导致焊接接头泄漏或产生疲劳断裂，进而大量易燃易爆流体溢出，发生爆炸	制造换热器时，要保证焊接质量，并对焊缝进行严格检查
由于腐蚀（包括应力腐蚀、晶间腐蚀），耐压强度下降，使管束失效或产生严重泄漏，遇明火发生爆炸	流体为腐蚀介质时，提高管材质量和焊接质量，增加管壁厚度或在流体中加入腐蚀抑制剂，定期检查管子表面腐蚀情况和对易腐蚀损坏的设备进行检测，采取有效措施
换热器做气密性试验时，采用氧气补压或用可燃性精炼气体试漏，引起物理与化学爆炸	换热器做气密性试验时，必须采用干燥的空气、氮气和其他惰性气体，严禁使用氧气和可燃性气体试漏或补压
操作违章、操作失误，阀门关闭，引起超压爆炸	严禁违章操作，严格执行操作规程

原因	预防措施
长期不进行排污，易燃易爆物质（如三氯化氮）积聚过多，加之操作温度过高导致换热器（如液氯换热器）发生猛烈爆炸	对于易结垢的流体可定期进行清洗，将结垢清洗掉
过氧爆炸	严格控制氧的含量

2.严重泄漏

换热器发生燃烧爆炸、窒息、中毒和灼伤事故大都是由于泄漏引起的。易燃易爆液体或气体因泄漏而溢出，遇明火将引起燃烧爆炸事故；有毒气体外泄将引起窒息中毒，有强腐蚀流体泄漏，将会导致灼伤事故。最容易发生泄漏的部位有焊接接头处、封头与管板连接处、管束与管板连接处和法兰连接处。

焊接接头泄漏的直接原因是焊接质量差，如焊缝未焊透、未熔合、存在气孔夹渣、焊缝未经探伤检验，甚至未做爆破试验，只做部分部件的水压试验和采用多次割焊，造成金相改变，内应力增大，强度大大降低。列管泄漏会造成气体走近路，如管内半水煤气泄入管间变换气中，使一氧化碳变换气升高，影响正常生产。造成列管泄漏主要是腐蚀、开停车频繁、温度变化过大、换热器急剧膨胀或收缩使花板胀管处泄漏以及设备本身制造缺陷等原因所致。

具体原因及预防措施如表8-5所列。

表8-5 泄漏原因及预防措施

原因	预防措施
因腐蚀（如蒸汽雾滴、硫化氢、二氧化碳）严重，引起列管泄漏	定期进行清洗；选择耐蚀管材；流体中加入腐蚀抑制剂；控制管内流速；视泄漏情况决定停车更换或采取堵漏措施
由于开停车频繁，温度变化过大，设备急剧膨胀或收缩，使花板胀管泄漏	精心操作，控制系统温度不要发生较大的波动
换热器本身制造缺陷，焊接接头泄漏	保证焊接质量，对焊缝进行认真检查
因操作温度升高，螺栓伸长，紧固部位松动，引起法兰泄漏	尽量减少法兰连接，升温后及时重新紧固螺栓，紧固作业要力求方便
因管束组装部位松动、管子振动、开停车和紧急停车造成的热冲击，以及定期检修时操作不当产生的机械冲击而引起泄漏	对胀管部位不允许有泄漏的换热器宜采取焊接装配

3.管束失效

塔设备污染、反应器触媒中毒、设备严重泄漏都是化工设备事故，而管壳式换热器、合成塔和废热锅炉的管束失效也是化工设备破坏形式之一。

管壳式换热器、合成塔和废热锅炉的管束是薄弱环节，最容易失效。管束失效的形式主要有腐蚀开裂、传热能力迅速下降、碰撞破坏、管子切开、管束泄漏等多种。其常见的原因如下。

（1）腐蚀。换热器多用碳钢制造，冷却水中溶解的氧所致的氧极化腐蚀极为严重，管束寿命往往只有几个月或一两年，加之工作介质又有许多是有腐蚀性的，如小氮肥的碳化塔冷却水箱，在高浓度碳化氨水的腐蚀和碳酸氢铵结晶腐蚀双重作用下，碳钢冷却水箱有时仅使用两三个月就发生泄漏。

管子与管板的接头是管束上的易损区，许多管束的失效都是由于接头处的局部腐蚀所致。我国的换热器的接头多采用焊接形式，管子与管板孔之间存在间隙，壳程介质进入到间隙死角之中，就会引起缝隙腐蚀。对于采用胀接形式的接头，由于胀接过程中存在残余应力，在已胀和未胀管段间的过渡区上，管子内、外壁都存在拉应力区，对应力腐蚀非常敏感。一旦具备发生应力腐蚀的温度、介质条件，换热器就很快由于应力腐蚀而破坏。许多合金钢和不锈钢换热器管束，往往是由于局部腐蚀和应力腐蚀而迅速开裂的。有人曾对某变换气换热器管束做过失效分析，该换热器材质为Cr25Ni20，在温度为420℃左右下运行，在操作三四个月之后，竟有14%的管子开裂泄漏。对其断口进行分析表明，断口形态呈敏化不锈钢应力腐蚀的典型特征：裂纹在起始处为晶间型，裂纹深入到金属内部时转化为穿晶型。

（2）结垢。在换热器操作中，管束内外壁都可能会结垢，而污垢层的热阻要比金属管材大得多，从而导致换热能力迅速下降，严重时将会使换热介质的流道阻塞。

（3）流体流动诱导振动。为强化传热和减少污垢层，通常采用增大壳程流体流速的方法。壳程流体流速增加，产生诱导振动的可能性也将大大增加，从而导致管束中管子的振动，最终致使管束破坏。常见的破坏形式有以下几种。

①碰撞破坏。当管子的振幅足够大时，将致使管子之间相互碰撞，位于管束外围的管子还可能和换热器壳体内壁发生碰撞。在碰撞中，管壁磨损变薄，最终发生开裂。

②折流板处管子切开。折流板孔和管子之间有径向间隙，当管子发生横向振动的振幅较大时，就会引起管壁与折流板孔的内表面间产生反复碰撞。由于折流板厚度不大，管壁多次、频繁与其接触，将承受很大的冲击载荷，因而，在不长的时间内就可能发生管子被切开的局部性破坏。

③管子与管板连接处破坏。此种连接结构可视为固定端约束，管子振动产生横向挠曲时，连接处的应力最大，因此，它是最容易产生管束失效的地区之一。此外，壳程接管也多位于管板处，接管附近介质的高速流动更容易在此区域内产生振动。

④材料缺陷的扩展造成失效。尽管设计得比较保守，在操作中管束的振动是不可避免的，只不过振幅很小而已。因此，如果管子材料本身存在缺陷（包括腐蚀和磨蚀产生的缺陷），那么，在振动引起的交变应力作用下，位于主应力方向上的缺陷裂纹就会迅速扩展，最终导致管子失效。

⑤振动交变应力场中的拉应力还会成为应力腐蚀的应力源。流动诱导振动引起管子破坏，易发生在挠度相对较大和壳程横向流速较高的区域。此区域通常是U形弯头、壳程进出口接管区、管板区、折流板缺口区和承受压缩应力的管子。

（4）操作维修不当。应力腐蚀只有在拉应力、腐蚀介质和材料敏化温度等条件同时具备的情况下才会发生。

如果操作条件不稳定或控制不当，尤其是刚开工时，最容易出现产生应力腐蚀的条件。

在开工的热过程中，管子内壁温度远远高于管外壁温度，因而，在管子外壁面将产生短暂但应力水平很高的轴向和周向拉应力。依据温度应力公式计算，管外壁拉应力将接近或超过管材的屈服点。在这种高拉应力的反复作用下，管子上将会产生应力腐蚀微观裂纹，并迅速扩展直至开裂。换热器管束上的裂纹一般起始于管外壁，且垂直于拉应力方向。

管束产生泄漏后，现场经常采用堵管方法，并作为一种应急的修复措施。有关专家曾对变换气换热器管束做过试验，当第一次发现管束泄漏后，将占管总数14%的泄漏管子予以堵塞，然后继续使用。结果，很快就发生了更严重的破坏，以致造成管束报废。这是由于堵塞的管子因管内无介质流动，其温度大致等于壳程介质的温度，若壳程为高温介质，这些已堵管子的温度还要大大增加，从而因已堵管和未堵管的温差很大，加速了自身的破坏。而且已堵管子因温度较高，还会受到轴向压应力的作用；未堵管子，特别是位于已堵管周围的管子，就将受到附加轴向拉应力的作用，从而加快自身的应力腐蚀破坏。

预防措施如下。

（1）合理选择管材，制定合理的开停工程序，加强在线监测，严格控制运行条件，防止和减轻应力腐蚀。对工艺介质进行适当处理，降低其腐蚀性。

（2）采取先进水处理新工艺、新配方。

（3）优化结构设计，在流体入口前设置缓冲罐，减少脉冲，适当减小折流板间距和折流板厚度，增大管壁厚度。

（4）处修复胀管要慎重。修复管束时，采用堵管方法也应慎重，在可以更换管子的场合，应尽量拆管更换，而不采用堵管的方法。

二、废热锅炉安全技术

（一）废热锅炉的类型

在化工、石油化工生产中，锅炉是必不可少的热力设备，它不仅能生产较高压力的动力蒸汽，而且还可以回收废热。冷却高温工艺气体、控制化学反应气体的温度和冷却速度的锅炉称工艺用锅炉（或称废热锅炉、余热锅炉）。废热锅炉既是回收热量生产低中压蒸汽的动力锅炉，又是有化工介质的工艺设备。由于它主要完成热量传递，因此，其基本结构是一个具有一定传热面积的传热设备。废热锅炉的结构形式多种多样，其分类方法如表8-6所列。化肥、化工、炼油厂用得最多的是固定平管板式火管废热锅炉和挠性管板式、碟式管板式、烟道式废热锅炉等。

表 8-6　废热锅炉的分类

分类方法	类型	适用范围
炉管内流动介质	水管式	蒸汽压力高、蒸发量大的工厂
	火管式	中小型低压锅炉
炉管的位置	卧式	中小型废热锅炉
	立式	回收热负荷大、蒸汽压力较高的大型化工装置
操作压力	低压	p<1.3MPa
	中压	1.4MPa<p<3.9MPa
	高压	4MPa<p<10MPa
汽水循环系统工作特性	自然循环式 强制循环式	化工厂中的废热锅炉
结构形式	列管式	中小型氨厂转化气、乙烯、制氢、硫酸等
	U形管式	高温高压
	刺刀管式	
	螺旋盘管式	压力较高、管壳之间热膨胀差较大、重化气的废热回收
	双套管式	急冷高温裂解气
工艺用途	重油汽化	
	乙烯生产裂解急冷	
	甲烷-氢转化气	
	合成氨（前、中、后）置式	

这里只介绍卧式固定平管板式火管废热锅炉。它类似于管壳式换热器，管板直接焊在壳体上。这种锅炉除用作中、小型氨厂转化气的废热锅炉外，也可用于乙烯、制氢、硫酸、焦化等厂的废热回收。

（二）废热锅炉的运行特点

化工、石油化工生产工艺需要的蒸汽，一般在开车时需要的是由动力车间或供汽车间动力锅炉供给的 5.88×10^2 kg/h 低压蒸汽。装置在正常生产条件下，由原设计配有的工艺废热锅炉或辅助锅炉供给高压、中压蒸汽。例如，化肥厂造气车间、合成车间的废热锅炉、辅助锅炉、夹套锅炉；化工厂硫酸车间的废热锅炉；油漆厂的快装锅炉等，都属于工艺用锅炉。

废热锅炉的共同特点是：操作条件比较恶劣（如高温、高压、热流强度大，锅炉受压元件的热应力大等），并要求连续、稳定地安全运行，对高温工艺气的温度和冷却速度的控制要求十分严格。

废热锅炉的运行比常规锅炉更复杂，废热锅炉利用的是余热，不仅是高温气体的显热，而且还利用某些废气中所含少量的可燃物质（如一氧化碳、氢气、甲烷）等化学热能。例如，催化裂解装置中再生器排出的再生气体，其温度可达 550~750℃。另外，催化裂解装置再生器排出的高温烟气中含有很多粉状催化剂。烟气中灰分含量高，不但对流受热面的磨损加剧，而且因为受热面积灰严重，需要经常除灰和定期停炉清扫，给生产带来一定困难。有些高温烟气中含有较多的二氧化硫和三氧化硫，使得烟气露点升高，受热面的低温腐蚀严重，检修工作量增加。

为了强化化工、石油化工生产的安全管理，除国务院有关部门颁发的"蒸汽锅炉安全技术监察规程"、"锅炉压力容器事故报告办法"、"化肥生产安全技术规程"（含蒸汽锅炉部分）外，还从锅炉的结构设计与材质选择上进行了改进。尽管如此，近10年来的生产实践表明，锅炉发生的事故仍是比较频繁的，包括国外引进的大型化工、化肥装置的锅炉，常见事故有炉管爆破（即加热部件管子的破裂）、炉体损坏、管束失效事故等。

（三）废热锅炉的危险有害因素和预防对策

1.炉膛和壳体爆炸

锅炉炉膛爆炸是指可燃性物质与空气混合浓度达到爆炸极限，遇到明火时发生的爆炸；锅炉壳体爆炸是指压力急剧升高，超过锅炉受压元件材料所能承受的极限压力时发生的爆炸。

发生炉膛和壳体爆炸事故的主要原因如下。

（1）锅炉焊接质量低劣，造成锅炉强度严重不足。

（2）安全阀、压力表失灵。

（3）管线无水、断水。

（4）操作失误，如在造气车间对废热锅炉上管进行处理后，开车送气2h而送气阀门未打开，致使锅炉压力急剧升高，引起锅炉爆炸。

（5）锅炉停炉检修油管后，由于判断错误，误把烘炉进气阀关小，使火熄灭，发现后再开风机但又忘记打开进口风挡板，然后将灭火的煤气阀开启，使大量煤气充满炉膛，用引火枪点燃时引起炉膛爆炸。

（6）锅炉列管漏水后，盲目决定停止废热锅炉运行，关闭锅炉与造气炉水夹气包相连的出入口阀门，同时仍使造气炉出来的高温煤气通过废热锅炉列管。

由于废热锅炉内有相当数量的水没被放净，而进出口阀门又关闭，形成了水蒸气系统的封闭状态，当高温煤气通过列管时使炉水蒸发，炉内压力不断升高导致爆炸。

2.炉管爆裂和变形及失效

炉管爆裂、炉管变形、列管失效是导致锅炉被迫停车检修的重大事故，而锅炉严重缺水、烧干后加水、管子局部过热是导致炉管爆裂的典型事故。发生此类事故的主要原因如下。

（1）快速和连续排污，使用锅炉严重缺水。

（2）锅炉仪表失灵，水表安装不良，有向下倾斜的现象，致使水表连管积水或未按规定冲洗水位计，使之严重缺水后形成假液面，液位指示报警失灵。

（3）水质管理差，锅炉给水处理长期不良或根本没有进行水质处理，致使水质硬度、碱度、含盐量大大超过规定指标，在炉管内壁沉积形成严重的水垢或使炉管堵死。

（4）自动给水失灵，发生严重缺水烧干时，锅炉工不但没有停炉反而大量补水，致使锅炉水冷壁管爆炸，炉顶下塌，渗漏严重。

（5）设计制造缺陷，锅炉过热器发生磨穿爆管事故。

（6）列管失效。引起固定管板式火管废热锅炉的列管失效的原因比较复杂，它涉及结构设计、材料选择、制造工艺和水质处理等问题。如制造中管束不胀段控制不严或漏胀，使管子与管板形成间隙，积液浓缩对管子产生腐蚀，振动引起应力腐蚀，给水处理失控，水质硬度增高，洗炉时清洗液中块状物质排放不净都会引起列管失效事故发生。

3.锅炉严重缺水

锅炉严重缺水或烧干是化工、石油化工生产用锅炉普遍发生的一种事故。据不完全统计，我国小氮肥行业发生锅炉严重缺水、烧干事故172起，其中因违章操作而发生的事故占62.8%，因设备缺陷、仪表失灵而发生的事故占9.9%。这种事故不仅会造成炉管爆裂、水冷壁管全部或局部变形、炉胆严重变形、设备报废，甚至因处理不当，如在炉管或炉筒烧红的情况下大量补水，使其产生大量蒸汽，引起气压突然猛增而导致锅炉爆炸。

造成锅炉严重缺水事故的主要原因如下。

（1）没有对水位严密监视和定期上水。

（2）水位计指示不正确、液面自控仪表失灵，或没有按照操作规程定期冲洗水位计，使其造成假液面，操作人员误操作以致缺水烧干。

（3）自动上水仪表装置失灵（如仪表信号管路被杂物堵塞），使锅炉断水。

（4）锅炉排污阀泄漏，关闭不住或忘记关闭，或排污时未与锅炉工联系。

（5）锅炉水管、水冷壁管或省煤器管破裂，火管与管板间大量漏水。

4.锅炉火管漏水

当废热锅炉火管漏水时，由于管间蒸汽和水的压力大于管内可燃气体的压力，因此，蒸汽和水就容易进入管内。废热锅炉气体的进出口压差增大，汽化炉炉压升高；锅炉产蒸汽量减少，给水量增加。发生此类事故的原因如下。

（1）锅炉火管材质和焊接质量差。

（2）火管被气体中的碎耐火砖等杂质磨损穿孔，或个别火管被堵塞，火管局部热负荷过大，机械强度降低。

（3）锅炉水质差，如总固体含量高，结垢严重，管壁过热，锅炉水没有进行除氧处理，火管受高温氧化腐蚀。

（4）操作不当，废热锅炉严重缺水，火管被烧坏。

5.锅炉火管堵塞

废热锅炉火管堵塞是指碎耐火砖、油焦和炭黑等造成火管堵塞时，将出现汽化炉压力逐渐上升，废热锅炉的进出口压差增大，由于汽化炉超压，被迫减量生产或停车处理。其主要原因如下。

（1）汽化炉开车时，炉膛温度较低，重油雾化不好，炭黑和油焦的混合物易堵塞火管。

（2）汽化炉耐火放脱落或超温耐火砖熔融物带入火管内，引起火管堵塞。

（四） 废热锅炉运行事故的处理

1.工艺气体出废热锅炉的温度超高或偏低

流经废热锅炉的工艺气体，其进、出口温度有严格的要求，特别是出口温度超高或偏低，不仅对工艺生产有影响，同时对设备管道都是不允许的。出口温度超高，会使设备、管道及密封材料的强度下降，在压力作用下可能发生事故。出口温度偏低，不仅影响后面的工艺生产，同时如果气体中含有腐蚀性成分且温度低于露点温度，则对材料还有一定的腐蚀作用。

废热锅炉工艺气出口温度偏低的原因主要是由于工艺生产负荷降低或水侧的蒸汽压力下降，使其蒸发的温度亦下降，如果设计留有较大余量的传热面积，则传热速率较高就可能使出口温度偏低，故应适当加大工艺气体的负荷或提高水侧蒸汽的压力。

废热锅炉工艺气出口温度超高的原因有下列几种。

（1）工艺气体负荷增加，过多的热量来不及被水吸收，随气体逸带出炉。

（2）进废热锅炉的工艺气体温度偏高，在同样的传热面积下，无法取出更多的热量而使出口气体的温度偏高。

（3）由于工艺气体携带的灰尘，微粒及结焦物质存积在受热管的表面上，或堵塞通道，使传热效率降低或传热面积减少，因而导致气体的出口温度偏高。

（4）水侧受热管的表面形成水垢，使传热情况恶化，热量无法迅速传递而影响气侧的出口温度。

（5）水侧的自然循环倍率降低或因缺水造成水循环恶化，产气最降低，致使气侧温度降不下来。

（6）气包的水蒸气压力提高，使沸点亦升高，因而，相应的气侧出口温度亦升高。

废热锅炉工艺气的出口温度升高后，应立即查清原因，采取措施，消除超温的各种因素，制止继续超温，否则应立即停车停炉。如某厂以重油为原料产生裂化气体，设有两台废热锅炉，工艺气体进炉温度1350℃，出炉温度350℃以下，气体中带有炭黑微粒。由于炉中密封结构破坏，部分高温气体短路而过，致使出炉温度不断升高，操作运行人员采取各种措施，寻找超温原因，并在废热锅炉出口处喷水冷却降温，但由于运行中密封无法修理，出口炉温继续上升，在10min内出口温度升到700℃，使出口管道、法兰烧成褐红色，各法兰的密封材料石棉板被烧毁变质冒烟，在压力作用下气体泄漏严重，只有采取紧急措施将工艺生产停车并停炉。废热锅炉的出口工艺气体超温，在运行中应十分重视，否则，容易发生爆炸及停产事故。

2.水位失常

（1）缺水。气包炉水液面低于最低水位线时，叫作炉内缺水，这是废热锅炉运行中比较常见的事故，而且最易造成大的损失。根据缺水程度可分为轻微缺水、严重缺水和无水干锅几种。缺水应立即摸清水位实际情况，采取相应的紧急措施。

轻微缺水：用冲洗液面计和排放开启液位计导淋阀（叫水）等简单方法可以使水位重新出现，这种缺水不需停车处理，向炉内增加水量即可恢复正常液位。

严重缺水：当采取冲洗液面计或"叫水"的方法不能使液位恢复正常，水位线不能再出现时，称为严重缺水。此时，应采取紧急措施，迅速查明原因和摸清实际的水位，否则，应立即停车停炉。

无水干锅：如果气包内已无水位，工艺气体出口温度猛升，此时，可初步确定锅内受热管中已无水或烧干，应该紧急停炉、停车，此时不能向气包内加水，否则，进水后大量产生蒸汽，压力猛涨，容易发生爆炸事故。同时，炉管由于激冷而变形破裂。

发生缺水的原因很多，主要有下列几个方面。

①自动上水控制调节和指示系统失灵，不能判断正确，产生误操作，致使炉内断水。

②上水管路沿程管件，阀门结构破坏，而外部一时又无法观察清楚，使供水不能顺利进行，造成缺水。

③工艺气体负荷突然猛增，使水侧蒸发量也相应骤增，如上水没有作适当调整，则可能使气包液位急剧下降。

④蒸气用量减少，产气量未变，则使气包有限的容积内蒸气增加，水量减少，水位下降；当蒸气压力升高时，气包液位也可能下降。

⑤供水泵出口压力下降，供水进入炉内困难，使气包难以维持供水。

⑥排污量控制不当，当排污量和蒸发量大于供水量时，水位也下降。

⑦操作人员疏忽大意，不及时检查液位或液位计水位看不清等。

（2）满水。废热锅炉的满水现象是气包水位超过最高水位线，蒸气中携带水分，严重者可使用气设备损坏而停车，造成事故。满水一般是由于操作人员疏忽大意，不注意检查液位所造成的。当负荷变化时，上水量超过蒸发量，使炉水量越来越多，可通过开启排污、调节流量来降低液位。

（3）水位不明。气泡水位不明是在运行中经常可能发生的现象，一般由于液位计不定期冲洗或事实上已经缺水或满水所造成的。此时，可开启导淋阀排放液面计内水，观察玻璃管内液位有否波动，如无波动，则立即开启液位计上部冲洗阀，冲洗液面计玻璃，再次关闭冲洗阀和导淋阀，检查液位情况，此时，如果液位已显示出来，则证明水位不明是由于冲洗不勤所造成的。如果液位仍无显示，则应按缺水或漏水方法检查，并迅速处理。

3.超压

废热锅炉的超压也是一种比较严重的事故，特别是高中压废热锅炉，超压运行更是十分危险。超压原因有的由于违反运行规程，擅自提压；有的由于运行人员玩忽职守，不遵守纪律甲有章不循，当各种负荷和参数起变化时不及时调整或擅自离开岗位没有发现，造成超压事故；有的由于压力表、安全阀失灵，不能按实际压力指示和动作，管理不严而盲目地运行操作以致造成超压。如某厂有一台废热锅炉，气包位置在 25m 高的框架上，冬天压力表存水管处被冰冻，压力表指示不动弹，安全阀又调整不当，在规定的最高压力下未起跳，运行操作人员没有发现这一情况，由于短时离开岗位，用气负荷降低而产气量未变，气包压力很快超过最高许用压力，安全阀未动，直至超过规定压力 106Pa，废热锅炉水侧的法兰密封全部迫漏，将密封垫片冲出，待发现后紧急停车停炉，由于冰冻很深，检修更换困难，造成全部停产 3 天，损失较大。

4.气水共腾

在玻璃液位计内炉水上下翻腾，炉水起泡沫，波动冲击剧烈，蒸气夹带的水量较多，管道内发生水击等，这种现象称为气水共腾。这是由于排污不当，使炉水含盐量偏高所造成的。处理办法是加强排污，降低水位，改善水质，气水共腾即可消失。

5.水循环不正常

有些废热锅炉由于结构特殊，水循环倍率小，尤其是高压废热锅炉，汽水重度差小，再加上结构的问题，造成水循环不良，因而，在高温工艺气体的作用下受热管壁超温而破裂。有些废热锅炉，开车开炉、升温升压阶段水循环很难建立起来，如插入式和 U 形管式废热锅炉在升温升压时不易建立水循环，操作时要采取强制性循环，如果操作不当，可能使循环破坏，造成爆管事故。

6.水质不良

废热锅炉形式多样，水质要求较高，特别是火管式废热锅炉，如果不符合水质要求，含盐、硬度及含氧量较高，则可能造成水侧结垢严重，传热效率降低，使受热管壁温升高而破坏。特别是其有管板、列管的废热锅炉，由于水质较差，使管子和管板处在高温作用下腐蚀严重，材料疏松，强度降低，管子脱落，以致破坏，有的无法修理：因废热锅炉结构比较复杂，制造、修理都比较困难，有些火管式废热锅炉火焰直接烧在管板上，如果水质不良，更易使管子与管板连接处升温而破裂。

7.气道堵塞或结焦

带有灰尘和微粒的工艺气体，如果流速较慢，则通过废热锅炉时易堵塞受热管气道（严重者整个气道堵塞），或在受热管表向积存一层微粒，使传热效率降低，致使气体出口温度升高，水循环破坏等。轻度堵塞可采用工艺气体加大流速或降压升压等冲击性办法将气道吹通，严重者应停产停炉清洗处理，清洗办法可有化学清洗、机械清洗等。

三、蒸发器安全技术

（一）蒸发器的类型

蒸发器也是一种热交换器，蒸发器的作用是使低压、低温制冷剂液体在沸腾过程中吸收被冷却介质（空气、水、盐水或其他载冷剂）的热量，从而达到制冷的目的。

根据被冷却介质的种类，蒸发器可分为两大类。

（1）冷却液体（水或盐水）的蒸发器，有直立管式蒸发器、双头螺旋管式蒸发器和卧式壳管式蒸发器等。

（2）冷却空气的蒸发器，一般称为蒸发排管。

（二）蒸发器的安全运行

选型蒸发器主要应考虑被蒸发溶液的性质，热敏性和是否容易结晶或析出结晶等因素。

为了保证蒸发设备的安全，应注意以下几方面。

（1）蒸发热敏性物料时，如黏度、发泡性、腐蚀性、热敏性应选用膜式蒸发器，以防止物料分解。

（2）蒸发黏度大的溶液，为保证物料流速应选用强制循环回转薄膜式或降膜式蒸发器。

（3）蒸发易结垢或析出结晶的物料，可采用标准式或悬筐式蒸发器或管外沸腾式和强制循环型蒸发器。

（4）蒸发发泡性溶液时，应选用强制循环型和长管薄膜式蒸发器。

（5）蒸发腐蚀性物料时，应考虑设备用材，如蒸发废酸等物料应选用浸没燃烧蒸发器。

（6）对处理量小的或采用间歇操作时，可选用夹套或锅炉蒸发器。

四、加热炉安全技术

加热炉（或称工业炉）是指用燃料燃烧的方式将工艺介质加热到相当高温度的设备。从广义上说，它也是一种传热设备。加热炉的传热方式主要是热辐射，而工作介质在受热过程中往往伴随有化学反应，因此，它是一种比较复杂、特殊的传热设备。

在化肥、化工、炼油生产中，加热炉的应用非常广泛，其种类也多种多样。

按加热炉的形状及热物料的状态不同，可将其分类，如表8-7所列。

加热炉的结构一般由四部分组成，即燃烧装置、燃烧室（或炉膛）、余热回收室和通风装置。

加热炉所用的燃料可分为固体燃料、液体燃料和气体燃料。合成氨厂的转化炉是以天然气为原料的，气化炉是以重油为燃料的，煤气发生炉则是以煤为燃料的。炼油厂的加热炉如各种烯烃的裂解炉等，都是生产中常见的加热炉。广泛用于炼油工业的加热炉多为管式加热炉。

由于种种原因导致加热炉炉管泄漏、严重损坏、爆炸、炉嘴环隙堵塞和整个露体爆炸是常见的事故。

表8-7　加热炉的分类

炉型	结构形式	应用
加热流体型	釜式炉	焦油蒸馏釜式炉
		精萘蒸馏釜式炉
	管式炉	炼油管式加热炉
		烃类裂解管式炉
		烃类蒸气转化管式炉
		可燃气体的各种管式炉
熔融固体型	反射炉型	硅酸钠制造炉
移动层炉型	发生炉型	煤气发生炉、水煤气发生炉
		鲁奇加压煤气发生炉
		油页岩干馏炉
	熔矿炉型	钙、镁、磷肥高炉
气流反应炉型		重油加压汽化炉
		硫磺焚烧炉
		重油制炭黑炉
		天然气制炭黑炉
		天然气部分燃烧制乙炔炉

第三节　储运设备安全技术

一、储罐安全技术

（一）储罐的类型及结构

储罐（或储槽）是指石油化工生产中用于储存盛放气体、液体、液化气体等各种介质，维持稳定压力，起到缓冲、持续进行生产和运输物料作用的容器（或设备）。储罐的种类很多，按容积大小可分为小型储罐和大型储罐。小型储罐按占地面积、安装费用和外观情况可分为立式和卧式；大型储罐按其形状可分为锥顶罐、拱顶罐、浮顶罐、球形罐等。石油炼制装置多采用大型储罐，小型储罐在化肥、化工、炼油生产中也得到了广泛应用。按储存介质种类的不同，有液氨储槽、丙烷、丁烷、液化石油气罐，液氧、液氮、液态二氧化碳容器以及压缩空气储气罐和缓冲罐等。

储罐的结构一般有以下三种。

（1）中小型储罐。由圆筒体和两个封头焊接而成，通常器内为低压，其结构比较简单。

圆筒体一般采用无缝钢管或钢板卷焊而成。封头形状可分为四类，即蝶形、椭圆形、半球形和半锥形。随罐内所需压力的增加，可依次选用蝶形、椭圆形、半球形封头的结构形式。当容器内含有颗粒状、粉末状的物料或是黏稠液体时，它的底部常用锥形封头，以利于汇集和卸下这些物料。有时为了使气体在器内均匀分布或改变气体速度，也可采用锥形封头。

（2）大型储罐。主要用于储存不带压力、腐蚀性较小的液体和煤气。其罐顶形式有三种，即锥顶、拱顶和浮顶等。

锥顶罐采用 1/16-1/5 锥度，圆锥顶承受的内外压力很低，只能承受 -500~500Pa 的压力。

拱顶罐耐压为 0.01~0.02MPa，罐顶为拱形，管壁上设有加强圈。

（3）球形罐。它也属于大型储罐，在相同容积下表面积最小。在相同压力下，球形罐比圆筒形罐的壁厚要薄，其壳体应力为圆筒形罐壳体应力的 1/2，但制造加工复杂，造价较高。它主要用于大型液化气体储罐，例如，丙烷、丁烷、石油液化气以液态储存时一般采用球形储罐。从日本、法国引进的 30 万 t/年合成氨装置的液氨储罐和液化石油气等易挥发性液体的储罐都采用球形储罐。

（二）储罐的选择

（1）常温时，存储接近常压气体的储罐采用气柜；存储经过加压的气体，通常采用卧式储罐、球形储罐和高压气瓶。

（2）常温、常压的条件下，储存液体（如石油、汽油、煤油、柴油等石油液体产品）一般用立式圆筒形储罐；当在容量不大于 100m³ 条件下，也经常用卧罐。

（3）常温、压力储存的液化气体（如液化石油气体），当在容量不大于 100m³ 条件下，常用卧罐；容量大于 100m³ 时，通常用球形储罐。

（4）负压条件下，存储液化石油气，通常用立式圆筒形储罐。

（三）储罐安全存量的确定

原料的存量要保证生产正常进行，主要根据原料市场供应情况和供应周期而定，一般以1~3个月的生产用量为宜；当货源充足，运输周期又短，则存量可以更少一些，以减少容器容积，节约投资。中间产品的存量主要考虑在生产过程中因某一前道工段临时停产仍能维持后续工段的正常生产，所以，一般要比原料的存量少得多；对于连续化生产，视情况存储几小时至几天的用量，而对于间歇生产过程，至少要存储一个班的生产用量。对于成品的存储，主要考虑工短期停产后仍能保证满足市场需求为主。

（四）储罐适宜容积的确定

主要依据总存量和容器的适宜容积确定容器的台数。这里容器的适宜容积要根据容器形式、存储物料的特性、容器的占地面积以及加工能力等因素进行综合考虑确定。

一般存放气体容器的装料系数为1，而存放液体容器的装料系数一般为0.8，液化气体的储料按照液化气体的装料系数确定。

经过上述考虑后便可以具体计算存储容器的主要尺寸，如直径、高度及壁厚等。

二、管道安全技术

管道（又称配管）是用来输送流体物质的一种设备，广泛用于化工、石油等行业。据资料统计，用于化工厂管道的建设投资约占化工厂全部投资的30%以上。化肥、化工、炼油采用的管道主要用于输送、分离、混合、排放、计量和控制或制止流体的流动。

由于化工生产的连续性，生产过程除常温常压外，许多是在高温高压、低温高真空条件下进行的，而且许多工作介质还具有易燃易爆、有腐蚀、有毒性的特点，因此，对管道安全运行带来一定的威胁，加之石油化工厂的管道与其他工业相比，数量多，尺寸、形式多种多样，而且错综复杂，这就加剧了发生事故的可能性和危险性。

发生管道破裂与爆炸主要原因有以下几个方面。

（一）管道设计不合理

（1）管道挠性不足。由于管道的结构、管件与阀门的连接形式不合理或螺纹制式不一致等原因，会使管道挠性不够。当然，这和管道的加工质量密切相关。如果发现管道挠性不足，又未采取适宜的固定方法，很容易因设备与机器的振动、气流脉动而引起管道振动，从而致使焊缝出现裂纹、疲劳和支点变形，最后导致管道破裂。

（2）管道工艺设计缺陷。这是一个管道工艺设计问题，如氮气与氧气的管道连接在一起，操作中误关闭充氮阀门，致使氧气进入合成水洗系统，形成爆炸性混合物，会导致整个系统（包括管网）爆炸。还有，在管道设计中没有考虑管道受热膨胀而隆起的问题，致使管道支架下沉或温度变化时因没有自由伸长的可能而破裂。

预防措施如下。

（1）管道应尽量直线敷设，平行管的连接应考虑热膨胀问题。

（2）置换或工艺用惰性气体与可燃性气体管道应装设两个阀门，中间应加装放空阀，将漏入的氧气放空，防止氧气窜入到氮气管道。喷嘴氧气进口管道的氮气置换，可采用中压蒸汽置换吹扫，以免氧气与氮气管道相连通。

（二）材料缺陷、误用代材和制造质量低劣

（1）材料缺陷。由于材料本身缺陷，如管壁有砂眼，弯管加工时所采用的方法与管道材料不匹配或不适宜的加工条件，使管道的壁厚太薄、薄厚不均（如ϕ56×7mm 的精炼气总管壁厚相差 0.5~1.5mm；管道冷加工时，内外壁有划伤，使壁厚变薄，在腐蚀介质作用下，易产生应力腐蚀，加速伤痕发展以至发生断裂）和椭圆度超过允许范围。

（2）误用代材。选用代替材料不符合要求（如用有缝钢管代替无缝钢管，用15CrMo 材质取代 1Cr18Ni9Ti 的无缝钢管）或误用。材料的误用在设计、材料分类和加工等各个环节都有可能发生。如误用碳钢管代替原设计的合金钢管，将使整个管道或局部管材的机械强度和冲击韧度大大降低，从而导致管道运行中发生断裂爆炸事故，这在国内外都有深刻的教训。

（3）焊接质量低劣。管道的焊接缺陷主要是指焊缝裂纹、错位、烧穿、未焊透、焊瘤和咬边等。

预防措施如下。

（1）严格进行材料缺陷的非破坏性检查，特别是铸件、锻件和高压管道，发现有缺陷材料不得投入使用°安装后，进行水压试验，试验压力应为工作压力的1.5倍。

（2）按管道的工艺条件正确选择钢管形式、材质，切不可随意代替或误用。

（3）对管道的焊缝进行外观检查和无损检验，确保焊接质量。焊工需经考试合格后方可正式进行焊接。

（三）违章作业、操作失误

（1）在停车检修和开车时，未对管道系统进行置换，或采用非惰性气体置换，或置换不彻底，空气混入管道内，氧含量增加。如果其浓度未达到爆炸极限，混入管道的氧气与其内的可燃性气体发生异常反应，反应后产生的压力远超过其设

计压力，则使管道随设备一起发生破坏；如果其浓度达到爆炸极限，爆炸性混合气体就有发生爆炸的危险。

（2）检修时，在管道（特别是高压管道）上未装盲板，致使空气与可燃性气体混合，形成爆炸性混合气体，检修动火时发生爆炸；或在检修完工后忘记拆除管道上的盲板，开车时因截断气体或水蒸气的去路，造成憋压而爆炸。

（3）检修脱洗塔放水后，空气进入管道内与洗涤水中溢出的氢气混合，形成爆炸性混合气体，用铁质工具堵盲板时产生火花而爆炸。

（4）用蒸汽吹扫管道时，因忘记关闭或未关严蒸汽阀门；紧急停车检修时，因忘记及时打开煤气发生炉盖板、放空阀，又未作吹扫处理等，以及水封被堵死、止逆阀失灵、突然断电、鼓风机停止运行等原因，造成可燃性气体（如煤气）管道与水蒸气管道，煤气管道与空气管道，煤气或重油管道与氧气管道之间产生压差，致使可燃性气体（如煤气）、重油倒流入正在检修中的水蒸气管道、处于常压状态下的空气总管道和氧气管道中，形成爆炸性混合气体，而引起管道爆炸。

（5）因氧含量超标（氧含量高达3%），化学反应（变换反应）压力超高使管道超压，或中压裂化气导入低压水管道时超压，当超过管道的强度极限时而破裂或遇火爆炸。

（6）违章作业和检修中违章动火。为综合利用能源，误将水电解产生的氢气的一部分用来与煤气混烧，在混烧中，因掺入的氢气中混入空气，遇环己酮脱氢炉的火嘴明火而爆炸。

（7）检修时未作动火分析就进行检修造成爆炸。

预防措施如下。

（1）在停车检修和开车时，应按规定进行管道系统的置换吹扫工作，经检查确认合格后，方可动火或开车。

（2）检修前后，应按规定进行管道盲板的抽堵工作，采用正确的抽堵方法，切不可用金属工具，以免造成火花。

（3）压力或拆开蒸汽管道上的法兰分段吹扫。因突然断电停车时，应按规定及时打开炉盖、放空阀，切断空气总阀，防止煤气倒流入空气总管。建议增设紧急停车联锁装置和空气总管防爆膜。

（4）严格控制氧含量，当合成氨厂半水煤气的氧含量大于1%时，必须切断氧气，防止高压气体进入低压管道。发现压力超高时应采取紧急措施。

（5）严禁将易形成爆炸性混合气体的氢气与煤气混烧，如工艺需要必须采用此办法时，要有极严格的安全措施。严格执行动火的有关规定，动火前必须作动火分析，确认合格后，办理动火证，且在非禁火区内方可动火。

（四）维护不周

（1）管道长期受母液、海水腐蚀，或长期埋入地下，或铺设在地沟内与排水沟相通，被水浸泡，腐蚀严重而发生断裂，致使大量可燃性气体外泄，形成爆炸性混合气体。

（2）装有孔板流量计的管道中，因流体冲刷厉害，壁减薄严重而破裂。

（3）因气流脉冲使所连接的化工机器与设备振动干扰，引起管道剧烈振动而疲劳断裂。

（4）管道泄漏严重，引起着火。

（5）有油润滑的压缩机管道，高温下积炭自燃引起燃烧爆炸。

（6）管道承受外载过大，如埋入地下的管道距地表面太浅，承受来往车辆重载的压轧使管道受损（如140m长的管线多处破裂），或回填土压力过大，致使管道破裂。

（7）压力表、安全阀失灵（如压力表、安全阀管道堵塞），致使管道、设备超压时不能准确反映压力波动情况，超压下不能及时泄载。

预防措施如下。

（1）定期检查管道的腐蚀情况，特别是敷设埋入地下的管道，应按有关规定或实际情况进行修复或更换。

（2）控制孔板的流速，定期检查其磨损情况。

（3）采取合理的管道布置和妥善的加固措施，在进出振动较大的化工机器和设备的附近，应设置缓冲装置，以减轻对管道的干扰。发现严重振动时，应及时设法排除。

（4）定期检查管道的泄漏情况，查明原因，及时采取有效措施。

（5）合理选择汽缸润滑油，保证油的质量，按说明书的要求注油，油量适当、适时。采取先进水质处理工艺，定期清理污垢，严格控制排气温度。应装设油水分离器，及时排放中间冷却器、汽缸和管道内的油水。压缩机吸入口处应装设滤清器，储气罐应放在阴凉位置。

（6）按规定要求铺设地下管道，避开交通车辆来往频繁、重载交通干线或其他外载过重的地域，且回填土适度。

（7）定期校验压力表，重新调整安全阀开启压力，发现压力表、安全阀失灵时应及时修复或更换。

管道发生断裂、爆炸事故的原因是多方面的，而且造成同一起管道破裂爆炸事故往往不是某一种原因，因此，在上述的事故原因统计中，大都是按第一位原因计算事故起数的。

由上述分析可知，发生管道破裂、爆炸重大事故的主要原因是由于管道内外超载、管道内可燃性气体混入空气或可燃性气体倒流入空气系统形成爆炸性混合气体，遇明火爆炸引起的。

当然，发生此类事故的原因虽多，但操作失误、违章作业和维护不周的情况占绝大多数，其次是因设计、制造、安装、检修不合理引起的。这里需要指出的是，全国小氮肥企业发生的可燃性气体（煤气）倒流引起空气总管爆炸事故很多，1966年至~1981年就发生了32起，平均每年3起，造成的直接经济损失为8.18万元。管道与众多化工设备与机器相比，虽不被人们更多关注，但是管道的作用以及发生的破坏事故是不可忽视的。特别是因管道发生故障而引起设备、机器甚至装置破坏也很多，因此，应引起有关人员的高度重视。

第四节　动力设备安全技术

一、压缩机安全技术

（一）压缩机的类型

压缩机是一种用于压缩气体、提高气体压力和输送气体的机械。

按照压缩气体的原理、能量转换方式的不同，压缩机可分为容积式和速度式（或称透平式）两种基本类型。容积式压缩机是依靠汽缸工作容积的周期性变化来压缩气体，以提高气体压力的机械。

按照活塞在汽缸中运动方式的不同，可分为往复活塞式（简称往复式或活塞式）压缩机和回转式压缩机。

透平式压缩机的工作原理与容积式截然不同，它是一种叶片旋转式机械。它依靠高速回转的叶轮，使气体在离心力作用下以很高的速度甩出，从而获得速度能和压力能，然后通过扩压元件将速度能转化为压力能。透平式压缩机按照流体方向的不同，又有离心式、轴流式和混流式三种结构形式。按排气压力大小，压缩机又可分为通风机、鼓风机和压缩机。

1.活塞式压缩机

活塞式压缩机包括主机和辅机两部分。它主要由机身、汽缸、曲轴、连杆、十字头、活塞杆、活塞组件、填料和吸排气阀组成。其中曲轴、连杆、十字头构成曲柄连杆运动机构，活塞式压缩机就是借助于这套运动机构，将原动机的回转运动变成活塞的往复直线运动，从而周期性地改变汽缸工作容积，以实现气体的吸入、压缩和排出过程。曲轴、连杆、连杆螺栓、活塞杆断裂是活塞式压缩机常见的事故。

汽缸和活塞是实现气体压缩的主要零部件，而汽缸发热、异常振动、开裂和活塞断裂事故，在活塞式压缩机工作中是屡见不鲜的。

活塞环、气阀阀片与弹簧和填料是易损件，而它们的寿命长短与可靠性将直接影响压缩机运行的稳定性运行周期。

辅机部分包括滤清器、缓冲器、气液分离器、中间冷却器、注油器、油泵和管路系统。其中缓冲器、中间冷却器、气液分离器的燃烧爆炸事故多为常见。

2.螺杆压缩机

螺杆压缩机按螺杆的数目不同，可分为单螺杆和双螺杆压缩机。按运行的方式不同，可分为喷油（湿式）和无油（干式）螺杆压缩机。

双螺杆压缩机主要由一对转子、机体（或称汽缸）、轴承、同步齿轮及轴封等零部件组成。

两个互相啮合的阴阳转子（或称螺杆）平行配置在呈"∞"形的机壳内，两个转子在机壳的两端用轴承支持，在转子的轴端有同步齿轮。当两个转子同步反向旋转时，阳转子（主转子）的凸齿连续不断地向阴转子（从动转子）的齿槽中填塞即逐渐啮合，使各自两个齿间与汽缸内壁所形成的工作容积逐渐变化来实现气体的吸入、压缩和排出三个过程。

因螺杆压缩机无磨损件，可实现无油润滑，故适用于中、低压及中、小排量（小于 $10m^3/min$）动力用空气压缩、工业气体压缩、制冷工业或允许气体带有液体以及粉尘微粒的使用场合。

抱轴、烧瓦、轴承损坏是螺杆压缩机觉见的事故。

3.液环式压缩机

液环式压缩机和液环式真空泵统称为液环泵，它既可作真空泵使用，也可单独作压缩机用，在少数情况下，也可输送液体。

液环泵是回转式容积泵的一种，因其通过旋转的液体来传递能量，故叫液环泵，如果工作介质是水，则称水环泵。

根据工作性能要求，液环泵有多种结构形式，常用的有单级作用液环泵、单级双作用液环泵。

YLJ型液环式氯气泵是我国目前生产较多的一种液环泵产品。它主要由泵体（包括锥形分配套、大盖、椭圆形壳体）、工作轮、轴承支座和密封装置构成。

泵体、轴承发热、振动和严重泄漏是液环式压缩机常见的事故。

4.离心式压缩机

大型化肥、化工、炼油生产用离心式压缩机一般分为几段进行压缩，段与段之间设置冷却器。每一个段一般又由一个或几个压缩级组成。每一个级是离心式压缩机升压的基本单元，它主要由一个叶轮及与其相配合的固定元件构成。叶轮是离心式压缩机中唯一做功部件，大部分压力（65%~70%）是在叶轮中形成的，所以单级压缩所能产生的压力是有限的，对于较高压力，要靠采用多级压缩的方法得到。由于气体在压缩机中流动方向与主轴线垂直，故称离心式压缩机，它和轴流式（气体在压缩机中流动方向与主轴线平行）压缩机统称为透平式压缩机。

离心式压缩机按其结构特点分为水平剖分型和垂直剖分型两种。

离心式压缩机的转速很高，一般是每分钟几千转或上万转，对动平衡要求极高。由于种种原因，转子不平衡就会引起叶轮飞裂、叶片断裂、转子损坏、轴承与轴瓦烧坏以及异常振动。

5.轴流式压缩机

轴流式压缩机是利用外界提供的机械能连续不断地使气体压缩并输送出去的机械。它首先是使气体分子获得很高的速度，然后让气体停滞下来，将动能转化为压力能，即将速度转化为压力，因此它是速度式压缩机主要类型之一。它与离心式压缩机最大的区别是气体流动的方向不同，不像离心式压缩机那样从轴向到径向的急转变，而是气体从轴向进入高速旋转的叶片，然后被叶片推到导叶中扩压，最后沿轴向排出。因此，轴流式压缩机的最高效率可达到90%。依据它的工作原理，单级压力比不可能像离心式机械那么高，故一般都采用多级形式。对于总压力比较大的轴流式压缩机而言，有不少是十级以上的。

轴流式压缩机的转速很高，一般大于4000r/min，宜采用高转速的驱动机直接驱动压缩机，避免使用高速、大负荷的齿轮箱传动。

轴流式压缩机运行中出现的故障有旋转失速，即在小流量区运行时，气流流入叶栅时正冲角增大，使叶片背面气流产生脱离，从而相继影响相邻的叶片，使脱流现象逐渐向叶片背弧方向传播，形成旋转失速，导致叶片在交变应力下发生疲劳破坏。

其次是喘振，即旋转失速进一步发展，使叶片背弧气流严重脱离，气流通道堵塞，机组发生喘振。发生喘振时，机组产生剧烈振动，如不及时采取有效措施，可导致某些零件损坏。

（二）压缩机操作中的危险因素

（1）机械伤害。压缩机的轴、联轴器、飞轮、活塞杆、皮带轮等裸露运动部件可造成对人的伤害。零部件的磨损、腐蚀或冷却、润滑不良及操作失误，超温、超压、超负荷运转，均有可能引起断轴、烧瓦、烧缸、烧填料、零部件损害等重大机械事故。这不仅造成机械设备损坏，对操作者和附近的人也会构成威胁。

（2）爆炸和着火。输送易燃、易爆介质的压缩机，在运转或开停车的过程中极易发生爆炸和着火事故。这是因为气体在压缩过程中温度和压力升高，使其爆炸下限降低，爆炸危险性增大；同时，温度和压力的变化，易发生泄漏。处于高温、高压的可燃介质一旦泄漏，体积会迅速膨胀并与空气形成爆炸性气体。加上泄漏点漏出的气体流速很高，极易在喷射口产生静电火花而导致着火爆炸。

（3）中毒。输送有毒介质的压缩机，由于泄漏、操作失误、防护不当等，易发生中毒事故。另外，在生产过程中对废气、废液的排放管理不善或违反操作规程进行不合理排放；操作现场通风、排气不好等，也易发生中毒。

（4）噪声危害。压缩机在运转时会产生很强的噪声。如空气鼓风机、煤气鼓风机、空气透平机等的工业噪声级常可达到92~100dB，大大超过国家规定的噪声级标准，对操作者有很大危害。

（5）高温与中暑。压缩机操作岗位环境温度一般比较高，特别是夏季，受太阳辐射热的影响，常产生高温、高湿度、强热辐射的特殊气候条件，影响人体的正常散热功能，引起体温调节障碍而引起中暑。

（三）压缩机的安全运行与操作

压缩机操作应遵守下列原则。

（1）时刻注意压缩机的压力、温度等各项工艺指标是否符合要求。如有超标现象，应及时查找原因，及时处理。

（2）经常检查润滑系统，使之通畅、良好。所用润滑油的牌号必须符合设计要求。润滑油必须严格实行三级过滤制度，充分保证润滑油的质量。属于循环使用的润滑油，必须定期分析化验，并定期补加新油或全部更换再生，使润滑油的闪点、黏度、水分、杂质、灰分等各项指标保持在设计要求范围之内。采用循环油泵供油的，应注意油箱的油压和油位；采用注油泵自动注油的，则应注意各注油点的注油量。

（3）气体在压缩过程中会产生热量，这些热量是靠冷却器和汽缸夹套中的冷却水带走的。必须保证冷却器和水夹套的水畅通，不得有堵塞现象。冷却器和水夹套必须定期清洗，冷却水温度不应超过40℃。如果压缩机运转时，冷却水突然中断，应立即关闭冷却水入口阀，而后停机令其自然冷却，以防设备很热时，放进冷却水使设备骤冷发生炸裂。

（4）应随时注意压缩机各级出入口的温度。如果压缩机某段温度升高，则有可能是压缩比过大、活门坏、活塞环坏、活塞托瓦磨损、冷却或润滑不良等原因造成的。应立即查明原因，作相应的处理。如不能立即确定原因，则应停机全面检查。

（5）应定时（每30min）把分离器、冷却器、缓冲器分离下来的油水排掉。如果油水太多，就会带入下一级汽缸。少量带入会污染汽缸、破坏润滑，加速活塞托瓦、活塞环、汽缸的磨损；大量带入则会造成液击，毁坏设备。

（6）应经常注意压缩机的各运动部件的工作状况。如有不正常的声音、局部过热、异常气味等，应立即查明原因，作相应的处理。如不能准确判断原因，应紧急停车处理。待查明原因，处理好后方可开车。

（7）压缩机运转时，如果汽缸盖、活门盖、管道连接法兰、阀门法兰等部位漏气，需停机卸掉压力后再行处理。严禁带压松紧螺栓，以防受力不均、负荷较大导致螺栓断裂。

（8）在寒冷季节，压缩机停车后，必须把汽缸水夹套和冷却器中的水排净或使水在系统中强制循环，以防汽缸、设备和管线冻裂。

（9）压缩机开车前必须盘车。压缩可燃气体的压缩机开车前必须进行置换，分析合格后方可开车。

二、风机安全技术

风机是输送气体，将原动机的机械能转变为气体的动能和压力能的机械。

按照输送气体的压力不同，风机可分为通风机（9.8~14.7kPa）和鼓风机（小于0.294MPa）两种类型。

按照介质在风机内部流动的方向不同，风机可分为离心式风机、轴流式风机和混流式风机。

按照工作原理不同，风机可分为回转式（罗茨鼓风机）、速度式（离心式、轴流式、混流式风机）和其他类型风机，如再生式鼓风机（或称旋涡风机）。

（一）离心式风机

离心式风机主要由叶片、叶轮前后盘、机壳、截流板、支架和吸入口等部件构成。机壳内的叶轮固装在原动机拖动的转轴上，叶片与叶轮前后盘连接成一体。

当叶轮随原动机拖动转轴旋转时，叶片间的气体也随叶轮一起旋转而获得离心力，并使气体从叶片之间的开口处甩出，被甩出的气体挤入机壳，于是，机壳内的气体压强增高，最后被导向出口排出。气体被甩出后，叶轮中心部位的压强降低，从而，外界气体就能从风机吸入口通过叶轮前盘中央的孔口吸入，源源不断地输送气体。

离心式风机常见故障是煤气倒流入风机内引起爆炸；叶轮、轴承、轴瓦烧坏；压力偏高或偏低；风机不规则振动和风机与电机一起振动等。

（二）罗茨鼓风机

罗茨鼓风机是最早制造的两转子回转式压缩机之一。它由一截面呈"8"字形、外形近似椭圆形的汽缸和缸内配置的一对相同截面（也呈"8"字形）彼此啮合的叶轮（又称转子）组成。在转子之间以及转子与汽缸之间都留有0.15~0.35mm的微小啮合间隙，以避免相互接触。两个转子的轴由原动机轴通过齿轮驱动，且相互以相反的方向旋转。汽缸的两侧面分别设置与吸、排气管道相连通的吸、排气口。

罗茨鼓风机在运行中常见的故障有因抽负压，空气进入系统，形成爆炸性混合气体而发生爆炸；鼓风机内带水，转子损坏，盘车盘不动，机壳发烫、振动、噪声大；电机电流超高或跳闸；出口压力波动大和泄漏中毒等。

三、泵的安全技术

泵是把原动机的机械能转变成被抽送液体的压力能和动能的机械。泵的种类极多，分类方法也多种多样。按泵的作用原理不同可分为以下几种类型。

（1）动力式泵。利用高速回转的叶轮将能量连续地施加给液体，使其提高压力能和速度能，随后通过打一压元件将大部分速度能转化为压力能，如离心泵、旋涡泵、混流泵和轴流泵等。由于它们都具有叶片，又称叶片泵。

（2）容积式泵。利用泵的工作容积周期性变化，将能量施加给液体，使其提高压力能并强行排出，如活塞泵、柱塞泵、齿轮泵、螺杆泵和水环泵等。

（3）其他类型泵。利用液体的能量（势能、动能等）来输送液体，如射流泵。

化肥、化工、炼油厂中大量使用的是离心泵、往复泵。

（一）离心泵操作安全

1.离心泵的结构与工作原理

离心泵是依靠叶轮的高速回转使液体获得能量，产生吸、排作用，从而达到输送液体的目的。离心泵种类繁多，相应的分类方法也多种多样，但基本构造和原理相同。叶轮是离心机的核心元件，一般有6~12片后弯叶片。叶轮有开式、半闭式和闭式三种，有单吸和双吸两种吸液方式。多级泵，可达到较高的压头。

离心泵具有结构简单、性能稳定、检修方便、操作容易和适应性强等特点，在化工生产中应用十分广泛。

2.离心泵的安全运行与操作

（1）开泵前，检查泵的进排出阀门的开关情况，泵的冷却和润滑情况，压力表、温度计、流量表等是否灵敏，安全防护装置是否齐全。

（2）盘车数周，检查是否有异常声响或阻滞现象。

（3）按要求进行排气和灌注。如果是输送易燃、易爆、易中毒介质的泵，在灌注、排气时，应特别注意勿使介质从排气阀内喷出。如果是易腐蚀介质，勿使介质喷到电机或其他设备上。

（4）应检查泵及管路的密封情况。

（5）启动泵后，检查泵的转动方向是否正确。当泵达到额定转数时，检查空负荷电流是否超高。当泵内压力达到工艺要求后，立即缓慢打开出口阀。泵开启后，关闭出口阀的时间不能超过3min。因为泵在关闭排出阀运转时，叶轮所产生的全部能量都变成热能使泵变热，时间一长有可能把泵的摩擦部位烧毁。

（6）停泵时，应先关闭出口阀，使泵进入空转，然后停下原动机，关闭泵入口阀。

（7）泵运转时，应经常检查泵的压力、流量、电流、温度等情况，应保持良好的润滑和冷却，应经常保持各连接部位、密封部位的密封性。

（8）如果泵突然发出异声、振动、压力下降、流量减小、电流增大等不正常情况时，应停泵检查，找出原因后再重新开泵。

（9）结构复杂的离心泵必须按制造厂家的要求进行启动、停泵和维护。

3.离心泵的故障处理

离心泵的故障原因及处理方法列于表8-8中。

表8-8　离心泵的故障原因及处理方法

故障	原因	处理方法
泵启动后不供液体	气未排净，液体未灌满泵	重新排气、灌泵
	吸入阀门不严密	修理或更换吸入阀
	吸入管或盘根箱不严密	更换填料，处理吸入价漏处
	转动方向错误或转速过低	改变电机接线，检查处理原动机
	吸入高度大	检查吸入管，降低吸入高度
	盘根箱密封液管闭塞	检查清理密封管
	过滤网堵塞	检查清理过滤网

（二）往复泵操作安全

1.往复泵的结构与工作原理

往复泵是依靠活塞在泵缸内作往复运动，使二者所围成的容积作周期性的变化，实现压送液体的目的。往复泵类型很多，一般按泵头的形式、泵缸的数目、布置方式、驱动方式及其用途来分类。按泵头的工作形式分为活塞（柱塞）泵和隔膜泵。

2.往复泵的安全运行与操作

（1）泵在启动前必须进行全面检查，检查的重点是：盘根箱的密封性、润滑和冷却系统状况、各阀门的开关情况、泵和管线的各连接部位的密封情况等。

（2）盘车数周，检查是否有异常声响或阻滞现象。

（3）具有空气室的往复泵，应保证空气室内有一定体积的气体，应及时补充损失的气体。

（4）检查各安全防护装置是否完好、齐全，各种仪表是否灵敏。

（5）为了保证额定的工作状态，对蒸汽泵通过调节进汽管路阀门改变双冲程数；对动力泵则通过调节原动机转数或其他装置。

（6）泵启动后，应检查各传动部件是否有异声，泵负荷是否过大，一切正常后方可投入使用。

（7）泵运转时突然出现不正常，应停泵检查。

（8）结构复杂的往复泵必须按制造厂家的操作规程进行启动、停泵和维护。

3.往复泵的故障处理

往复泵的故障原因及处理方法列于表8-9中。

表8-9 往复泵的故障原因及处理方法

故障	原因	处理方法
不吸水	吸入高度过大	降低吸入高度
	底阀的过滤器被堵或底阀本身有毛病	清理过滤器或更换底阀
	吸入阀或排出阀泄漏严重	修理或更换吸入阀或排出阀
	吸入管路阻力太大	清理吸入管，吸入管减少弯头或加大弯头曲率平径，更换成较粗的管线
	吸入管路漏气严重	处理好漏处
流量低	泵缸活塞磨损	更换活塞或活塞环
	吸入或排出阀漏	更换吸入、排出阀
	吸入管路漏气严重	处理漏处
压头不足	泵缸活塞环及阀漏	更换活塞环、修理或更换阀
	动力不足、转动部分有故障（动力泵）	处理转动部分故障、加大电机
	蒸汽不足、蒸汽部分漏气（蒸汽泵）	提高蒸汽少压力、处理蒸汽漏处
蒸汽耗量大	汽缸活塞环漏气	更换汽缸活塞环
	盘根箱漏气	更换盘根
有异常响声	冲程数超过规定值	调整冲程数
	阀的举高过大	修理阀
	固定螺母松动	紧固螺母
	泵内掉入杂物	停泵检查，取出杂物
	吸入空气室空气过多排出，空气室空气太少	调整空气室的空气量

续表

故障	原因	处理方法
零件发热	润滑油不足	检查润滑油质量和数量，更换新油
	摩擦面不干净	修理或清洗摩擦面

四、汽轮机安全技术

汽轮机是通过喷嘴或静叶片的膨胀过程，使压力蒸气的热能转化为动能，从而推动叶片做机械功的一种原动机。

按汽轮机的工作原理不同，可分为冲动式和反动式两类。冲动式是指蒸汽压力降出现在喷嘴中，利用喷出蒸汽的冲动力的汽轮机。反动式是指蒸汽压力降不仅出现在喷嘴中，而且也出现在转子叶片中，利用蒸汽对叶片的反动力的汽轮机。在从国外引进的大型氨厂使用的工业汽轮机中，美国机组全部是冲动式汽轮机，法国、日本机组为反动式汽轮机。

按热力过程分类，可分为凝汽式、抽汽式和背压式三种。凝汽式汽轮机是指蒸汽在汽轮机中做功以后，排至冷凝器中并全部冷凝为冷凝水的汽轮机。炼油厂的大型汽轮机大多采用这种形式。抽汽式汽轮机是指在汽轮机工作中，从它的某一中间级或几个中间级后抽出一定量的蒸汽供其他设备（如供暖和工艺加热）用，其余蒸汽在机内做功后仍排至冷凝器中冷凝。背压式汽轮机是指排汽压力大于一个大气压，排汽既提供低压蒸汽又产生动力用于供暖或工业加热等用汽设备的汽轮机。大型合成氨厂使用的汽轮机中就有不少是背压式汽轮机，炼油厂的小型汽轮机几乎全部采用这种形式。

按蒸汽的初参数分类，又可分为低压、中压、高压、超高压和超临界压力汽轮机，其分类方法如表8-10所列。

表8-10　按初参数分类表

	参数范围	
	压力（绝压）/MPa	温度/℃
低压	<1.96	<350
中压	1.96~3.2	350~450
高压	4.9~14.7	450~560
超高压	16.66	560~580
超临界压力	>22.11	580~650

冲动式汽轮机主要由轴、叶轮、叶片、喷嘴、汽缸和排汽管组成。冲动式汽轮机的级数一般较少，动叶片内无压强，轴向推力较小，故适用于大、中、小型

汽轮机的使用场合，如用于驱动辅助设备。

反动式汽轮机主要由转鼓、动叶片、静叶片、汽缸、进汽的环形室、平衡活塞和蒸汽联络管等部件构成。反动式汽轮机一般为多级。动叶片直接安装在转鼓上，在两列动叶片之间有静叶片（相当于冲动式汽轮机的喷嘴）安装在汽缸内壁上。动静叶片的截面形状完全相同。

汽轮机的做功原理主要是经过两次能量转换过程。一次是热能转变成为动能，它是在喷管中实现的，喷管做成静止的零件，并采用各种不同的方法将其固定在汽缸内，构成汽轮机的静止部件（简称定子）；二次是汽流对动叶做功，将汽流的动能转换成机械能，它是在动叶栅内进行的。动叶栅以不同的方式安装在转子上，构成汽轮机的转动部件（简称转子）。

转子与定子是汽轮机的主要组成部件。此外，还有支承转子的轴承与供油润滑系统。为了调节转速与功率，还配有调节系统和防止超速的保安装置（如危急遮断装置、报警装置），还有其他特殊装置，如盘车机构等。

汽轮机转子由主轴、叶轮、叶片等零件构成，并通过联轴器或减速器与被驱动机械（如离心式压缩机、风机和泵等）的轴相连。

叶轮用来安装工作叶片，将叶片上所受的力矩传递到轴上，拖动被驱动机械运行。工业汽轮机转速一般很高（12000~20000r/min），在高转速下，除动叶片外，叶轮在汽轮机中是承受负荷最大的零件，而叶轮飞裂、叶片折断是汽轮机多发事故。

动叶片是汽轮机唯一做功零件，它又是汽轮机中最薄弱的环节。动叶片通常与围带或拉筋连接在一起。

围带是防止流经叶片的汽流由于离心力的作用而飞离叶片的通道。拉筋是为了减少离心力对长叶片的影响。长叶片一般不采用围带而用比较细的拉筋来增加叶片的刚性，从而改善抗弯性能。在生产中，叶片断裂、围带破裂经常发生，甚至法国进口的蒸汽涡轮高压汽缸也多次发生叶轮叶片折断、围带破裂和铆钉折断等事故。

第五节　分离设备安全技术

一、干燥器安全技术

干燥器是利用热能除去固体物料中液体成分的设备。按操作压力，干燥可分为常压和减压干燥；按操作方式，则可分为间歇式和连续式干燥，按干燥介质可分为空气、烟道气或其他干燥介质的干燥；按干燥介质与物料流动方式有并流、逆流和错流干燥。

干燥设备可分为：间歇式常压干燥器，如箱式干燥器；间歇式减压干燥器，如减压干燥器，附有搅拌器的减压干燥器；连续式常压干燥器，如洞道式干燥器、多带式干燥器、回旋式干燥器、滚筒式干燥器、圆筒式干燥器、气流式干燥器和喷雾式干燥器等；连续式减压干燥器，如减压滚筒式干燥器等。此外，还有升华（冷冻干燥）、高频干燥、红外线干燥等设备。

（一）典型干燥过程的安全

1.接触式干燥

接触式干燥器中被干燥物质与热壁接触，底层物质温度接近热载体温度，如果热载体温度过高，则某些物质可能自动闪燃、起火，引起干燥器和相邻设备爆炸。这类事件曾在易燃和易爆有机染料干燥过程中多次发生，如油漆颜料，干燥温度在100℃左右，由于自动氧化而可能发生自燃；被干燥物质过热或干燥带保持过高温度分离出来的气态产品可能促进有机物质粉尘爆炸。虽然提高干燥温度可以加速干燥过程，但在强化干燥过程时，不应将干燥温度提高到接近干燥物质熔化、升华、热分解的温度；因此，极限干燥温度的选择，在每一具体情况下取决于物质对温度的稳定性，干燥极限温度还取决于物质的物理化学性质和被干燥物质的热稳定性，可采用减少物质在高温带停留时间或导出热气体（与通过管壁导热有区别）调节，干燥极限度应在模拟工业装置干燥试验中确定。

干燥器及控制自动化仪表的结构应当能排除被干燥物质过热和气体—粉尘空气混合气在设备中形成局部着火和爆炸源的可能性。为了防止粉尘进入，必须严密封闭设备，干燥器装料设备应安装局部吸尘器；为保持物质干燥安全性，在许多场合下将物质与填料混合，例如，为了排出粉尘爆炸危险，某些有机染料在干燥前和一定数量矿物盐混合；低温下分解或自燃产品在许多情况下通过使用真空或惰性气体介质强化干燥过程。

2.真空干燥

在干燥易燃、易爆物料时采用连续式或间歇式真空干燥比较安全，在真空条件下易燃液体快速蒸发，可适当降低干燥温度，防止由于高温引起物料局部过热和分解；大大降低火灾、爆炸危险性。当真空干燥结束后消除真空时，一定要先降低温度而后放入空气，否则空气过早进入会引起干燥物料着火或爆炸。

3.喷雾干燥

向喷雾干燥室同时送入热载体和被干燥物质的雾滴，热载体一般为热空气或烟道气，被干燥物质一般为溶液或悬浮液采用喷嘴使其雾化。雾滴被干燥后以粉尘形态沉落干燥室底部，再经传送装置送出；热载体用风机从干燥室抽出，经粉尘回收装置排向大气，或送去加热重新送入干燥室。由于喷雾增大了被干燥物质的表面，以及被干燥物质在高温带停留时间短暂，故喷雾干燥温度条件温和，可用于干燥高温下容易分解的有机染料、中间体、有机农药、无机及其他化工产品。

喷雾干燥的主要缺点是干燥室体积大，需要粉尘回收设备，热载体气流量大；含尘气体净化装置（旋风分离器、袋式过滤器等）也十分笨重；在喷雾干燥设备内通常存在大量细散粉尘。某工厂曾经发生过事故，在饲用酵母干燥过程中喷雾干燥器中曾发生干燥的酵母起火事件，在工艺设备中粉尘-空气混合气发生爆炸，喷雾机械的减速器齿轮被折断，悬浮液停止向干燥室供料，但水蒸气供给没有同时停止，这时输入的热载体温度310℃，而干燥器出口温度85℃，过了一段时间干燥器出口温度上升到170℃，并维持了5~8min，干燥器锥形部分出现烟雾，在打开蒸汽管线阀门瞬间，设备内发生一系列爆炸，使干燥室顶盖变形，旋风分离器储料遭到破坏，干燥器侧门破损，厂房部分损坏。爆炸原因是在设备内形成易爆粉尘-空气混合气，在设备壁、底部沉积的饲用酵母过热而开始腐败和自燃，故而引起爆炸。防止爆炸措施应包括平衡稳定机组工作，改进工艺过程，完善设备、自动化装置、监测仪表等，并采取了一些措施保证酵母悬浮剂成分稳定和进料连续，降低酵母在干燥室内表面黏附。

为了提高喷雾干燥器可靠性，并保证其连续工作，以避免有机物干燥时与空气形成易爆混气，应当深入研究热载体的选择，惰性气体和蒸汽可降低粉尘空气混合气的爆炸性。例如，泥粉尘在空气中氧含量低于16%时不会爆炸，硬煤粉尘在空气中的二氧化碳含量高于4%时就有危险性，因此有效防止喷雾干燥器爆炸的措施可用惰性气体使热载体（空气）稀释至安全围，并使热载体循环利用；惰性气体可使用烟道气、过热水蒸气和氮气等。

旋风分离器、储料斗、加热器、热载体加热机组不适宜安置在干燥室厂房内，一般应安置露天场所，并安装相应隔热墙和自动控制装置。

（二）干燥机常见事故和安全操作

由于干燥物料种类繁杂，装置结构各异，因此干燥操作故障也多，大致可分为三大类。

1.机种选择问题

在事先充分研究试验的基础上选定机种，一般常见机种特点如下。

（1）平行流箱式干燥机。传统干燥形式，能处理一切物料，适于少量处理。由于静态放置物料，所以要注意热风接触均匀；装料不可过厚，热风进出口温度不可降低过大，物料盘之间隔适当。

（2）通风箱式干燥机。热风通过物料层，必须使物料层通气均匀。

（3）平行流隧道式干燥机。因干燥工作时间长，处理物料量大，故障多发生于前后装置（装料、卸料及门）。

（4）通风带式干燥机。在1级至多级（有时也有10级型）的带式传送器上装载物料，从上至下或从下至上通以热风干燥，适应范围广，但设备费用大。该机种常见故障有：①从带面及带的两末端掉落物料；②物料私附于带面及由此引起带面通风不佳；③带面装载不均匀；④热风不能均匀地通过物料层。

（5）回转干燥机。通过一定倾斜度和回转式圆筒干燥物料，按加热方式可分为直接加热式回转干燥机（对流式、并流式、通气式）、间接加热式回转干燥机（热风式、蒸汽或热液加热式）。

回转干燥机结构简单，不易发生故障；缺点是装置庞大，组装拆卸困难，物料各颗粒之间停留时间差别较大。因此，不适用于要求受热均匀物料。该机种常见故障发生在滑动部件的气密部位，装置越大越难解决，通常在机内形成负压以防止热风向外泄漏。其次是物料黏附和结块，在很多情况下不得不加大内部通风速度，所以必须充实考虑配套除尘器结构。

（6）气流干燥装置。将粉粒状分散性好的物料在气流输送中干燥，体积传热系数极大，装置简单，处理量大。

该机种常见故障有：①干燥管等部件被黏附；②物料同气体很难完全分离；③干燥管磨损；④物料颗粒被破坏。

（7）流化床干燥装置。热风通过多孔分布板与粉粒状物料层接触，使粉粒状物料在热风中悬浮同热风混合而加以干燥。体积传热系数大，不影响产品质量，处理能力大，装置结构简单，但适宜的物料品种较少。流化床干燥的物料必须是粉粒状，附着力小，同时粒径较小，分布不能太广。近年来，由于不断改进，也可用来处理泥状物料。该机种结构简单，主体结构不易产生故障。

2.结构安全问题

由于机种繁多，结构也大不相同，不能一概而论。在高温下使用漏气是主要问题，要特别注意气密方法；此外，由于粉尘磨损、物料附着以及腐蚀性气体产生腐蚀等问题。

3.使用安全问题

（1）装置寿命。若装置达到使用年限，即使部分修理，还是故障频繁。

（2）保养不良。由于保养不良，送风机会出现以下问题：因粉尘堵塞而引起风量减少；因热源装置脏而引起热量不足；因计量器破损而引起风量增减、温度高低等。特别要注意由于温度计破损造成高温而导致火灾。

（3）物料变化。当原料水分、性质变化时，需要重新研究设计初期的使用条件同现在使用条件差别。

（4）其他。在干燥时一般认为越干越好，但贵重物料也有不允许超过百分之几的干燥度。要特别注意对原料、风量、温度、湿度控制。

二、精馏塔安全技术

（一）精馏设备的类型

精馏装置由精馏塔、再沸器和冷凝塔等设备构成。

精馏过程的主要设备是精馏塔，其基本功能是为气液两相提供充分接触的机会，使传热和传质过程迅速而有效地进行，并且使接触后的气、液两相及时分开。根据塔内气、液基础部件的结构形式，精馏塔可分为填料塔和板式塔两类。

（1）填料塔。填料塔内液体在填料表面呈膜状自上而下流动，气体呈连续相通过填料的间隙自上而下与液体作逆流流动，并进行气液两相间的传质和传热。填料塔的优点是结构简单，压降小，传质效率高，便于采用耐腐蚀材料制造等，适用于热敏性及容易发泡的物料。

（2）板式塔。按塔板的结构分有泡罩塔、筛板塔、浮阀塔和蛇形塔等多种形式。表8-11是各种形式的板式塔性能的比较，应用最早的是泡罩塔及筛板塔。目前，应用最广泛的板式塔是筛板塔和浮阀塔，一些新兴的塔板仍在不断地开发和研究中。

表8-11　板式塔性能比较

塔型	效率	操作弹性	单板压降	造价	可靠性	安装维修
泡罩塔	良	优	高	高	优	麻烦
浮阀塔	优	优	中	中	良	较麻烦
筛板塔	优	良	低	较低	优	方便
蛇形塔	优	中	高	中	中	方便

（二）精馏塔的选择

精馏塔设备选型时应满足以下要求。

（1）气液两相充分接触，相间传热面积大。

（2）生产能力大，即气液处理量大。

（3）操作稳定，操作弹性大。

（4）阻力小，结构简单，制造、安装、维修方便，设备的投资及操作费用低。

（5）耐腐蚀，不易堵塞。

上述要求在实际中很难同时满足，应根据塔设备在工艺流程中的地位和特点，在设计选型中应满足主要要求。表8-12是填料塔和板式塔性能比较。

表 8-12　填料塔和板式塔性能比较

项目	填料塔	板式塔
压降	小尺寸填料，压降较大；大尺寸及规整填料较小	较大
塔效率	传统填料，效率较低；新型填料，效率较高	效率较高、较稳定
空塔气速	小尺寸填料，气速较小；大尺寸及规整填料较大	较大
液气比	有一定要求	适用范围较大
持液量	较小	较大
安装检修	较难	较方便
材质	金属或非金属材料	一般用金属材料
造价	较大	较低

下列情况应优先选择填料塔。

（1）在分离程度要求高的情况下，因某些新型填料具有很高的传质效率，可采用新型材料以降低塔的高度。

（2）对于热敏性物料的蒸馏分离，因新型填料的持液量较小、压降小，可优先选择真空操作下的填料塔。

（3）具有腐蚀性的物料，可选用填料塔，因为填料塔可采用非金属材料，如陶瓷、塑料等。

（4）容易发泡的物料，宜选用填料塔，因为在填料塔内，气相主要不以气泡形式通过液相，可减少发泡的危险，此外，填料还可以使泡沫破碎。

下列情况应优先选择板式塔。

（1）塔内液体滞料量较大，要求塔的操作负荷变化范围较宽，对进料浓度变化要求不敏感，要求操作易于稳定。

（2）液相负荷较小，因为在这种情况下，填料塔会由于填料表面湿润不充分而降低其分离效率。

（3）含固体颗粒，容易结垢，有结晶的物料，因为板式塔可选用液流通道较大，堵塞的危险较小。

（4）在操作过程中伴随有放热或需要加热的物料，需要在塔内设置内部换热组件，如加热盘管；需要多个进料口或多个侧线出料口。这是因为一方面板式塔的结构上容易实现，此外，板式塔有较多的滞液量，以便与加热或冷却管进行有效的传热。

（5）在较高压力下操作的蒸馏塔仍多采用板式塔，因为在压力较高时，塔内气液比过小，以及由于气相返混剧烈等原因，应用填料塔分离效果往往不佳。

（三）精馏塔的安全运行

精馏过程涉及热源加热、液体沸腾、气液分离、冷却冷凝等过程，热平衡安全问题和相态变化安全问题是精馏过程安全的关键。由于工艺要求不同，精馏塔的塔型和操作条件也不同。因此，保证精馏过程的安全操作控制各不相同。通常应注意以下问题。

（1）精馏操作前应检查仪器、仪表、阀门等是否齐全、正确、灵活，做好启动前的准备。

（2）预进料时，应先打开放空阀，充氮置换系统中的空气，防止进料时出现事故，当压力达到规定指标后停止，再打开进料阀，打入制定液位高度的料液后停止。

（3）再沸器投入使用时，应打开塔顶冷凝器的冷却水（或其他介质），对再沸器通蒸汽加热。

（4）在全回流情况下继续加热，直到塔温、塔压达到规定指标。

（5）进料与出产品时，应打开进料阀进料，同时从塔顶和塔釜采出产品，调节到指定的回流比。

（6）控制调节精馏塔。控制和调节的实质是控制塔内气液相负荷大小，以保持塔设备良好的质热传递，获得合格的产品；但气、液相负荷是无法直接控制的，生产中主要通过控制温度、压力、进料量和回流比来实现；运行中，要注意各参数的变化，及时调整。

（7）停车时，应先停进料，再停再沸器，后停卸出产品（如果对产品要求高也可先停），降温降压后再停冷却水。

（四）精馏辅助设备的安全运行

精馏装置的辅助设备主要是各种形式的换热器，包括塔底溶液再沸器、塔顶蒸汽冷凝器、料液预热器、产品冷却器等，另外，还需管线以及流体输送设备等。其中再沸器和冷凝器是保证精馏过程能连续进行稳定操作必不可少的两个换热设备。

再沸器的作用是将塔顶上升的蒸气进行冷凝，使其称为液体，之后将一部分冷凝液从塔顶回流入塔，以提供塔内下降的液流，使其与上升气流进行逆流传质接触。

再沸器和冷凝器在安装时应根据塔的大小及操作是否方便而确定其安装位置。对于小塔，冷凝器一般安装在塔顶，这样冷凝液可以利用位差而回流入塔；再沸器则可安装在塔底。对于大塔（处理量大火塔板数较多时），冷凝器若安装在塔顶部则不便于安装、检修和清理，此时，可将冷凝器安装在较低的位置，回流液则用泵输送入塔；再沸器一般安装在塔底外部。安装于塔顶或塔底的冷凝器、再沸器均可用夹套式或内装蛇管、列管的间壁式换热器，而安装在塔外的再沸器、冷凝器则多为卧式列管换热器。

三、除尘器安全技术

所谓除尘，就是从含尘固体中去除固体颗粒物以减少其向大气排放的技术措施。含尘工业废气或产生于固体物质的粉碎、筛分、输送、爆破等机械过程，或产生于燃烧、高温熔融和化学反应等过程。前者含有颗粒度大、化学成分与原固体物质相同的粉尘，后者含有颗粒大小、化学性质与生成它的物质有别的烟尘。改进生产工艺和燃烧技术可以减少颗粒物的产生。除尘器广泛用于控制已经产生的粉尘和烟尘。按捕集机理可分为机械除尘器、电除尘器、过滤除尘器和洗涤除尘器等。机械除尘器依靠机械力将尘粒从气流中除去，其结构简单，设备费和运行费均较低，但除尘效率不高。电除尘器利用静电力实现尘粒与气流分离，常按板式与管式分类，特点是气流阻力小，除尘效率可以达到99%以上，但投资较高，占地面积较大。过滤除尘器使含尘气流通过滤料将尘粒分离捕集，分内部过滤和表面过滤两种方式，除尘效率一般为90%~99%，不适用于温度高的含尘气体。洗涤除尘器用液体洗涤含尘气体，使尘粒或液膜碰撞而俘获，并与气流分离，除尘效率为80%~95%，运转费用较高。为提高对微粒的捕集效率，正在研制荷电袋式过滤器、荷电液滴洗涤器等综合几种除尘机制的新型除尘器。

（一）惯性（离心）力除尘器故障和预防

由于粉尘附着、堆积，器壁磨损及气体泄漏等原因会引起除尘器性能下降。

1.粉尘附着与堆积

在除尘器使用过程中粉尘不可避免地附着和堆积在器壁上，如果超过了其有效限度，除尘性能将显著降低。若附着在器壁上的粉尘增加，流速减慢将造成沉积，增加压力损失，甚至使除尘分离器完全丧失功能。附着的原因是气体中水分在容器内凝聚，或有些物质在温度条件黏合，以及在高温气体集尘情况下粉尘热沉降所致。

为防止附着和堆积，在设计时大都采取保温措施防止粉尘结块；但由于雨水浸入和频繁地开停机难以达到保温效果，尤其粉尘热沉降现象是由于含尘气体和器壁温差引起，其程度随粉尘性质而异，通常在10-15℃以上温差时增加较快。器壁温度比含尘气体低，例如，500℃的含尘气体同400℃器壁接触就能引起热沉降。粉尘颗粒越细，引起沉降的可能性越大，颗粒大时就不易引起沉降现象。充分保温是有效防止措施，尤其在冬季运转时，首先用干净的热风预热容器内部，对特别易于附着部位采用由外部加热容器壁方法，还要减少开停车次数，努力使其连续运转。

2.器壁磨损

由于粉尘的离心力摩擦或高速碰撞引起器壁磨损，高硬度粉尘尤为厉害，粉尘颗粒粒径大小也有很大差别，一般颗粒直径以 $10\mu m$ 为界，再硬的粉尘在 $10\mu m$ 以下关系不大。在正常气流条件下，粉粒碰撞引起的磨损易集中在除尘器局部，可采用内衬碳化硅或氮化硅等方法。

3.气体泄漏

如果器壁磨损或捕集粉尘容器内漏入空气，被捕集到的粉尘会重新飞散，或恶化除尘器内部气流状态，降低除尘效果。若漏进10%以上空气则除尘率将大幅度下降，当气流在负压下时这种现象更加严重，在正压配置情况下即使设计正确，也不能忽视中心部位产生的负压。

（二）湿法除尘器故障和防治措施

湿法除尘器故障大部分发生在气液接触处，主要由于大量使用洗涤水引起附着堵塞。

1.接液处粉尘附着

湿法除尘器在接触液体部分附近，由于形成的液滴在处理高温气体时产生水蒸气，成为粉尘附着的条件。一旦发生粉尘附着，会进一步增加水的毛细管现象，使其附近的气体流速增大，尤其是附着性强的粉尘往往造成堵塞。湿粉尘附着现象虽与干式除尘引起的热沉降不同，但由于湿而干、干而湿的反复作用形成牢固的粉尘堆积层，使附着的粉尘难以去除。

各种类型除尘器接液部位因形状不同各异，但基本都是采用间断接触方法，使很小的水滴不能随气流跑出；特别当气流速度很高时，启动时必须在气体流速达到正常状态后再供给洗涤水，在运转中也要随时注意。

2.洗涤水的循环使用

洗涤水循环使用不仅节约用水、减轻排水处理设备负担，而且还可降低水表面张力，使粉尘更易溶解于水中，增加粉尘的亲水性（有时也有反效果），对湿法除尘有利；但是如悬浮固体浓度太高，也会产生供水管路系统故障和液滴雾化不佳等其他问题。关于循环水中悬浮固体浓度限度根据各种条件虽有不同，但从应用实例看，其平均值为2%~3%（20g/L）。

如果粉尘在循环水系统内沉积就会进一步影响除尘效果，可能引起给水喷嘴堵塞及管道系统其他故障，尤其是多喷嘴洗涤塔，部分喷嘴堵塞难以发现，所以要经常开闭各个阀门进行检查。如果通过洗涤塔的含尘气体除尘率下降，可采取补加循环水、去除悬浮固体量、定期停车检查喷头等方法。

3.相变化物质的除尘

湿法除尘器比较适合于水溶性物质，如无水硫酸、氯化钠、氯化铵等蒸气，即使高达数百度高温气体也可通过绝热方式在容器内急冷至饱和温度，该方法简单；但这些气体在某种温度以上时以气相或蒸气状存在，气体温度被急冷后还不能达到水溶性状态，从而达不到预期除尘效果。譬如，洗涤含有 SO_3 气体在湿法除尘器前端最好安装能充分进行绝热冷却的增湿塔，如果将其省去，那么，则需在除尘器出口完成增湿及冷却。这是因为在通过除尘器内部过程中，常因 SO_3 气态不和洗涤水接触、碰撞，在通过除尘器后成为硫酸烟雾被排出。

气体在除尘器内变成液体或固体时，对气体温度的变化需要预计物料在除尘器内停留时间；其时间随物料和环境条件不同而变化，从安全方面考虑以3s以上为宜。换言之，即使是亲水性粉尘也要特别注意其在除尘器入口处状态。另外，为达到除尘效果，将湿法除尘器作直线排列使用，将压力损失均等分配（湿法除尘器的除尘性能通常与压力损失成正比），但是这种方法作为增湿，或对低压力损失型除尘器的预洗涤更为有利，以便在后面能收到良好除尘效果。

（四）过滤除尘器故障和防治措施

随着滤布研究的进展过滤除尘器（袋滤器）结构也基本定型，只要过滤风速选择适当除尘率基本都能达到；但在滤布材料、质量方面的故障仍然存在。在特殊用途时，由于滤料孔眼堵塞引起压力降上升，滤布烧损事故也经常发生。

1.选定滤布

袋滤器的滤布材质需要耐热、耐腐蚀。耐腐蚀是浸于5%氢氧化钠或70%硫酸液体中进行试验，但它并不表示对处理气体中所含这些物质在操作状态下的耐用度。例如，耐热性良好而且也有耐各种浓酸的聚酯纤维，而抗气体中硫酸烟雾的耐腐蚀能力较差，即使用于水蒸气，在某种条件下也会引起水解，化学纤维也未必都稳定。织布和毛毡等滤布在作为同类产品使用时性能差别甚大，因此更换滤布材质时务必注意。

2.防止滤布孔堵塞

如果滤布孔堵塞清除不好将引起压力降过大，是过滤除尘器的致命事故，通常以压力降为标准判定清除效果。如果压力降很快回升，这种现象可能由于滤布粉尘层断裂所致，粉尘未必有效清除掉，因此需小心停车检查内部。过去难以清除掉的粉尘是极微颗粒和湿粉尘（不仅是水分而且也由于油烟雾和蒸汽引起），现在对介于这两者之间物质考虑不周的情况也屡有发生。

3.防止滤布烧损

除玻璃、不锈钢、碳等纤维外，普通滤布均可燃烧，耐火性能差。一般来说，袋滤器烧损是由于高温粉尘（火粉）或气体爆炸引起的。特种粉尘因接触空气中的氧气而急剧氧化发热并达到燃点，特别是在供氧不充足情况下，附着于滤布上的粉尘物料与气体中残存氧气化合，在反向吹入的空气作用下着火。

在垃圾焚烧炉烟道气过滤除尘过程中，防止滤布燃烧的根本办法是设置助燃器以使粉尘在焚烧炉内完全燃烧。在辅助性措施方面用水喷射冷却气体；对湿粉尘只能采用过滤湿粉尘除尘器。

（四）电除尘器故障和防治措施

电除尘器故障过去主要是高压电源部分和电极断路事故，近年已较稳定；对影响电除尘性能的电阻调整，也采取能大体满足要求的手段，尽管对某种粉尘颗粒间尚有絮凝现象，但关系不大。由于集尘极或放电极所捕集粉尘附着力增大，因而除尘性能下降，所以必须从装置设计开始进行评价，简单的改造难以达到高效除尘目的。

集尘极粉尘除去的方法有机械振动、逆电压电力敲除以及对处理稀薄粉尘的水洗式电极法。静电除尘结构对于微米以下的微粒粉尘的除尘比任何除尘方式都有效，相反，对粗大颗粒的粉尘却收效甚微。

四、过滤器安全技术

（一）过滤过程安全

过滤器是在生产中将悬浮中液体与悬浮固体颗粒分离的设备，广泛用于化工、石油、冶金及环保等行业。

过滤设备虽然种类较多，但从操作方式看连续过滤较间歇式过滤安全，因为连续过滤机循环周期短，能自动洗涤和自动卸料，其过滤速度较间歇式过滤机高，且操作人员脱离有毒物料接触，比较安全。间歇式过滤机需要经常重复卸料、装合、加料等各项辅助操作，较连续式过滤周期长，人工操作劳动强度大，直接接触毒物。压滤机以板框式最为普遍，它是由许多交替排列在支架上并可滑动的滤板和滤框构成。

板和框一般制成正方形。板和框的角端均开有孔，装合、压紧后即构成供滤浆、滤液或洗涤液流动的通道。框的两侧覆以滤布，空框与滤布围成了容纳滤浆及滤饼的空间。板又分为洗涤板与过滤板两种。压紧装置可用手动、电动或液压传动等方式驱动。过滤时悬浮液在指定压强下经滤浆通道由滤框角端的暗孔进入框内，滤液分别穿过两侧滤布，再经邻板板面流至滤液出口排走，固体则被截留于框内，待滤饼充满滤框后，即停止过滤。滤液的排出方式有明流与暗流之分。若滤液不宜暴露于空气中，则需将各板流出的滤液集于总管后送走，称为暗流。若滤液经由每块滤板底部侧管排出，则称为明流。若滤饼需要洗涤，可将洗水压入洗水通道，经洗涤板角端的暗孔进入板面与滤布之间。此时，应关闭洗涤板下部的滤液出口，洗水便在压强差推动下穿过一层滤布及整个滤饼厚度，然后再横穿另一层滤布，最后由过滤板下部排出。这种操作方式为横穿洗涤法，其作用在于提高洗涤效果。洗涤结束后，旋开压紧装置并将板框拉开，卸出滤饼，清洗滤布，重新装合，进入下一个操作循环。

过滤中能散发有害或爆炸性气体时，对于加压过滤不能采用敞开式过滤操作，应采用密闭式过滤操作，并用压缩空气或惰性气体保持压力。在取滤渣时应先放压力，否则会发生事故。对于离心过滤机应注意其选材和焊接质量，并限制转鼓直径与转速，防止转鼓承受高压而引起爆炸。因此，在有爆炸危险品的生产中，最好不使用离心式过滤机，而采用转鼓式、带式等真空过滤机。离心机超负荷运转、时间过长，转鼓磨损或腐蚀、启动速度过高均有可能导致事故发生。

对于上悬式离心机，当负荷不均匀运转会发生剧烈振动，不仅磨损轴承，且能使转鼓撞击外壳而发生事故。当转鼓高速运转也可能由外壳中飞出，造成重大事故。当离心机无盖或防护罩不良时，工具或其他杂物可能落入其中，并以很大速度飞出使人致伤；在开停离心机时不要用手帮忙以防发生事故。

当处理具有腐蚀性物料时，不应使用铜制转鼓而应采用钢制衬铝或衬硬橡胶转鼓；并经常检查衬里有无裂缝，以防腐蚀性物质由裂缝腐蚀转鼓。镀锌、陶瓷或铝制转鼓，只能用于速度较慢、负荷较小的情况，为了安全运行还应有特殊的外壳保护。此外，操作过程中加料不均匀，也会导致剧烈振动，应引起注意。

综上所述，对于离心机要注意以下几方面。

（1）转鼓、盖子、外壳及底座应用韧性金属制造。轻负荷转鼓（490N以内）可用铜制造，并符合质量要求。

（2）处理腐蚀性物料，转鼓需要衬里。

（3）盖子应与起动机联锁，当运转中处理物料时，可减速在盖子上开孔处理。

（4）应有限速装置，在有爆炸危险厂房中，其限速装置不得因摩擦、撞击而发热或产生火花，同时，注意不要选择临界速度操作。

（5）离心机开关应装在近旁，并有锁闭装置。

（6）在楼上安装离心机，应用工字钢或槽钢做成金属骨架，在其上要有减振装置，并注意其内、外壁间隙，转鼓与刮刀间隙，同时应防止离心机与建筑物产生谐振。

（7）对离心机内、外部及负荷应定期进行检查。

（二）过滤机的故障

过滤机的故障大致可分为三类：过滤方法选择的失误；过滤机本身机械结构上的问题；操作方法上的问题。

过滤方法选择失误是最基本问题，按用途选择过滤机非常重要。过滤机种类有：按过滤速度分为缓速过滤和快速过滤；按过滤压力分为重力过滤、加压过滤、减压过滤和离心过滤等；按生产方法分为连续式和间歇式。这些问题要根据过滤介质性质，经过研究再选定过滤方法、过滤面积和机种选型。

过滤机本身机械结构问题主要表现在滤布蠕动、密封部位不良造成浆液混入、过滤机材质不良等。故障最多的是操作方法问题，过滤机进厂时没有发现问题，这些故障及其措施因机种、过滤材料、使用助剂和制造厂的不同而各异。

（三）过滤机故障原因和防止措施

1.澄清度不足

（1）过滤材料预涂层澄清度不足。

①过滤剂加入量不足。以硅藻土为过滤助剂加压式叶片过滤机每平方米要用500~800g，预涂层厚度可达2~3mm，如果预涂层低于此数即助剂加入量较少，就不能完全形成架桥现象，使滤渣穿过预涂层直接到达过滤介质造成堵塞或澄清不良。

②助剂选择不当。用金属网作过滤材料比滤纸和滤布容易发生问题，如粒度太细，尽管延长时间也很难形成预涂层，甚至基本涂不上。如果即使使用粗粒助剂仍然达不到所要求澄清度，需要考虑二次涂层。

③预涂层液浓度低。加入助剂量虽然足够，但如预涂层液量大，但混合浓度太低，也不能在过滤介质上形成架桥，从而造成预涂层时间延长和预涂层不完全。

④过滤槽内空气排出不良。过滤槽内空气可以通过充料排出，但若排出阀位置不妥，会使排气不彻底。预涂层的过滤材料必须浸在预涂液中，如露在空气中则不能完成预涂层。

⑤预涂层液流动缓慢。标准状况下预涂层液体流量保持在$1m^3/h$以上，如果太慢槽内液体上升变慢而混合助剂下沉，使过滤介质上部涂层薄、下层涂层厚。在这种情况下，即使涂层成功，而在正式过滤时涂层薄的部分过滤效果也不好。

⑥预涂层液流动过快。和⑤相反过滤材料下部变薄，严重时可能根本没有形成预涂层。

⑦液体在槽内扩散不均。与⑥很相似，如流入液流过快槽内不能形成层流和扩散不充分而使涂层不均，防止措施是在液体入口处加挡板。

⑧过滤材料被污染。过滤材料不论是金属网还是滤布，如果洗不净就会发生

污染而逐渐被堵塞，堵塞部分预涂层不均匀。在过滤机维护保养中要防止过滤材料污染，因为污染后对能否彻底恢复过滤机能力有很大影响。滤渣剥离不彻底和清洗不干净则是最主要原因，同时，助剂加入量不足或助剂选择不当也可造成污染。

⑨机械原因造成的助剂漏失。一般在正常操作情况下预涂层可在15min内完成，如果时间延长要考虑机械方面原因，如连接部位装配不良、金属网破损、密封不良等。

（2）主过滤中澄清度不足。尽管预涂层已经达到所要求的澄清度，但进入主过滤后会出现澄清度下降，浑浊度升高现象。其原因如下。

①助剂粒度大。需要除去杂质的粒度若小于预涂层用助剂时，会被压入预涂层膜内，进而通过预涂层混进滤液中。

②机械原因。过滤面变形、过滤材料孔大、连接部位接触不良等原因都会产生泄漏，而且随压力增加而加剧。金属丝网或滤布安装不好，当压力变化时，会产生凸凹不平造成滤渣削落；特别是滤渣挂过多会引起滤板变形，如不及时调整，变形加剧严重影响过滤机能力。

③空气流进过滤悬槽。从料浆侧配管、泵等处流进的空气进入过滤槽时使滤渣产生气泡妨碍过滤。在这种情况下，如将槽内液体排出可看到滤渣上有很多麻点，发泡性料浆更容易产生这些问题。此外，若流入空气量多槽内液面就要降低，滤板上部露出导致过滤不良和滤渣脱落。

④阀门转换错误。由预涂层转换为过滤时如把开关阀门顺序出错，滤槽内压力会迅速上升或下降，发生暂时浑浊。

⑤压力变化。如因某种原因过滤压力突然升高会产生浑浊，压力突然降低会破坏预涂层膜而使滤渣脱落。

⑥滤液出口负压。滤液槽液面若比过滤槽液面低很多（因滤液配管是从过滤槽伸到下部），滤液出口形成负压，此时，含在料浆中的气体变成气泡分离，便产生和③相同的现象。

⑦料浆在槽内扩散不均。该问题和预涂层情况相同。

⑧滤渣脱落。在去除过滤性好的固体粒子时，滤板上若出现很厚的滤渣层，随时间延长会影响过滤速度减慢，如果是竖式滤板滤渣会因自重而下滑，滤板上部预涂层也会随之脱落，这种故障多发生在大型过滤机上，必要时只有更换机种。

⑨改变料浆种类。过滤过程中如改变料浆，会使过滤速度和压力变化，造成滤液澄清度不好，甚至不能过滤。

⑩过滤材料被污染。过滤材料由于没有彻底洗净，在污染部分不可能形成预涂层，料浆在该部分没有经过过滤而直接通过。一般来说，澄清度应是随时间推

移而变好，但如压力升高而澄清度下降，可能是因污染形成堵塞或机械方面的原因。

2.过滤能力降低

在加压过滤时随时间推移压力升高，过滤量减少，如果过滤速度低于经济速度应停止过滤，剥下滤渣，清洗材料，然后重新操作。故障和防止的措施如下。

（1）过滤材料被污染。过滤材料堵塞，不仅引起澄清度不好，而且还会使流量降低、压力升高，从而缩短过滤周期。

（2）流通管窄小。集合管以后的配管如果太细，阻力增大，致流量减小。

（3）滤液输送管太高。过滤槽后送滤液，管路最好是水平或向下，如果输送管抬得太高会使压力差变小，过滤效率降低。同样道理送液点太远也不合适。

（4）空气混入。过滤槽因泵、配管混入空气而带入气泡引起澄清度降低，过滤量减少。

（5）预涂层液中有杂质。如预涂层液中有杂质，会堵塞过滤材料。

（6）助剂选择失误。不仅影响澄清度，而且若助剂粒度太细增加阻力，流量减小，以至缩短过滤周期。

（7）料浆中助剂量不合适。对于难以过滤料浆，或为了延长过滤周期向料浆中掺进少量过滤助剂。若添加量太少则起不到预期效果，若太多会增加阻力，压力上升。

（8）料浆助剂和预涂层配合不当。在（7）中所说的添加助剂是提高过滤效率的一种方法，添加助剂能减少滤渣阻力，而与澄清度无关。因此，所用助剂粒度要和预涂层用助剂粒度相等或稍大一点，如果粒度过细则有可能渗入预涂层中增大过滤阻力。

以上各种故障和防止措施，不论在什么情况下发生都应做好操作记录，因为这是搞清故障原因的最好线索，记录内容包括过滤压力、过滤量、过滤时间、助剂名称、助剂量、泵的能力、料浆状况等。

3.过滤材料的清洗

过滤材料再生也是过滤工序中重要问题，滤渣剥落干净了并不等于过滤材料（金属网、滤布）已完全恢复，在自动操作情况下由于缩短洗涤时间，或因减少洗涤水量等原因造成滤渣和助剂结成硬块，局部堵塞，恶化澄清度和减少过滤量。

过滤材料的清洗一般采用的方法如下。

（1）物理方法：用加压水清洗、用加压蒸汽清洗、用压缩空气清洗、用超声波拆动清洗。

（2）化学方法：用溶剂处理、用酸处理、用碱处理、用化学洗涤剂处理。

五、离心机安全技术

离心机是利用离心力来分离液—固相（悬浮液）、液—液相（乳浊液）非均一系混合物的一种典型的化工机器。

离心机的结构形式很多，分类的方法也多种多样。按照分离原理不同，可分为过滤式和沉降式两类。

过滤式是指分离过程是在有孔的转鼓上进行的。过滤式离心机主要用于分离固体含量较多、固体颗粒较大的悬浮液。

沉降式是指分离过程是在无孔的转鼓上进行的。沉降式离心机主要用于分离含固体量少、固体颗粒较细的悬浮液。

目前，在化肥、化工、炼油企业中使用最多的是刮刀卸料离心机和活塞推料式离心机，用以处理硫钱、碳钱、硫酸铜、尿素、聚氯乙烯、硝酸盐和焦油副产品等物料。

转鼓振动、机身振动和分离易燃易爆液体时发生的燃烧爆炸事故是离心机常见的事故。

（一）离心机的结构与工作原理

离心机是高效分离机械，广泛用于化工、炼油、化肥等部门。它借助转鼓的高速回转产生的离心力分离液相非均一混合物。由于离心机的转速极高，处理的物料大多是易燃易爆物质，因操作不慎或违章作业，引起转鼓破裂、位移、物料泄漏能导致火灾。

（二）离心机操作中的危险因素

（1）处理易燃易爆物料时，易燃物质与空气能形成爆炸性混合物。在刮刀离心机处理的物料温度低于或等于其闪点或非刮刀式离心机处理的物料高于或等于其闪点时，发生燃烧爆炸的可能性大。

（2）离心机下料不均匀，转鼓负荷过大，偏心运转，致使转鼓与机壳摩擦起火，引起机内可燃性气体爆炸。

（3）离心机下料管紧固螺丝松动，与推料器相碰撞产生火花，引起机内可燃性气体爆炸。

（4）离心机使用时间长，腐蚀严重，使转鼓变薄。

（5）违反操作规程，超电流、超温、超压运转，或在岗位上吸烟引爆。

（6）超速运转，使其应力超过转鼓材料的许用应力引起转鼓爆炸。

（7）进料时，空气随液体旋涡一起进入离心机。

（三）离心机安全预防措施

（1）离心机启动前必须用氮气对离心机内的空气进行彻底置换，并分析氧浓度在1%~2%时方可开车采用氮气或二氧化碳等惰性气体或烟道气冲淡氧气浓度，以达到保护作用，或采用流量、压力监测法控制氧气浓度。

（2）严格执行操作规程，控制投料量，且保证下料均匀，发现下料不均匀及时处理。定期检查离心机上的放空管，使之畅通无阻，或加装抽风管，防止离心机内可燃性气体积聚。

（3）安装时拧紧紧固螺丝。

（4）加强设备维护管理，特别要加强易腐蚀设备的防腐和管理。

（5）开启液压阀门时不宜开得过大，防止超压运转，严格劳动纪律，严禁上班吸烟。

（6）安装限速器控制转鼓在其安全转速范围内运转，以防止转鼓超速。

（7）处理有燃烧爆炸危险的物料，离心机进料时，乳液和洗液必须通过氮气密封。

（四）离心机的维护与管理

（1）做好启动前的准备工作。启动前消除离心机周围的障碍物；检查转鼓有无不平衡迹象；检查润滑油泵各注油点，确保已注油，检查所有的冷却润滑油（液）是否符合规定；检查离心机的电动机架、防震垫是否安装得牢固，全部紧固件是否已紧固；保证电器线路正确连接。

（2）正确启动离心机。按操作规程启动离心机电动机；调节离心机转速在正常信号控制范围内；缓慢打开进料阀。

（3）确保运行时的安全，加强维护离心机运行时，要经常检查各转动部位的轴承温度，各连接螺栓有无松动现象、异常声音和强烈振动。严格按操作规程作业，不允许超负荷运行，要保证下料均匀，避免发生偏心运转而导致转鼓与机壳产生摩擦火花。进入离心机进行人工卸料、清理或检修时，必须切断电源，取下保险，挂上警告牌。离心机在设计安装时，应根据情况采取防振、隔振措施，减少机器噪声和振动，其在正常运转时的噪声声级控制在85dB以下。制动装置和主电机应设置联锁装置，且保证准确可靠。发现轴承温度过高、转鼓与机壳摩擦、油泵油压低等异常情况，应及时调整使之恢复正常状态。

第九章 化工设备安全保护装置

第一节 安全装置种类及设置原则

一、安全装置的种类

安全装置是为保证锅炉压力容器安全运行而装设的附属装置，也叫安全附件。为了防止锅炉压力容器由于超载而发生事故，除了从根本上采取措施消除或减少可能引起超载的各种因素外，装设安全装置是一个非常关键的措施。锅炉压力容器的安全装置，按其使用性能或用途可分为四类。

（1）联锁装置。为防止操作失误而装设的控制机构，如联锁开关、联动阀等。锅炉中的缺水联锁保护装置、熄火联锁保护装置、超压联锁保护装置等均属此类。

（2）警报装置。设备运行过程中出现不安全因素致使其处于危险状态时，能自动发出声光或其他明显报警信号的仪器，如高低水位报警器、压力报警器、超温报警器等。

（3）计量装置。能自动显示设备运行中与安全有关的参数或信息的仪表、装置，如压力表、温度计等。

（4）泄压装置。设备超压时能自动排放介质降低压力的装置。

二、安全保护装置的设置原则

（一）安全装置的设置原则

在压力容器中，并不是每一台都必须装有安全泄放装置。例如，在连续的操作系统中，如果几台容器的许用压力相同，压力来源也相同，而且气体的压力在每个容器中又不会自动升高时，则可以在整个同压力系统内装设一个安全泄放装置。只有那些由于某种原因，压力在容器内有可能升高的容器，才需要单独装设安全泄放装置。

在常用的压力容器中，必须单独装设安全泄放装置的容器有以下几种。

（1）液化气体储罐。

（2）压气机附属气体储罐。

（3）器内进行放热或分解等化学反应，能使气体压力升高的反应容器。

（4）高分子聚合物设备。

（5）由载热体加热，使器内液体蒸气化的换热容器。

（6）用减压阀降压后进气（汽），且其许用压力小于压源设备的容器。

压力容器的安全阀不能可靠工作时，应装设爆破片，或采用爆破片与安全阀组合结构。凡串联在组合结构中的爆破片在动作时不允许产生碎片。

安全泄压装置的类型和形式选用不当，往往会造成设备的超压爆炸。选用和装设的安全泄压装置必须符合两个基本原则，即安全泄压装置的类型与形式必须与工艺条件相适应，包括压力升高速率、物料特性、运行条件等；安全泄压装置的规格应能保证及时排出气体，也就是说，安全泄压装置的排量不得小于设备的安全泄放量。

（二）其他安全装置的设置原则

（1）容器最高工作压力低于压力源压力时，在容器进口管道上必须装设减压阀。如因介质有条件减压阀无法保证可靠工作时，可用调节阀代替减压阀。在减压阀或调节阀的低压侧，必须装设安全阀和压力表。

（2）压力容器应装设能反映其承压部位真实压力的压力表。若压力源来自容器内部，则压力表应装设在容器的顶部；若压力源来自容器外部时，还应在压力源上装设压力表。

（3）盛装气液介质，特别是液体介质占有较大空间或液体介质的标准沸点低于工作温度的压力容器，必须装设液位计。

第二节　安全泄放装置

压力容器是一种承受压力的设备，但是每一个压力容器都是按预定的使用压力进行设计的，所以它的壁厚只能允许承受一定的压力，即所谓最高使用压力，在这个压力范围内，压力容器可以安全运行，超过了这个压力，容器就可能因过度塑性变形而遭到破坏，并会由此造成恶性重大事故。安全泄放装置就是为保证压力容器安全运行、防止它发后超压的一种保险装置。它具有这样的性能：当容器在正常工作压力下运行时，它保持严密不漏，当容器内压力超过规定，它就能自动把容器内部的气体迅速排出，使容器内的压力始终保持在最高放许用压力范围以内。实际上，安全泄放装置除了具有把容器内过高的压力自动降低这样一种主要功能外，还有自动报警的作用。因为当它开放排气时，由于气体的流速较高，常常发出较大的响声，成为容器内压力过高的音响信号。

一、安全泄放装置的分类

安全泄放装置按其结构形式可以分为阀型、断裂型、熔化型和组合型等几种。

（一）阀型安全泄放装置

阀型安全泄放装置就是常用的安全阀，它是通过阀的开放排出气体，以降低容器内的压力。这种安全泄放装置的特点是它仅仅排放压力容器内高于规定的部分压力，而当容器内的压力降至正常压力时，它即自动关闭。所以它可以避免容器内一旦出现超压就得把全部气体排出而造成浪费和生产中断。由于这个原因，阀型安全泄放装置被广泛用于各种压力容器中。这类安全泄放装置的缺点是：密封性能较差，在正常的工作压力下，也常常会有轻微的泄漏；由于弹簧等的惯性作用，阀的开放常有滞后作用；用于一些不洁净气体时，阀口有被堵塞或阀瓣有被粘住的可能。

（二）断裂型安全泄放装置

常用的断裂型安全泄放装置是爆破片和爆破冒。前者用于中、低压容器，后者多用于超高压容器。这类安全泄放装置是通过装置元件的断裂而排出气体的。它的特点是密封性好、泄放反应较快以及气体含的污物对它的影响较小等。但是由于它在完成泄放作用以后即不能继续使用，而且容器也得停止运行，所以一般用于超压可能性较小而且又不宜装设阀型安全泄放装置的容器。

（三）熔化型安全泄放装置

熔化型安全泄放装置是常用的易熔塞。它是通过易熔合金的熔化使容器内的气体从原来填充有易熔合金的孔中排出以泄放压力的。它主要用于防止容器由于温度升高而发生的超压。因为只有在温度升高到一定程度以后，易熔合金熔化，器内压力才能泄放。易熔合金的强度很低，所以这种装置的泄放面积不能太大。由于这些原因，易熔塞只能装设在压力升高仅仅是由于温度升高而无其他可能，安全泄放量又很小的压力容器上，一般用于液化气体气瓶。

（四）组合型安全泄放装置

组合型安全泄放装置是同时具有阀型和断裂型或阀型和熔化型的泄放装置。常见的有弹簧安全阀和爆破片的组合型。这种类型的安全泄放装置同时具有阀型和断裂型的优点。它既可以防止阀型安全泄放装置的泄漏，又可以在排放过高的压力以后使容器能继续运行。组合型安全泄放装置的爆破片可以在安全阀的入口侧，也可以在出口侧，前者主要利用爆破片把安全阀与气体隔离，以防安全阀受腐蚀或受污堵塞黏接等。容器超压时，爆破片断裂、安全阀开放排气。待压力降至正常操作压力时，安全阀关闭，容器可以继续运行。这个结构要求爆破片的断裂对安全阀的正常动作没有任何妨碍，而且要在中间设置检查孔，以便及时发现爆破片的异常现象。后一种（即爆破片在安全阀的出口侧）可以使爆破片不受气体的压力与温度的长期作用而产生疲劳，利用爆破片来防止安全阀的泄漏。这种结构要求及时把安全阀与爆破片之间的气体（由安全阀漏出）排出，否则将使安全阀失效。

二、安全阀保护装置

安全阀是一种超压防护装置，它是压力容器应用最为普遍的重要安全附件之一。安全阀的功能在于：当容器内的压力超过某一规定值时，就自动开启迅速排放容器内部的过压气体，并发出响声，警告操作人员采取降压措施。当压力恢复到允许值后，安全阀又自动关闭，使容器内压力始终低于允许范围的上限，不致因超压而酿成爆炸事故。

（一）安全阀的结构形式和工作原理

安全阀按其整体结构及加载机构的形式可以分为杠杆式、弹簧式两种。另一种脉冲式安全阀，因结构相当复杂，只在大型电站锅炉上使用。

（1）弹簧式安全阀。如图9-1所示，弹簧式安全阀主要由阀体、阀芯、阀座、阀杆、弹簧、弹簧压盖、调节螺丝、销子、外罩、提升手柄等构件组成，是利用弹簧压缩后的弹力来平衡气体作用在阀芯上的力。当气体作用在阀芯上的力超过弹簧的弹力时，弹簧被进一步压缩，阀芯被抬起离开阀座，安全阀开启排气泄压；当气体作用在阀芯上的力小于弹簧的弹力时，阀芯紧压在阀座上，安全阀处于关闭状态。其开启压力的大小可通过调节弹簧的松紧度来实现。将调节螺丝拧紧，弹簧被压缩量增大，作用在阀芯上弹力也增大，安全阀开启力就增高，反之则降低。有的弹簧安全阀阀座上装有调整环，其作用是调节安全阀回座压力的大小。所谓回座压力，是指安全阀开启排气泄压后重新关闭时的压力。调整安全阀回座压力的方法是：将调整环向上旋，安全阀开启时，由阀座与阀芯间隙流出的气体碰到调整环后被近转折180°，因此增加了对阀芯的冲动力，使阀芯在极短的时间内升到最大高度，并大量排出气体。由于气体对阀芯的冲动力增大，而作用在阀芯上的弹力没改变，所以只有当容器压力降得稍低时，阀芯才能回到阀座上使安全阀关闭，这样回座压力就较低；如果将调整环向下旋，那么，气体向上的冲动力降低，则安全阀回座力较高。弹簧式安全阀的结构紧凑、轻便、较严密、受振动不泄漏、灵敏度高、调整方便、使用范围广，但制造较复杂，对弹簧的材质及加工工艺要求很高，使用久了弹簧容易发后变形而影响灵敏度。

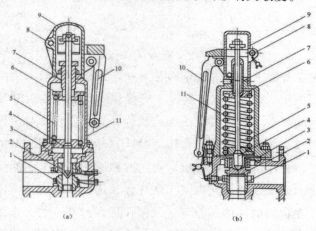

图 9-1 弹簧式安全阀

（2）杠杆式安全阀。其结构如图9-2所示，主要由阀体、阀芯、阀座、阀杆、重锤、重锤固定螺丝等构件组成，有单杠杆和双杠杆之分。它是运用杠杆原理通过杠杆和阀杆将重锤的重力矩作用于阀芯，以平衡气体压力作用于阀芯上的力矩。当重锤的力矩小于气体压力的力矩时，阀芯被顶起离开阀座，安全阀开启排气泄压；当重锤的力矩大于气体压力力矩时，阀芯紧压在阀座上，安全阀关闭。重锤位置是可移动的，可根据容器工作压力的大小移动重锤在杠杆上的位置，以调整安全阀的开启压力。

杠杆式安全阀具有结构简单，调整容易、准确，所加的载荷不因阀芯的升高而增加等优点，适宜于温度较高的容器。缺点是结构比较笨重，加载机构较易振动，常因振动而产生泄漏现象。回座压力一般都比较低。

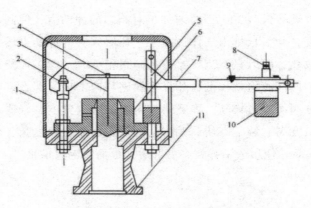

图 9-2 杠杆式安全阀

（3）脉冲式安全阀。脉冲式安全阀是一种非直接作用的安全阀，它由主阀和脉冲阀构成，如图 9-3 所示。脉冲阀为主阀提供驱动源，通过脉冲阀的作用带动主阀工作。脉冲阀具有一套弹簧式的加载机构，它通过管子与装接主阀的管路相通。当容器内的压力超过规定的工作压力时，脉冲阀就会像一般的弹簧式安全阀一样，阀瓣开启，气体由脉冲阀排出后通过一根旁通管进入主阀下面的空室，并推动活塞。由于主阀的活塞与阀瓣是用阀杆连接的，且活塞横截面积比主阀阀瓣的面积大，所以在相同的气体压力下，气体作用在活塞上的力大于作用在阀瓣上的力，于是，活塞通过阀杆将主阀瓣顶开，大量气体从主阀排出。当容器内压力降至工作压力时，脉冲阀上加载机构施加于阀瓣上的力大于气体作用在它上面的力，阀瓣即下降，脉冲阀关闭，从而使主阀活塞下面空室内的气体压力降低，主阀跟着关闭，容器继续运行。

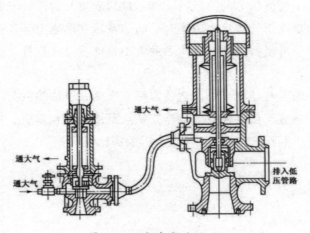

图 9-3 脉冲式安全阀

由于脉冲式安全阀主阀压紧阀瓣的力，可以比直接作用式安全阀大得多，故适用于压力较高或泄放量很大的压力容器。但脉冲式安全阀的结构复杂，动作的可靠性不仅取决于主阀，也取决于脉冲阀和辅助控制系统。

（二）安全阀的型号规格

1.安全阀的型号规格

安全阀的型号规格如图9-4所示。

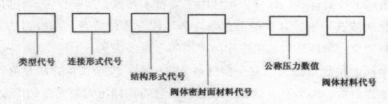

图9-4　安全阀的型号规格表示

根据阀门型号编制方法的规定，安全阀的型号由六个单元组成，其排列方式如下：

安全阀的类型代号：用汉语拼音字母表示，弹簧式安全阀的代号为A；杠杆式安全阀的代号则为GA。

连接形式代号：用阿拉伯数字表示，1代表内螺纹连接；2代表外螺纹连接；4代表法兰连接。

结构形式代号：用阿拉伯数字表示，0代表散热片、全启式封闭型；1代表微启式封闭型；2代表全启式封闭型；3代表扳手、双联弹簧微启式开放型；4代表扳手、全启式封闭型"代表扳手、微启式开放型；8代表扳手、全启式开放型；9代表先导式（脉冲式）安全阀。

阀体密封面材料代号：用汉语拼音表示，Y代表硬质合金；H代表合金钢；T代表铜合金；B代表巴氏合金；F代表氟塑料；W代表阀体直接加工成密封面。

公称压力数值：单位为MPa。

阀体材料代号：用汉语拼音表示，Z代表灰铸铁；C代表铸钢；I代表铬钼钢；P代表不锈钢（铬、镍、钛钢）等。

2.主要性能参数

（1）公称压力。安全阀应与容器的工作压力相匹配。因为弹簧与刚度不同和使安全阀规范化、系列化，安全阀分为几种工作压力级别。例如，低压力安全阀常按压力范围分为5级，公称压力用"PN"表示，如PN4、PN6等。

（2）开启高度。安全阀开启时，阀芯离开阀座的最大高度。根据阀芯提升高度的不同，可将安全阀分为微启式和全启式两种。微启式安全阀的开启高度为阀座喉径的1/40~1/20；全启式安全阀的开启高度为阀座喉径的1/4以上。

（3）安全阀的排放量。安全阀的排放量一般都标记在它的铭牌上，要求排量不小于容器的安全泄放量。

3.安全阀的选用与安装

（1）安全阀的选用应符合下述原则。

①安全阀的制造单位必须是国家定点厂家和取得相对应类别的制造许可证的单位。产品出厂应有合格证和技术文件。

②安全阀上应有标牌，标牌上应注明主要技术参数，如排放量、开启压力等。

③安全阀的选用根据容器的工艺条件和工作介质的特性，从容器的安全泄放量，介质的物理化学性质以及工作压力范围等方面考虑。

④安全阀的排放量是选用安全阀的最关键问题，安全阀的排放量必须不小于容器的安全泄放量。因为只有这样，才能保证容器在超压时，安全阀能及时开启，把介质排出，避免容器内压力继续升高。

⑤对于工作压力低、工作温度较高而又无振动的容器可选用杠杆式安全阀，当然，也可以用弹簧式安全阀。对于一般中、高压容器宜用弹簧式安全阀。

⑥从封闭机构来看，对高压容器、大型容器以及安全泄放量较小的中、低压容器最好选用全启式安全阀。对于操作压力要求绝对平稳的容器，应选用微启式安全阀。

⑦对盛装有毒、易燃或污染环境的介质的容器应选用封闭式安全阀。

⑧选用安全阀时，还要注意它的工作压力范围，不要把公称压力很低的安全阀用在压力很高的容器上，也不要把公称压力很高的安全阀用在压力很低的容器上。

（2）安全阀类型选用表（表9-1）。

表9-1　不同类型安全阀选用条件

使用条件	建议选用的安全阀类型
易燃、有毒气体、制冷剂，污染气体	封闭式安全阀
水蒸气、高温气体、空气	敞开式安全阀
高压容器、安全泄放量较大	全启式安全阀
背压为大气压，背压变化量较小	常规式安全阀
背压不固定且变化量较大	背压平衡式安全阀（如波纹管安全阀）
要求反映迅速	直接作用式安全阀
泄放量、口径、压力都较大，密封要求高	先导式安全阀
移动式受振动的受压设备	弹簧式安全阀
介质温度较高	带散热构件的安全阀

（3）安全阀的安装。安全阀必须垂直安装在容器本体上。液化气储罐上的安全阀必须装设在其他气相部位。若安全阀确实不便装在容器本体上而需用短管与容器相连时，则接管的直径必须大于安全阀的进口直径，接管上一般禁止装设阀

门或其他引出管。对于易燃、易爆、有毒或黏性介质的容器，为便于安全更换、清洗，可装一只截止阀，但截止阀的流通面积不得小于安全阀的最小流通面积，并且有可靠的措施和严格的制度，以保证在运行中截止阀全开。

选择安装位置时，应考虑到安全阀日常检查、维护、检修和方便。安装在室外露天的安全阀，要有防止冬季阀内水分冻结的可靠措施。装有排气管的安全阀，排气管的最小截面积应大于安全阀的出口截面积，排气管应尽可能短而直，并且不得装阀。有毒介质的排放应导入封闭系统。易燃、易爆介质的排放量最好引入火炬，如排入大气则必须引至远离明火和易燃物，且通风良好处。排放管应可靠接地，以导出静电。安装杠杆式安全阀时，必须使其阀杆保持铅垂位置。所有进气管、排气管连接法兰的螺栓必须均匀上紧，以免阀体产生附加应力，破坏阀体的同心度，影响安全阀的正常动作。

（4）安全阀的调整、校正。

安全阀在安装前应进行水压试验和气密试验，合格后才能进行调整校正。校正、调整分两步进行。

①在气体实验台上，通过调节施加在阀瓣上的载荷来初步确定安全阀的开启压力。杠杆式安全阀调节重锤位置，弹簧式安全阀调节弹簧压缩量。安全阀的开启压力一般应为容器最高工作压力的1.05~1.10倍。对压力较低的低压容器，可调节到比工作压力高一个大气压，但不得超过容器的设计压力。

②在容器上，通过调整安全阀调节圈与阀瓣的间隙来精确地确定排放压力和回座压力。如在开启压力下仅有泄漏声而不起跳但压力下降后有剧烈振动和"蜂鸣"声，则是间隙偏大。如果是回座压力过低，则是间隙过小。校正、调整后的安全阀应进行铅封。

（5）安全阀排量计算。在安全阀的铭牌上，一般应标记有该阀用于某种条件（压力、温度）下的额定排量，但实际的使用条件往往与铭牌上的条件不完全相同，这就需要对安全阀的排量进行换算或重新计算。

三、爆破片保护装置

（一）爆破片的作用和适用范围

爆破片又称防爆片，是一种断裂型的超压防护装置，用来装设在那些不易于装设安全阀的压力容器上，当容器内的压力超过正常工作压力并达到设计压力时，即自行爆破，使容器内的气体经爆破片断裂后形成的流出口向外排出，避免容器本体发生爆炸。泄压后断裂的防爆片不能继续使用，容器也被迫停止运行。因此，防爆片只用在不宜装设安全阀的压力容器上作为安全阀的一种代用装置。其装设一般应符合以下三种情况。

（1）容器内介质易于结晶聚合，或带有较多的黏性物质时，如果采用安全阀作为安全泄压装置，经过长期运行，这些杂质或结晶体就会积聚在阀芯上，可能使阀芯与阀座产生较大的黏合力，或者堵塞阀的管道，减少气体对阀芯的作用面积，使安全阀不能按规定的压力开启而失去作用，故应装设爆破片。

（2）容器内的压力由于化学反应或其他原因迅猛上升，装置安全阀难以及时排除过高的压力。这样的压力容器常因操作不当，如投料数量错误、原料质量不纯、反应速度控制不严、温度过高等造成压力骤增，在这种情况下，其上装置安全阀一般是难以及时泄放压力的，故应采用防爆片。

（3）容器内的介质为剧毒气体或不允许微量泄漏气体，用安全阀难以保证这些气体不泄漏时采用爆破片。

（二）爆破片的分类与结构形式

1.爆破片的分类

爆破片的类型一般是根据爆破片材料、外观形状、受力形式与破坏动作的不同来分类。

（1）按材料分类，可分为金属爆破片和非金属爆破片。

（2）按成品外观形状分类，可分为正拱形、反拱形和平板形。

（3）按受力形式分类，可分为爆破形、致破形和脱落形。

常用爆破片装置的分类如表9-2所列。

表9-2 常用爆破片装置分类

外观形式	类型	形式代号
正拱形（L型）	正拱普通型	LP
	正拱带槽型	LC
	正拱开缝型	LF
	正拱带托架型	LPT
反拱形（Y型）	反拱带刀型	YD
	反拱颚齿型	YE
	反拱脱落型	YT
平板形（P型）	平板带槽型	PC
	平板开缝型	PF
	平板石墨型	PM

2.爆破片的结构形式

爆破片的结构形式很多，按受破坏的作用原理和结构形式，可分为四大类。

（1）受拉伸破坏的爆破片。

①平板型爆破片。平板型爆破片主要包括平板型、平板开缝型和平板带槽型。平板型爆破片的压力敏感元件呈平板形。平板开缝型爆破片的压力敏感元件是由带缝（孔）的平板形与密封膜组成的平板型爆破片。平板带槽型爆破片的压力敏感元件是平面上加工有槽的平板型爆破片。

平板型爆破片的缺点是介质压力波动易使爆破片塑性变形，抗疲劳性能差，使用寿命短，且爆破压力精度偏低。优点是加工容易。

②正拱型爆破片。正拱型爆破片又包括普通正拱型爆破片和开缝正拱型爆破片。普通正拱型爆破片的压力敏感元件无须其他加工，由坯片直接形成。开缝正拱型爆破片的压力敏感元件由有缝（孔）的拱型片与密封膜组成的正拱型爆破片。

正拱型爆破片安装后的后拱的凹面处于压力系统的高压侧，动作时该元件发生拉伸破裂。正拱型爆破片的抗疲劳性能好，具有长寿命和较高的爆破精度，这种性能优良的爆破片已成为我国主要使用的爆破片品种之一。

（2）受剪切破坏的爆破片。爆破片在夹持器的周边被剪切破坏（形成结构上的薄弱环节）。主要有平板型爆破片和开槽型爆破片。压力敏感元件由有缝（孔）的拱形片面与密封膜组成的正拱型爆破片两种。

（3）受弯曲破坏的爆破片。爆破片由脆性材料制成，受载后几乎不产生塑性变形，平板弯曲破坏。如石墨爆破片，压力敏感元件由石墨制成，动作时因弯曲或剪切而破裂，有夹紧式和自由嵌入式两种。

（4）受失稳破坏的爆破片。爆破片凸侧承受压力，产生压缩应力，失稳时瞬间翻转，失效泄压。主要有带刀架的反拱型、带点环的反拱型、刻槽反拱型、弹射式反拱型等。反拱型压力敏感元件呈反拱形，安装后的凸面处于压力系统的高压侧，动作时该元件发生压缩失稳，致使破裂或脱落。爆破片周边被压紧，承受拉应力，其一侧受载后中央部爆破。主要有平板型爆破片和正拱型爆破片两种结构。

（三）爆破的选用

1.选用总体要求

选用爆破片时应注意标定爆破压力和泄放面积等事项。

爆破片装置在指定温度下的标定的爆破压力，其值不应超过容器的设计压力，标定压力允差应按有关标准规定或按设计要求。

2.爆破片的类型选用

（1）介质性质方面。首先应考虑介质在工作温度下对膜片有无腐蚀作用。对于有腐蚀性介质，应注明爆破片的材料，必要时宜采用开缝正拱型或在与腐蚀性介质的接触面上覆盖有金属或非金属保护膜的普通正拱型；介质是可燃性气体，不宜选用碳钢等材料制造的膜片，以免膜片爆裂时产生火花而引起泄放气体的燃烧爆炸。

（2）压力载荷性质方面。脉动载荷或压力波动幅度大的容器（如反应釜），可优先选用反拱型爆破片。因为其他类型的爆破片在工作压力下膜片都处于高温压力状态下较易疲劳失效。

（3）工作温度方面。应考虑表9-3所列材料的允许最高使用温度不低于实际使用温度，以防止膜片金属因在高温下产生蠕变致使其在低于设计爆破压力下爆破。

表9-3　常用膜片材料的最高工作温度

膜片材料	铝	铜	不锈钢	镍	蒙乃尔合金
最高工作温度/℃	100	200	400	400	430

3.爆破片的动作压力

为了确保压力容器不超压运行，爆破片的动作压力应保持多大，是人们关注的一个问题。因为装设爆破片的压力溶气罐在设计力确定以后，要由此比值确定容器的设计压力；或者在一定的操作条件下，由此比值确定容器的设计压力。在各国有关规范中，对爆破片的动作与工作压力之比值的规定不尽相同，我国有关标准规定确定爆破片的最低标定爆破压力，可根据容器的最大工作压力按表9-4选取，或者由设计者根据成熟的经验或可靠数据确定。

表9-4　最低标定爆破压力

爆破片形式	爆破压力/MPa（P_w为最高工作压力）	爆破片形式	爆破压力/MPa（P_w为最高工作压力）
正拱普通型	$1.43P_w$	反拱型	$1.1P_w$
正拱开缝型	$1.25P_w$	正拱型，脉动载荷	$1.7P_w$

（四）爆破片的安装设计

1.爆破片的布置

（1）无安全阀的布置爆破片可单独、并联或串联使用，此时，爆破片起主要的安全作用。

①爆破片单独使用。爆破片在其入口侧设置一个切断阀，该阀处于常开状态，只是在更换爆破片时才关闭，以防介质外流。但是切断阀的泄放量能力应大于爆破片的泄放能力。

②爆破片并联布置（带双向切断阀）。此时，必须在两个爆破片连接管的中部设置一个双向切换阀，其中一项应处于常关闭状态，只有在更换爆破片时才打开，

不影响设备运转。

③爆破片并联布置（带切断阀）。此时，在两个爆破片入口侧各串联一个切断阀，切断阀的泄放能力必须大于爆破片的泄放能力。

④爆破片串联布置。此时，在两个爆破片之间设置压力表和放气阀，主要用于强腐蚀性流体。

（2）安全阀的组合布置。爆破片与安全阀组合而成的泄压装置同时具有阀型和断裂型的优点，它既可防止单独用安全阀的泄漏，又可以完成排放过高压力的动作后恢复容器的使用。组合型安全泄压装置一般用于介质具有腐蚀性的液化气体，或剧毒、稀有气体的容器。由于装置中的安全阀有滞后作用，不能用于器内升压速度极高的反应容器。

①爆破片串联在安全阀的入口侧。此时，可利用爆破片把安全阀与器内的气体隔离，以防止安全阀受腐蚀或被气体中的污物堵塞或粘住，当容器超压时，爆破片断裂，安全阀开启，容器降压后，安全阀再关闭，容器可以继续暂运行，等设备停机检修时再安装上爆破片。这种结构要求爆破片的断裂不妨碍后面安全阀的正常动作，而且要求在安全阀与爆破片之间设置检查器具。防止它们之间存在压力，影响爆破片的正常动作。

②爆破片串联在安全阀的出口侧。当爆破片串联在安全阀的出口侧时，可以使爆破片免受气体压力与温度的长期作用而疲劳破坏，爆破片则用以补救安全阀的泄漏，这种结构要求将爆破片与安全阀之间的气体及时排除，否则安全阀即失去作用。

③爆破片与安全阀并联布置。爆破片的爆破压力比安全阀定压稍高，安装爆破片是为了防止安全阀失效，并延长爆破片本身的寿命。

此外，对于石墨爆破片爆破时会产生碎片，不但容易污染流体，而且会影响安全阀的动作。因此，石墨爆破片的布置除与金属爆破片的布置基本相同外，还应着重考虑防止爆破片碎片落入设备。

2.爆破片的安装

（1）爆破片安装注意事项。

①由于爆破片排放时速度很高，对人体和设备都可能产生损害，所以在安装爆破片时首先要考虑爆破片的安装位置必须使介质排放到安全区域，这样可以避免爆破片排出的介质对工作人员或者对设备产生的损害。

②爆破片的安装位置应尽量接近压力源，爆破片前的管道要求短、直而粗，且管道截面积应不小于膜片的泄放面积，以减少爆破片入口阻力。

③爆破片管道设计应满足定期更换爆破片的要求，应提供一个快速简便和尽可能安全的操作条件，在需要的地方设置操作平台。

④对高黏度介质，为了有效，爆破片不应安装在长管道的一端或远离容器。

⑤当系统内为可燃气体时，应采取措施防止在管道中产生燃烧，如加设阻火器、管道静电接地等措施。

⑥当爆破片后接管道时，对爆破片破裂时由于排出口高速流体产生的应力不像安全阀那样敏感，但也应采取措施防止爆破片入口管和容器或管道连接处产生过大的力和力矩，具体措施注意两点。一方面，爆破片排放时的反作用力近似等于把爆破片的爆破压力乘以2倍的爆破面积，所以必须对管道和连接点设置合适的支承。若爆破后直接排放到大气，可以在爆破片的后面设置一块挡板，这样可以减少爆破片破裂时产生的作用力，也可防止附近设备损坏。另一方面，对爆破片后的管道加以适当支承，使与爆破片连接的管道不承受过大弯曲应力的影响。

（2）爆破片的安装。

①爆破片的法兰和爆破片材料必须满足工艺流程的需要。

②组装爆破片时小心谨慎，不应降低爆破片有效面积。

③仔细清除夹持器两侧接触面的脏物，防止损伤爆破片。

④安装爆破片时，应均匀拧紧螺栓，防止爆破片在夹持器中松动，最好采用力矩扳手，以免由于较高的或不均匀的法兰压力而损害爆破片。

⑤爆破片必须安装在相应的夹持器上，并严格按说明书和铭牌箭头指示方向安装，必须使铭牌字面朝泄放侧，切勿反装，否则会影响爆破压力，导致重大事故。

⑥未经制造厂同意，不允许在爆破片两侧加保护膜、垫圈或涂层。

⑦爆破片应储存在干燥、无腐蚀环境中，防止碰撞，不允许压伤、变形。

⑧所有的爆破片一旦从夹持器上拆下，无论它是否损害，都不能再使用。

⑨由于爆破片在容器工作压力下的应力远高于材料的应力，以及其他物理、化学因素的作用，爆破片的爆破压力会逐渐降低。因此，在正常使用条件下，即使不破裂也应定期更换。对于超压未爆破的爆破片应立即更换。

第四节　安全联锁装置

一、安全联锁装置的分类

安全联锁装置是防止误操作的有效措施。常用的安全联锁装置有电器操作安全联锁装置、液压操作安全联锁装置及联合操作安全联锁装置等。按引起安全联锁装置动作的动力来源，可分为直接作用式安全联锁装置、间接作用式安全联锁装置和组合式安全联锁装置三种。

二、安全联锁装置设计与应用

（一）安全联锁装置设计

安全联锁装置的实质在于：执行操作 A 是执行操作 B 的前提条件，执行条件，执行操作 B 是执行操作 C 的前提条件等，其关系如下：

操作 A→操作 B→操作 C→

前一操作可以是一个具体的操作，也可以是与生产工艺参数（如温度、压力等）联系的自动操作。联锁保护系统是一种能够按照规定的条件或程序来控制有关设备的自动操作系统。联锁保护的目的大致包括两个方面：

（1）由于工艺参数越限而引起联锁保护。当生产过程出现异常情况或发生故障时，按照一定的规律和要求，对个别或一部分设备进行自动操作，从而使生产过程转入正常运行或安全状态，达到消除异常、防止出事的目的，这一类联锁往往跟信号报警系统结合在一起。根据联锁保护的范围，可以分为整个机组的停车联锁、部分装置的停车联锁以及改变机组运行方式的联锁保护。根据参加联锁的工艺参数的数目，可以分为多参数联锁和单参数联锁。

（2）设备本身正常运转或者设备之间正常联络所必须的联锁。在生产过程中不少设备的开、停车及正常运行都必须在一定的条件下进行，或者遵守一定的操作程序。在设备之间也往往存在相互联系、互相制约的关系，必须按照一定的程序或者条件来自动控制。通过联锁，不但能够实现上述要求，而且可以转化操作步骤，避免误操作。这一类联锁是正常生产所必须的联锁，按其内容包括机组之间的相互联锁，程序联锁，开、停车联锁等。

（二）快开门式压力容器安全联锁装置

压力容器的快开门（盖）的设计安装联锁装置应具有以下功能。

（1）当快开门达到预定关闭部位，方能升压运行的联锁控制功能。

（2）当压力容器的内部压力完全释放，安全联锁装置脱开后，方能打开快开门的联锁联动功能。

（3）具有与上述动作同步的报警功能。

按引起安全联锁装置动作的动力来源分为直接作用式、间接作用式和组合式三种。

（1）直接作用式。直接作用式安全联锁装置是依靠容器内的压力来实现联锁协作的，具有整体灵活可靠、成本低、寿命长和可靠性好等优点。

图 9-5~图 9-7 所示为三种用于齿啮式快开装置的安全联锁装置。

如图 9-5 所示，固定板焊接在可转动的齿圈上，齿圈焊接在容器筒外表面。

进气管通过球阀和筒体接触，出气管的一段连接球阀，另一端接三通，分别通过警告笛和排空管与大气相通。固定锁在衬套内，沿轴向可作往复运动，并可插入固定板上的孔内。

其工作原理是：在关闭快开门盖过程中，若齿圈没有旋转到位，固定锁被固定板挡住。球阀无法关闭，容器内无法升压。只有当齿圈完全啮合到位，固定销刚好插入固定板上的孔内，球阀才能关闭，容器内才能升压。同时，齿圈亦被固定销固定而无法转动，从而保证工作时端盖不被打开。要想打开端盖，只有先打开球阀，退出插销，此时，容器内带压气体也经球阀由排空管排出，警告笛也随之响起。只有当容器内压力降至零时，警告笛才息声，此时，端盖才能打开。即用警告笛声提示操作人员正确操作，保证容器安全操作。

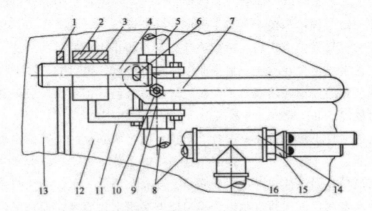

图 9-5 齿啮式快开装置的安全联锁装置（一）

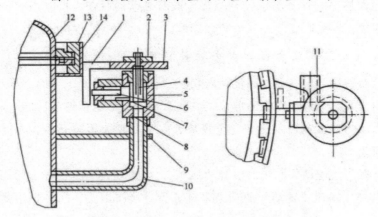

图 9-6 齿啮式快开装置的安全联锁装置（二）

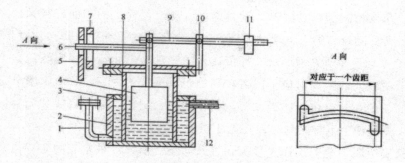

图 9-7　齿啮式快开装置的安全联锁装置（三）

　　如图 9-6 所示的安全联锁装置，由角尺挡块、手动单向阀、圆形止推盘、进气管和排气管等组成。角尺挡板由水平端面和垂直端面两部分组成，并焊接在容器的旋转环上。角尺挡块水平端面与圆形止盘相邻处有一圆弧段。手动单向阀由主阀和副阀组合而成，进气管的两端分别与筒体和主阀相连接，排气管的两端分别与筒体和主阀相连接，排气管和副阀相连通，副阀芯上装有橡胶密封圈。

　　该装置的工作原理是：当逆时针转动旋转环，通过卡箍关闭快开门盖时，若旋转环没有放置到位，即快开门盖未关闭到完全啮合位置，圆形止推盘在角尺挡块水平端面之上被角尺挡板挡住，旋盖不能下旋推进主阀芯关闭阀口，如这时容器进气，则气体经进气管、主阀阀口、副阀阀口和排气管排出，因此容器无法升压。只有快开门盖关闭到完全啮合位置时，圆形止推盘与角尺挡块水平端面圆弧段相邻，两者间隙为 0.5~1mm，转动旋盖才能使圆形止推盘和主阀芯一起向下推进，直至主阀芯关闭阀口，这时容器内无法升压。由于圆形止推盘挡住角尺挡板，旋转环无法转动，快开门盖无法打开。当容器工作完毕时，可转动旋盖，带动圆形止推盘和主阀芯向上脱离阀口，容器内的带压气体经进气管、主阀阀口冲出，瞬间推动副阀芯伸出角尺挡块垂直端面之外，挡住角尺挡块，气体从排气管放出。由于副阀芯挡住角尺挡块，旋转盖便无法转动，即防止容器内压力未泄尽之前打开快开门盖。副阀芯伸出时，橡胶密封圈紧贴在副阀的阀盖上，起到密封作用，使容器内的带压气体只能从排气管放出。待容器内压力下降至零后，副阀芯才能用手推回，这时可顺时针转动旋转环，打开快开门盖。

　　上述两种安全联锁装置都难以反映很低的残余压力，即有可能在容器内存在很低的残余压力时，就进行开门操作而酿成事故。例如，一台直径为 2500mm 的蒸压釜，即使只有 0.005MPa 的残余压力，作用在快开门盖上的力也达到 240531N。

　　图 9-7 所示的安全联锁装置就可以解决上述问题。它利用压力大小和水位高度的对应关系（0.1MPa 表压对应于约 10m 高的水位），将微弱的残余压力值转换为直观的水位高度。大水槽和小水槽在底部相通，浮筒上端面与法兰盖之间有一特殊的自紧式密封装置（未画出），当浮筒上升到极限高度时，密封装置进入工作状

态，大、小水槽成为密封容器，设备即能升压。浮筒上的导向杆与叉杆之间为刚性连接，叉杆随浮筒的上下浮动而同步进行上下移动。导向块焊接在设备的端部，引导叉杆的上下移动并承受由叉杆传递来的制动力。止动板固定在门盖上，其上下两个卡槽之间的距离对应于门盖转动的一个啮齿的距离，且上下槽分别对应于快开门的关闭和开启位置。当叉杆进入槽内时，门盖不能开启或关闭，而只有当叉杆处于弧形槽上下缘之间时，门盖才能动。

这种安全联锁装置工作过程为在进入状态之前，经进水管向装置内掺水至水位高度与进水管法兰密封面齐，调整调节块在杠杆上的位置，使浮筒中间面与页面重合，叉杆处于动板上弧形槽中间，装置进入工作状态（只有在装置进入工作状态后，浮筒上端的密封装置才能起作用，设备也才能升压力）。随着设备内压力的升高，大水槽内的水被压到小水槽中使其液位上升，浮筒和叉杆也随着上升。当浮筒上升到最大高度时，其上端面的密封结构进入工作状态，实现了大、小水槽与大气之间的密封。至此，设备即能正常进气升压。这时，叉杆完全卡入上卡槽中，确保门盖不能转动。浮筒上升的最大高度决定装置的精度。当门盖未完全关闭时，叉杆处于止动板上下两卡槽之间的弧形槽内。若此时设备开始进气，则浮筒上升到一定位置后，叉杆即被弧形槽上缘挡住而不能继续上升，浮筒顶部的密封不能起作用，不能升压。

设备完成一个工作过程，压力降到非常接近于零时，小槽内水位回落，浮筒带动叉杆向下移动，待叉杆下移到弧形槽内时，方可进行开门操作。

（2）间接作用式。间接作用式安全联锁装置是利用外来能量实现联锁动作的，常采用自动控制仪表、计算机来控制，具有精度高、反应灵敏、易于实现自动控制等优点，但受停电或电子元件失效等的影响，寿命较短、成本较高。

图9-8和图9-9所示为一种压紧式快开装置的安全联锁装置，它由自锁轮9、压力阀R1、电磁铁R2、继电器J1和J2、限位开关K1、开关K2、电接点压力表P以及指示灯D1和D2组成。自锁轮9固定在螺纹的内端面，电磁铁R2固定在撑挡盘内端面上，其芯销与自锁轮上的齿目相对应。在容器外壳上对应其中的一根撑挡杆的一端处安装限位开关K1。电磁阀R1串在容器内的进气管中。电接点压力表P安装在容器外壳上，与容器内腔连通。电器控制盒内安装继电器J1J2，面板上接开关K1和指示灯D1、D2。交流电源输入端串接限位开关K1后，分别连接继电器J1和J2线圈的并接点和电接点压力表P的固定接点。继电器JU2的并接点和电接点压力表P的固定接点之间并联电磁铁R2线圈、继电器J2的常闭触点J2-1、指示灯D2串联支路和开关K2、电磁阀R1线圈、继电器J1和常闭触点J1-1、指示灯D1的串联支路。继电器J1、J2线圈的另一端分别连接电接点压力表P的额定压力值接点和压力零值接点。

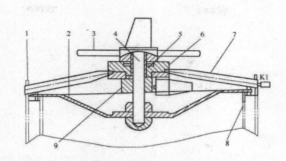

图 9-8　压紧式快开装置的安全联锁装置

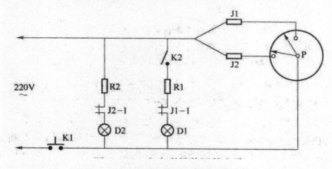

图 9-9　安全联锁装置的电路

该装置的工作原理是使用时，先移动手轮带动螺母旋转，撑挡杆压紧盖并触动限位开关 K1，电源接触，再打开开关 K2，指示灯 D1 亮，同时接通电磁阀 R1 和电源而动作，容器内开始进气。当容器内气压大于零时，电接点压力表 P 活动触片离开零值接点，断开继电器 J2 线圈电源，其常闭触点 J2-1 闭合，指示灯 D2 亮，同时接通电磁铁 R2 线圈电源而推动器芯销插入自锁轮的齿口内，使螺母不能回转，而达到盖只能压紧不能松开的自锁目的。当容器内气压达到额定值时，电接点压力表 P 活动触片接通额定压力值接点，继电器 J1 线圈接通电源，其常闭触点 J1-1 断开，指示灯 D1 灭，断开电磁阀 R1 电源停止进气。开门时，先断开开关 K2，待容器内气体排尽时，电接点压力表 P 活动触片回至零值接点，接通继电器 J2 线圈电流，其常闭触点 J2-1 断开，电磁铁 R2 也断开电源，其芯销被推出自锁轮上的齿口，再转动手轮带动螺母旋转，将撑挡杆退出，盖方可打开。

图 9-10 所示为带安全联锁装置的齿啮式硫化罐装置。汽缸活塞 I 供带动齿圈的旋转，使罐体法兰和罐盖啮合与错开，汽缸活塞 II 用于带动罐盖的开启和关闭。三个汽缸活塞有电气联锁装置，能确保在同一时间内只有一个活塞动作。蒸汽通过二位二通电磁阀 A 进入罐内，该阀与汽缸活塞用电气联锁，当汽缸活塞使齿圈转动而夹紧罐体法兰和罐盖后，才能打开，即蒸汽才能进入罐内。在打开时，先由汽缸活塞 III 通过圆缺盘机构将与罐体连通的球阀断开，待罐内的压力降至零后，汽缸活塞才能带动齿圈松开罐体法兰和罐盖，再由汽缸活塞 II 推开罐盖。

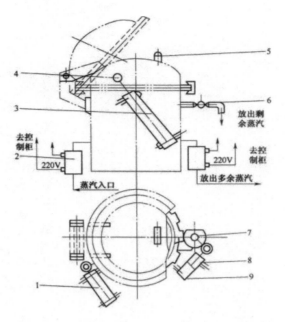

图 9-10　齿啮式硫化罐装置的安全联锁原理

（3）组合式。为克服直接作用式和间接作用式安全连锁装置的缺点，综合保留它们的优点，就出现了以机械控制为主、电气控制为辅的组合式安全联锁装置。

组合式安全联锁装置主要由机械插销驱动器、行程开关、电磁铁、接触器等零部件组成，由机械插销驱动器实现安全联锁动作，由电气插销驱动器来补偿机械控制的不足。

该装置的工作原理是：当快开式压力容器关锁到位，齿圈完全啮合时，按下电气插销驱动器启动按钮，安全插销插入到位。此时，碰到安全插销插入到行程开关，行程开关接通并发出进气指令后方能升压运行。待升压到3kPa时，安全插销插入联锁，具有双保险功能。此时，即使停电或电子元件失效，机械插销驱动器也可借助容器内自身压力将安全插销插入到位后，才能升压。压力容器卸压过程中，当压力降至低于200~800Pa时，机械插销驱动器将安全插销退出到位。此时。接通安全插销退出到位开关发出打开指令。当容器内余压超过200~800Pa时，开锁具有双保险功能，即安全插销插入到位可防止开锁。安全插销处于插入状态时，开锁电机的行程开关锁住而不能开锁。因此，该装置即使在停电或电子元件失效时，机械插销驱动器也能保证只有当容器内压力降至200~800Pa时才能开锁。

（三）安全联锁装置的应用

为保证压缩机运行中不发生故障和机器安全启动，通常把驱动机和压缩机的减轻启动负荷、保持油压、冷却水通水、盘车齿轮脱开等一系列启动条件通过联锁回路结合在一起。对于活塞式压缩机而言，卸荷装置通过气动式压力开关控制，空气压力信号接通与否可根据卸荷装置的活门柄位置有限动开关进行检查。润滑油的油压保持，在设有主油泵或电动机带动辅助油泵的场合，可兼用油压下降闸和电机停止闸。对于轴端带动油泵的场合，为了在启动时保持油压，采用手摇泵补充油压，且设计有十几秒的时间控制回路，以便从启动开始到等速回转过程中能始终保持油压，达到正常转速后则不致因手摇泵的工作室压力继续升高。

对于小型压缩机从启动前开始到正常工作转速，一直使用手摇泵保持油压。冷去水开关设有浮子开关。盘车齿轮脱开通过齿轮脱开位置限动开关来感受信号，并将此电气信号输入到联锁回路，为满足上述启动条件时，电机则不能启动。

在化工、石油化工生产中为保证长年连续运转，一半多采用备机。各机的自动启动一般通过上述的启动联锁装置中涉及有启动负荷减轻、油压保持同步的自动回路进行控制。自动负荷调节时通过与工艺要求相对应的卸荷空气压力或有压力控制（自动切换减负荷网和余隙阀）来自动调节流量。对于离心式压缩机而言，设置继电器或限位开关，使其在不具备下述条件时，离心压缩机不能启动：外部油压上升；盘车装置的齿轮自动脱开；不准出现带液情况。

当主机、备用机中有一台使用汽轮机，或两台都使用电动机驱动时，一般对备用机常常需要输入紧急电源以自动启动。为了防止切换或在切换时的瞬时降压引起的压缩机停机，需设置具有足够容量的稳压槽以便在此期间能保持压力的自动保护装置。

对于离心机而言，启动离心机时，为了降低启动扭矩，使电动机的负荷较为平缓，一般采用液力联轴器、离心摩擦离合器或大启动转矩的特殊电动机。

第五节　紧急停车装置

一、紧急停车装置的设置

紧急停车（Emergency Shut Down，ESD）系统，是对生产装置可能发生的危险或不采措施将继续恶化的状态进行响应和保护，使生产装置进入一个预定义的安全停车状况，从而使危险降低到可以接受的最低程度，以保证人员、设备、生产和装置或工厂周边社区的安全。

（一）石化生产装置 ESD 系统的设置

由于石化生产过程的复杂性，具有易燃、易爆、高温、高压、有毒、有害、有腐蚀性等特点，以及生产原料的变化，其控制对象的特性错综复杂，很难准确预见，因而，与普通过程相比更具有危险性。一旦发生事故，如不及时处理，即可引发链接反应, 酿成灾难事故, 造成生产、设备、人员等方面的重大损失。因此, 对石化生产装置进行适当的安全防护, 尤其是对突发性事故的紧急处理比普通生产装置更显得重要和必要。

在石化生产装置中处理突发性事故的紧急联锁系统是由 ESD 系统来承担的。然而, ESD 系统有多种形式。从 ESD 系统与 DCS 的构成形式可分为 DCS 与 ESD 系统一体化、DCS 与 ESD 系统分设控制站、DCS 与 ESD 系统独立设置。从构成 ESD 系统和逻辑控制系统方面可分为继电器、可编程序控制器。

在化工生产装置中, 过程控制系统被用于对生产过程进行连续动态监控, 使生产装置在设定值下平稳运行; 而 ESD 系统是用于对生产过程的关键参数及过程工作状况进行连续监视, 检测其相对于预定安全操作条件的变化, 当所监测的过程变量超过其安全限定值时, ESD 系统即取代过程控制系统进行操作, 按预置的安全逻辑顺序动作, 将过程设置成安全的非正常操作状态, 把发生的恶性事故的可能性降到最低。

（二）ESD 系统的设计

在 ESD 系统中设计时, 除考虑其设备形式、逻辑控制系统之外, 还需要对装置的设备、工艺流程、人员配置、环境等进行分析, 以便发现潜在的危险因素, 确定安全级数, 并从安全性、可靠性和可应用性等方面的要求综合考虑, 配置 ESD 系统。随之, 算出投资, 并与损失值（包括生产时间、产品、原材料、紧急维护费和其他无形损失）比较, 进而确定合理的 ESD 系统配置。

二、紧急停车装置的设计与应用

在天然气事故气源备用站工程中, 采用全套引进法国天然气液化、储存、汽化的先进工艺及设备。生产装置的设计规模为液化天然气（LNG）储存能力 20×10^3, 日液化能力 $165.3m^3$, 每个小时汽化能力 $120m^3$。工艺装置区由 3 个单元组成: 天然气接收单元（包括天然气过滤增压脱碳脱水和液化）、LNC 储存和天然气输出单元（包括 LNG 泵、BOG 压缩、LNG 汽化和天然气加臭）。有 3 种主要操作状态: 天然气液化、天然气输出和备用（无液化、无输出）状态。该站主要用于因不可抗拒的因素（如台风等）引起天然气开采或长输管线路事故时, 向输配线路提供可靠的临时气源, 以及在用气高峰时, 向输配系统补充气源, 以确保向用户供报气。其生产装置正常运行与否将直接关系到用户的正常用气, 必将产生很大的社会效应。因此, 必须对其设备设置适当的控制系统。由于天然气的主要组分是 82%~98% 的甲烷, 属易燃、易爆介质, 且 LNG 在汽化时可导致压力升高而给生产带来危险。它是在 $-162℃$ 的条件下储存并操作的, 其储存量很大, 一旦泄漏, 会给人员造成严重的烟雾伤害，会使不耐低温的设备及管道突然破裂，导致更严重的泄漏，这将是非常危险的。因此，在设计中设置必要的ESD系统来确保LNG站的高度安全是毋庸置疑的。

（一）ESD系统的确定

生产过程中的主要危险来自LNG的泄漏，而引起LNG泄漏的主要原因为管道系统的损坏。按照法国"城市燃气应用技术研究院"提供的研究数据及美国LNG标准NFPA59A规定，得出该站LNG泄漏事故严重等级及危险级，如表9-5所列。

表9-5　事故严重性等级及危险级别

事故	LNG泄漏量	严重性等级	可能性等级	危险级别
液化单元泄漏	1.2m³	CS3	PL3	2
液化单元与储存之间的输送管线发生故障	1.2m³	CS3	PL3	2
槽外部发生故障	1.2m³	CS2	PL3	2
泵与气化器之间的输送管线发生故障	20m³	CS2	PL3	2

CS2级表示严重性的事故。1人或超过1人受伤；装置内部1个或超过1个系统遭破坏；装置完全停车，LNG泄漏在$6{\sim}60m^3$，价值1%~10%的新设施被毁坏。CS3级表示有明显后果的事故。系统能力明显下降，可导致装置中断，这只限于物理损失，而不是系统不可挽回的损失，没有人员受伤。LNG泄漏在$0.6{\sim}60m^3$，价值0.1%~10%的新设施被毁坏，PL3级表示很少发生事故，$10^{-6}{<}$年${<}P{<}10^{-2}/$年（P为故障率）。由此可见，不存在危险级别为1级的不可接受的危险状况。

（二）ESD系统配置

美国Honeywell ESD产品FSC-102具有冗余的中央单元，它们之间的通信，遵守FSC-FSC内部通信协议，点对点通信，RS422接口，波特率9600B/S。

MPC用于系统维护。ESD的输入与输出状态均通信给DCS，有DCS记录并显示ESD信息，为操作员提供快速、准确的联锁过程数据。MPC与FSC通信，DCS与FSC通信，均遵守FSC开发系统通信协议，RS-485接口，波特率9600B/s。

DI有80点，AI有4点，DO有158点，I/O卡为故障安全型卡。为了维护方便和工艺操作的需要，对每个DI及AI点设置了旁路开关。不管其原来状态如何，使其"强制"在某一固定状态，工作完成后，可以解除"强制"，这一点在调试时很有用。给旁路开关占一个输入点，在逻辑功能图上与DI或AI点相"或"实现。

ESD报警、操作盘与FSC系统通过硬性连接，ESD的输入与输出状态在通信给DCS的同时也送到ESD报警、操作盘。操作员可以更直观地监视生产安全状态，必要时，可直接通过ESD报警、操作盘上的控制开关发出紧急停车命令。

打印机用于对历史事件进行打印记录，便于分析和查找故障原因。

根据工艺流程的特性，ESD分为ESD1、ESD2和ESD3三种情况。ESD1：天然气接收单元紧急停车；ESD2：天然气输出单元紧急停车；ESD3：全厂紧急停车。其中，ESD3的优先权最高。

从安全考虑，设置所有现场ON/OFF仪表安全开关（如PS、TS、LS、FS等），在正常工况下触点是闭合的，当越线时触点打开；设置所有的联锁电磁阀，在正常工况下是通电的，紧急停车动作发生时，电磁阀失电。

（三）ESD系统投运结果

在通过硬、软件及联锁回路调试时，ESD系统即投入正常运行。运行结果表明，整个系统达到设计要求，能在DCS和ESD报警、操作盘上及时准确地反映所有指定的生产过程安全联锁参数及过程工作状况，并打印出来。经过多次测试表明，不管是生产装置故障，还是系统本身故障，都能迅速响应，将生产装置设置成预定义的安全停车工况，而且操作灵活，可由FSC系统或ESD报警、操作盘或现场紧急停车开关发出紧急停车命令。该ESD系统能确保LNG站的安全运行。

综上所述，石化生产装置中ESD系统的设置，必须根据石化生产的特殊性，从安全性、可靠性及可应用性诸多方面进行综合考虑。同时，还要兼顾经济性，要坚持独立设置的原则，在构成ESD逻辑系统时应选用安全PLC系统。实践证明，正确地设置ESD系统是减少操作人员在紧急状况下的误动作，将事故发生概率降到最低限度，是确保生产装置实现"长满安稳优"运行的可靠保证，能够产生极大的经济效益和社会效益。

第六节　其他安全保护设施

一、压力表

（一）压力表的分类和工作原理

压力表是用以测量介质压力大小的仪表。锅炉及需要单独装设安全泄压装置的压力容器，都必须装有压力表。按其结构和工作原理分为液柱式、活塞式、电量式和弹簧组件式四类。

液柱式压力表是根据液柱中的高度差来确定所测的压力值，只适用于测量较低的压力，例如，锅炉燃烧系统中烟风压力的测量，压力容器一般不使用这类压力表。

活塞式压力表是利用加在活塞上的力与被测压力的平衡，根据活塞面积和加在其上的力来确定所测的压力，只适宜作检验用的标准仪表。

电量式压力表是利用物体在不同压力下产生物理量的变化来确定所测的压力值，这类压力表可以测量快速变化的压力和超高压力。

弹簧管式压力表是根据弹簧弯管在内压作用下发生位移的原理制成的，按位移的转变机构可分为扇形齿轮式和杠杆式两种。最常用的是扇形齿轮式单弹簧管式压力表。其主要部件是一根横断面呈椭圆形或扁平形的中空弯管，通过压力表接头与锅炉相连接，当蒸汽进入这根弹簧弯管时，由于内压的作用，使弯管向外伸展发生位移变形，位移通过一套扇形齿轮和小齿轮的传带着压力表的指针转动，进入弯管的气体压力越高，弯管位移越大，指针转动的角度也越大，这样，锅炉的压力就在压力表上显示出来。

压力表上所指的是大气压力以上的压力数值，即表压力。若要求绝对压力还必须再加上 0.1MPa。

弹簧管式压力表的精确程度，是用精确度等级来表示的。所谓精确度等级，是以相当于仪表刻度标尺限值（即最大刻度标尺）为 1MPa，则该仪表的允许误差不得大于 0.025MPa。一般压力表的精确度等级明确标注在刻度盘上，其精确度等级，一般分为 0.5、1、1.5、2、2.5、3、4 七个等级。

（二）压力表的选用与装设

1.压力表的选用

选用的压力表必须与锅炉压力容器内的介质相适应。压力表的最大量程（表盘上的刻度极限值）应根据设备的工作压力选定，应为工作压力的 1.5~3.0 倍，最好为工作压力的 2 倍。压力表还应具有足够的精度，其精度是以它的允许误差占表盘刻度极限值的百分数级别来表示的，精度等级一般标在表盘上。低压容器和工作压力小于 2.5MPa 的锅炉，压力表精度一般不低于 2.5 级；中、高压容器和工作压力大于 2.5MPa 的锅炉，压力表精度不应低于 1.5 级。为了清晰地显示压力值，压力表的表盘直径一般不小于 100mm。如果压力表装得较高或离岗位较远，表盘直径还应增大。

2.压力表的装设

（1）压力表在安装前应进行校验，在刻度盘上画出指示最高工作压力的红线，并根据设备最高许用压力，在刻度盘上画出警戒红线。

（2）压力表的接管应直接与承压设备本体相连接。为了便于更换和校验压力表，接管上应装有三通旋塞，三通旋塞上应有开启标记和锁紧装置。

（3）锅炉或工作介质为高温蒸汽的压力容器，压力表的接管上要装有存水弯管，使蒸汽在这一段弯管内冷凝，以避免其直接进入压力表的弹簧管内。钢制存水弯管的内径不应小于10mm，铜制的不应小于6mm。为了便于冲洗和校验，在压力表与存水弯道之间应装设三通阀门或其他相应装置。

（4）工作介质若对压力表有腐蚀作用，应在弹簧管式压力表与容器的连接管路上装设填充有液体的隔离装置。充填液不应与工作介质起化学反应或生成混合物。如果不能采取这种保护装置，则应选用抗腐压力表，如波纹式平膜压力表。

（5）装设压力表的地方应有足够的照明并便于检查，防止压力表受到高温、辐射、冰冻或振动的影响。

（三）压力表的维护与校验

1.压力表的维护

（1）保持压力表洁净，表盘上的玻璃要明亮清晰，使表盘内指针指示的压力值清楚易见。表盘玻璃破碎或表盘刻度不清的压力表应停止使用。

（2）压力表的连接管要定期清洗，以免堵塞。用于介质含有较多油污或黏性物料的压力表的连接管，应定期吹洗。

（3）经常检查压力表指针的转动与波动情况，检查连接管上旋塞的开启状态。发现压力表指示不正常或有其他可疑迹象，应立即检验校正。

2.压力表的校验

压力表必须定期校验，每次校验后必须加铅封，并注明下次校验的日期。未经检验合格、无铅封或逾期没有检验的压力表不准使用。

（四）压力表常见的故障及产生原因

压力表常见的故障和产生原因如表9-6所列。

表9-6　压力表常见的故障和产生原因

常见故障	产生原因
指针不动	三通旋塞未打开或开启位置不正确；连接管或存水弯管或弹簧管内被污物堵塞；指针与中心轴松动；弹簧管与支架的焊口有裂纹而渗漏；扇形齿轮与小齿轮脱开
指针不回零位	三通旋塞未关严；弹簧管失去弹性或部分失去弹性；游丝失去弹性或游丝扣脱落；调整螺钉松动，改变了拉杆的固定位置
指针跳动	游丝弹簧紊乱；存水弯管内积有水垢；弹簧弯管自由端与拉杆结合的铰轴不活动有续动现象，扇形齿轮、小齿轮及铰轴生锈或有污物；可能受周围高频振动的影响
表内漏汽	弹簧有裂纹；弹簧管与支座焊接质量不良；有渗漏现象

二、水位表

水位表（液位计）是用来显示锅筒（锅壳）内水位高低的仪表。运行操作人员可以通过水位表观察并相应调节水位，防止发生锅炉缺水或漏水事故，进而避免由水位不正常造成的受热面损坏及其他事故，保证锅炉安全运行。

（一）水位表的结构原理

水位表又称液面计或液位计，用来观察和测量容器内液位位置变化情况。特别是对于盛装液化气体的容器，液位计是一个必不可少的安全装置。操作人员根据其指示的页面高低来调节或控制装量，从而保证容器内介质的页面式中在正常范围内。盛装液化气体的储运容器，包括大型球形储罐汽车罐车和铁路罐车等，需装设液面计以防止容器内因充满液体发生液体膨胀而导致容器超压。用作液体蒸发用的换热容器、工业生产装置中的一些低压废热锅炉和废热锅炉的气包，也都应装设液面计，以防止容器内页面过低或无液位而发生超温烧坏设备。

（二）水位表分类

水位表是按照连通器内液位高度相等的原理装设的。水位表的水连管和汽连管分别与锅筒的水空间和汽空间相连，水位表和锅筒构成连通器，水位表显示的水位即是锅筒内的水位，主要有玻璃管式、玻璃板式和低地位式三种。

液面计按工作原理分为直接用透光元件指示液面变化的液面计（如玻璃管液面计或玻璃板液面计）以及借助机械、电子和流体动力学等辅助装备等间接反映液面变化的液面计（如浮子液面计、磁性浮标液面计和自动液面计等）。此外，还有一些带附加功能的液面计，如防霜式液面计。固定式压力容器常用的是玻璃管式和平板玻璃两种，移动式压力容器常用的是滑管式液面计、旋转管式液面计和磁力浮球式液面计。

（1）滑管式液面计。主要由套管、带刻度的滑管、阀门和护罩等组成。这种液面计的工作原理是通过滑动管在罐体内滑移，管子下端与气相接触时由管孔向外喷出挥发性气体，而与液相接触时，由管孔向外喷出雾化气体来测量液面高低。液面高度通过固定在管子旁边的指示标尺来确定。

滑管式液面计一般安装在罐体上方，滑管与液面计主体之间采用填料密封。这种液面计结构简单、紧凑，显示准确、直观，结构牢固、耐振动，不怕冲击，但由于需要安装在罐体顶部，观测不够方便，测量精度会受滑管移动速度和喷出时间的影响。

（2）旋转管式液面计。主要由旋转管、刻度盘、指针、阀芯组成。旋转管式液面计的测量原理与滑管式液面计完全相同，是由弯曲旋转管内小孔向外喷出气相或液相介质来检测液面位置的。所不同的是，以管子的旋转动作代替滑管的上下滑动，这样可以通过表盘指针来指示液面高度。

旋转管式液面计一般安装在罐体后封头中部，比较方便操作观测。但仍存在由于动作快慢和喷出时间存在的误差。它结构牢固，显示准确、直观且操作方便，因而在槽车上得到广泛的应用。

（3）磁力浮球式液面计。利用磁力线穿过非磁性不锈钢材料制成的盲板，在罐体外部用指针表盘方式表示液面高度。

浮球式液面计的工作原理是利用液体对浮球的浮力作用，以浮球为传感元件，当罐内液位变化时，浮球也随之作升降运动，从而使与齿轮同轴的磁钢产生转动，通过磁力的作用带动位于表头内的另一块磁钢作相应的转动。与磁钢同轴的磁针便在刻度板上指示出一定的液位值来。磁力式液面计不怕振动，指示表头与被测液体互相隔离，因而密封与安全性好，适合各类液化气槽车使用。但它结构复杂，对材料的磁性有一定的要求。

（三）水位表的安全技术要求

每台锅炉至少应装设两个彼此独立的水位表。但符合下列条件之一的锅炉可只装一个直读式水位表：蒸发量小于等于0.5t/h的锅炉；额定蒸发量小于等于2t/h，且装有一套可靠的水位示控装置的锅炉；装有两套各自独立的远程水位显示装置的锅炉。

水位表水连接管和汽连接管应水平布置，以防止形成假水位；连接管的内径不得小于18mm，并尽可能短，若长度超过500mm或有弯曲时，内径应适当放大；汽水连接管上应装设阀门，并在锅炉运行中保持全开；水位表应有放水旋塞和放水管，汽旋塞、水旋塞、放水旋塞的内径及水位表玻璃的内径，都不得小于8mm。

水位表应装在便于观察、冲洗的地方，并有足够的照明。表上有指示最高、最低安全水位的明显标志。水位表玻璃管（板）的最低可见边缘应比最高安全水平高25mm。

用远程水位显示装置监视水位的锅炉，控制室内应有两个可靠的远程水位显示装置，并保证有一个直读式水位表正常工作。

（四）水位表的维护

锅炉运行中，水位表应定期冲洗，以保持水、汽连接管畅通。由于锅筒内的水面总是不断波动，水位表显示的水位也总是上下轻微晃动，若水位表内水面静止不动，则可能连接管或水旋塞被炉水中的杂质堵塞，此时，应立即冲洗水位表。低位水位表的玻璃板一般在运行中冲洗，但每班应检查1~2次，并经常和锅筒上的水位表对照。

（五）水位表常见故障及排除方法

水位表常见故障及排除方法如表9-7所列。

表9-7 水位表常见故障及排除方法

常见故障	发生故障的原因	排除故障的方法
两个水位表指示不一样	①水位表安装位置不正确，汽、水连通管堵塞； ②受汽水混合物冲击影响，在引出管区域内形成差压	①疏通汽、水连通管； ②将汽、水连通管引出压差区，避免汽、水混合物冲击的影响
水位表内积水造成假水位	①汽、水连通管较长； ②安装或运行中振动等影响，造成水位表下沉致水位表内积水造成假水位	①将水位表汽、水连通管缩短； ②排除振动的原因，并校正水位表
水位表呆滞不动	①由锅内锅水中的泥垢或盐类集聚在水旋塞内，水旋塞被堵塞； ②汽旋塞被堵塞，蒸汽管路不通，水位表中蒸汽被冷凝，水位升高，高于锅筒内实际水位，且水位变动很小； ③玻璃管式水位表被填料盒中密封填料局部或全部遮盖	①吹洗水旋塞或连通管或用弯成L型的铁丝疏通； ②吹洗汽旋塞阀； ③更换玻璃管
冷水旋塞不严，漏水、漏气	①旋塞质量不良，制造有缺陷； ②旋塞阀接触面磨损，研磨不良； ③压盖或填料过松，填料不足或填料变质等； ④平板玻璃与表壳接触不严密，容易产生漏汽	①更换旋塞阀； ②小心研磨旋塞或旋紧填料压盖； ③加装或更换填料，压紧压盖； ④更换表壳或平板玻璃
水位玻璃破裂	①水位表上下接头（管座）或汽水旋塞阀中心线不在同一中心线上，玻璃管（板）被扭断； ②更换的玻璃管（板）未经预热； ③旋塞开得太快，冷热变化剧烈； ④玻璃管（板）质量不好或选用不当； ⑤玻璃管切割时管端有裂口； ⑥玻璃管安装时未留膨胀间隙或填料压得太紧； ⑦平板玻璃水位表安装时螺栓旋紧时用力不均； ⑧玻璃上被冷水溅到表面或表面上有肥皂液或油污	①校正或对正接头（管座）中心线； ②按水位表预热操作； ③按水位表吹洗方法操作； ④更换玻璃管、板； ⑤更换玻璃管； ⑥留膨胀间隙或将填料适当地压紧； ⑦螺栓旋紧时用力均匀； ⑧防止冷水、冷空气等使水位表急剧冷却

常见故障	发生故障的原因	排除故障的方法
水位表中有气泡	水连通管较长，绝热不好，受烟气加热，水连通管中的水部分产生蒸汽	做好绝热保护，消除烟气加热

三、温度测量仪表

测温仪表主要是用于测量工作介质的温度、设备金属壁面的温度，如额定蒸汽压力大于9.8MPa的锅炉的过热器、再热器，应测定其蛇形管金属壁温，防止壁温超过金属材料允许温度。

（一）分类与工作原理

根据测量温度方式的不同，测温仪表可分为接触式和非接触式两种。接触式有液体膨胀式、固体膨胀式以及热电阻和热电偶等。非接触式有光学高温计、光电高温计和辐射式高温计等。非接触式温度计的感温元件不与被测物质接触，利用被测物质表面的亮度和辐射能的强弱来间接测量温度。

（二）温度计

温度计是用来测定压力容器内温度高低的仪表。压力容器为控制壁温或生产工艺需要控制容器的温度时，必须装设测温仪表，即温度计。这些测温装置可单独使用，也可组合使用。

（1）膨胀式温度计。以物质加热后膨胀的原理为基础，利用测温敏感元件在受热后尺寸或体积发生变化来直接显示温度的变化。膨胀式温度计有液体膨胀式（玻璃温度计，和固体膨胀式（双金属温度计）两种。膨胀式温度计测量范围为-200~700℃，常用于轴承、定子等处的温度作现场指示。

（2）压力式温度计。以物质受热后膨胀这一原理为基础，利用介质（一般为气体或液体）受热后，体积膨胀而引起封闭系统中压力变化，通过压力大小间接测量温度。压力温度计有气体式、蒸汽式和液体式三种。压力式温度计测量范围为0~300℃，常用于测量易燃、有振动处的温度，传送距离不很远。

（3）电阻温度计。根据热电效应原理，即导体和半导体的电阻与温度之间存在着一定的函数关系，利用这一函数关系，可以将温度变化转换为相应的电阻变化。测量范围为-200~500℃，常用于液体、气体、蒸汽的中、低温测量，能远距离传送。

（4）热电偶温度计。利用两根不同材料的导体两个连接处的温度不同产生的热电势的现象制成。其测量范围为1600℃，常用于液体、气体、蒸汽的中、高温测量，能远距离传送。

（5）辐射式温度计。利用物质的热辐射特性来测量温度。由于是测量热辐射，因而，测温元件不需要与被测介质相接触，这种测量称为非接触式测量，测量仪表称为辐射式高温计。这种温度计是利用光的辐射特性，所以可以实现快速测量。测量范围为600~2000℃，常用于测量火焰、钢水等不能直接测量的场合。

（三）对温度计的要求

（1）应选择合适的测温点，使测温点的情况有代表性，并尽可能减少外界因素（如辐射、散热等）的影响。其安装要便于操作人员的观察，并配备防爆照明。

（2）温度计的温包应尽量深入压力容器或紧贴于容器壁上，同时露出容器的部分应尽可能短些，确保能测准容器内介质的温度。用于测量蒸汽和物料为液体的温度时，温包的插入深度不应小于150mm，用于测量空气或液化气体的温度时，插入深度不应小于250mm。

（3）对于压力容器内介质的温度变化剧烈的情况，进行温度测量时应考虑到滞后效应，即温度计的读数来不及反映容器内温度的真实情况。为此，除选择合适的温度计形式外，还应注意安装的要求。如用导热性强的材料作温度计保护套管，在水银温度计套管中注油，在电阻式温度计套管中填充金属屑等，以减少由于液体静压力引起的误差。

（4）测温计应安装在便于工作、不易触碰、减少振动的地点。安装内标式玻璃温度计时，应有金属保护套，保护套的连接要求端正。对于充液体的压力式温度计，安装时其温包与指示部位应在同一水平面上，以减少由于液体静压力引起的误差。

（5）新安装的温度计应经国家计量部门鉴定合格。使用中的温度计应定期进行校验，误差应在允许的范围内。在测量温度时不宜突然将其直接置于高温介质中。

（四）安装使用与维护保养

1.安装使用

（1）介质温度测量。用于测量介质温度的温度计主要有插入式温度计和插入式热电偶测量仪，其特点是温感探头直接或带套管插入设备内，与介质接触。测温热电偶通过导线将显示装置引至操作室或容易监控的位置。为防止插入口泄漏，设备上设有标准规格的温度计接口，接口连接形式有法兰连接和螺纹连接两种。

（2）壁面间接测量。此类测温装置的测温探头紧贴在设备的金属壁面上。常用的有测温热电偶、接触式温度计、水银温度计等。

2.维护保养

测温仪表必须根据其使用说明书的要求、实际使用情况及规定检验周期进行定期检验检测。壁温测量装置的测温探头必须根据设备和内部结构及介质温度的分布情况，装贴在具有代表性的位置上，并做好保温措施，以消除外界引起的测量误差。测温仪的表头或显示装置必须安装在便于观察和方便维修、更换检测的地方。

四、视镜

在设备筒体和封头上装视镜，主要为观察设备内部情况，也可作为料面的指示镜。

视镜的结构类型很多，它已标准化，其尺寸有 DN50~DN150mm 五种，常用的有两种基本结构形式：凸缘视镜和带颈视镜。凸缘视镜是由凸缘组成，结构简单，不易结料，视察范围大。带颈视镜它适宜视镜需要斜架，或设备直径较小的场合。

五、减压阀

减压阀是通过调节，将进口压力减至某一需要的出口压力，并依靠介质本身的能量，使出口压力自动保持稳定的阀门。从流体力学的观点看，减压阀是一个局部阻力可以变化的节流元件，即通过改变节流面积，使流速及流体的动能改变，造成不同的压力损失，从而达到减压的目的。然后，依靠控制与调节系统的调节，使阀后压力的波动与弹簧力相平衡，使阀后压力在一定的误差范围内保持恒定。

减压阀按结构形式可分为薄膜式、弹簧薄膜式、活塞式、杠杆式和波纹管式；按阀座数目可分为文单座式和双座式；按阀瓣的位置不同可分为正作用式和反作用式。弹簧薄膜式减压阀是较为常见的减压阀，其主要由弹簧、薄膜、阀杆、阀芯、阀体等零件组成。当薄膜上侧的压力高于薄膜下侧的弹簧压力时，薄膜向下移动。压缩弹簧，阀杆随即带动阀芯向下移动，使阀芯的开启度减小，由高压端通过的介质流量随之减少，从而使出口压力降低到规定的范围内。当薄膜上侧的介质压力小于下侧的弹簧压力时，弹簧自由伸长，顶着薄膜向上移动，阀杆随即带动阀芯向上移动，使阀芯的开启高度增大，由高压端通过的介质流量随之增多，从而使出口处的压力升高到规定的范围内。

弹簧薄膜式减压阀的灵敏度比较高，而且调节比较方便，只需旋转手轮，调整弹簧的松紧度即可。但是，如果薄膜行程大时，橡胶薄膜容易损坏，同时承受压力和温度亦不能太高。因此，弹簧薄膜式减压阀较普遍地使用在温度与压力不太高的水和空气介质管道。

六、排污阀

锅炉运行时，锅水中的各种杂质不断析出，在锅筒和集箱底部形成水垢，长时间积累后会引起受热面过热，烧坏设备。为了防止此类事故的发生，通常是将浓缩的锅水排除一部分，此过程被称为排污。根据排污周期的不同可分为定期排污和连续排污。

在锅炉受压元件最低处的排污装置，一般采用定期排污，定期开启排污阀，排出积聚在锅炉底部从水中析出的各种杂质。

在锅筒蒸发面附近的各种盐类浓度最高，较大的锅炉在该处装设表面排污装置，可有效降低该处的盐类浓度。表面排污装置一般多采用连续排污。

（一）排污阀分类

1.定期排污阀

定期排污装置中常采用的排污阀有闸门式、旋塞式、斜球式等。闸门式排污阀有快开摆动闸门式排污阀和快开齿条闸门式排污阀。

旋塞式排污阀属于快开式排污阀。它结构简单，开启和关闭操作方便；但密封面易磨损，受热后塞芯膨胀，转动困难。该类型阀门只用于低压小容量锅炉。

斜球式慢开排污阀与排污通道成一定角度，阀门开启后，工质基本沿直线流动，不会积存污物，性能较好。

闸门式排污阀为快开式，齿条闸门式排污阀和摆动闸门式排污阀都只需转动手柄至一定点即可实现阀门的快速开启和关闭。

2.连续排污阀

连续排污装置常用节流阀和排污管组成。在锅筒内一般沿锅筒的纵长装有直径为75~100mm的管子，管子上每隔500~700mm，焊接直径约为25mm、长为150~170mm的竖管，竖管从上到下开宽为10~12mm的裂孔。竖管上端应在锅筒正常水位30~40mm以下，这样，锅水中高浓度的盐类就从竖管吸入，经下面的水平汇流管，再经排污管连续排出。

节流阀装在排污管上，靠其开启的大小控制排污量。

（二）排污阀安装要求

在定排装置的安装、改造过程中，必须遵守《蒸汽锅炉安全技术监察规程》及有关安全规定。在锅炉的安装或大修改造中要重点做好以下工作。

（1）对蒸发量≥1t/h或蒸汽压力≥20.7MPa的蒸汽锅炉以及出水温度≥12℃的热水锅炉，排污支管应安装两个串联排污阀（靠近锅筒或联箱的为慢开阀，靠近排污总管的为微快开阀），以保证排污装置的密封性和便于检修。

（2）排污阀的公称通径一般为20~65mm，卧式锅壳锅炉排污阀的公称通径不应小于40mm。通径太小，易堵塞；过大，排污冲击力强，容易损坏排污管道。

（3）每台锅炉应装独立的排污管并尽量减少弯头数量，排污管要通到室外安全地点或排污扩容器。排污管不应完全固死，应有伸缩的可能，否则，会在与锅炉相连部位产生应力。在通过墙壁处要留有适当的空隙，以利胀缩。

（4）不得用灰铸铁制造排污管和排污阀，因为灰铸铁难以承受冲击力，易破裂。

（5）安排排污管时，总管应稍低于支管，以防支管内积水过多引发排污水冲击事故。

（6）排污管每隔一段距离应设置支撑，以防止管内积水过多引发排污水冲击事故。

（7）锅炉给水和排污阀严禁采用螺纹连接，以防止螺纹被污物腐蚀失去作用。

（8）排污阀不能安装在距炉墙、管道或风室太近的地方，以利正常开启和关闭。

七、紧急切断装置

（一）作用与设置原则

（1）作用。当系统内管路或附件突然破裂，其他阀门密封失效，装卸物料时流速过快、环境发生火灾的等情况出现时，紧急切断装置能迅速切断通路，防止储运容器内物料大量外泄，避免或缩小事故的发展。

（2）设置原则。在下列情况下，一般考虑设置紧急切断装置。

①在液化石油气储罐及可燃性液化气体的低温储罐的液体入口及出口处应设置紧急切断装置。

②液体入口开孔在球形储罐的气相部分。当事故发生时，储罐内的液体一般不会通过液体入口流出，但为防止万一，也可以在该液体入口处安装紧急切断装置。

③为防止负荷阀不能安全切断液体的流入和排出，因此，它不能单独作为紧急切断阀，但可将此阀与紧急切断阀同时使用。

（二）紧急切断阀的分类

紧急切断阀按形式可分为角式和直通式；从结构上又分为有过流保护与无过流保护；按操纵方式可分为机械（手动）牵引式、油压操纵式、气动操纵式和电动操纵式。

（三）工作原理

目前，液化石油气罐车及储罐等设备都使用紧急切断装置，而且多为机械（手动）牵引式或油压操纵式。

（1）机械（手动）牵引式。常用于液化石油气罐车上。该装置通常安装在罐体底部的液相和气相接管凸缘处，通过软钢索与近程和远程操纵机构相连接。

开始装卸时，利用近程操纵机构使软钢索牵动紧急切断阀杠杆，凸轮把阀杆向上顶起后，先导阀首先开启，此时，通过先导阀作用于主阀（过流阀）上的大弹簧弹力消失，罐内介质穿过阀杆与主阀座之间的间隙，流入阀腔并逐渐气化，充满主阀以下的低压腔和管路。当其压力升至接近主阀上部压力时，主阀下部的流体作用力加上弹簧压力向上推开主阀，紧急切断阀处于全启状态。这时，即可缓缓打开其后的截止阀，进行装卸作业。

介质装卸完毕后，再利用近程操纵机构，使杠杆在拉簧作用下带动凸轮离开先导阀杆，由于大弹簧弹力大于小弹簧弹力，大弹簧将推动先导阀与主阀阀瓣恢复到关闭状态，保持密封。

如因管道破裂，介质大量外泄而无法接近阀门进行操作时，可利用远程机构牵动紧急切断阀上的杠杆，使阀门关闭。

紧急切断阀与软钢索用易熔合金接头连接，在火灾事故中，如遇温度骤升至（70±5）℃时，易熔合金熔化，使软钢索与紧急切断阀脱开，在拉簧作用下杠杆复位，使阀门关闭。

（2）油压操纵式常用于液化石油气储罐，与手摇油泵配套使用，在紧急情况时能远距离控制该阀的启闭。

油压操纵式紧急切断阀的工作原理与机械（手动）牵引式的工作原理相似，所不同的是，开启时利用手摇油泵将油压入油缸，油推动活塞，活塞拉杆推动凸轮顶起阀杆，关闭时油缸内高压油泄压，靠拉簧使凸轮复位。

该油路系统中设有易熔塞，当火灾造成高温时，易熔塞熔化，油缸泄压，使紧急切断阀关闭。

（四）其他

1.止回阀

止回阀是一种自动作用的阀门，用于防止介质倒流。其关闭件本身同时起着驱动作用，当介质按规定方向流动时，阀门关闭件被介质顶开而开启；当介质倒流时，倒流的介质就把关闭件推到关闭位置。

止回阀从构造上分为截门型（升降式）和摆动式（旋启式）两种。截门型止回阀又可分为弹簧和不带弹簧两种。

（1）截门型（升降式）。

①带弹簧。由阀瓣、阀座、弹簧、阀盖等部分组成。此种止回阀由于有弹簧力的作用，通常状态下阀瓣与阀座是密封的。当介质按规定方向流入时，阀瓣被介质顶开而使阀门开启，介质倒流时，弹簧力的作用将使阀瓣关闭，从而达到阻止介质倒流的目的。这种止回阀可以在任何位置安装。

②不带弹簧。主要由阀盖、阀杆、阀芯和阀体等部分组成。阀体内有一圆盘形阀芯，阀芯连着阀杆，阀杆不穿通上面的阀盖，并留有空隙，使阀芯能垂直于阀体做升降运动。介质按规定方向流动时，介质的压力托起阀芯而正常流动。无介质流动或介质倒流时，阀芯依靠其自身重力或介质压力使之紧压在阀体上，组织介质倒流。这种止回阀必须水平位置安装。

截门型止回阀的优点是结构简单、密封性较好、安装维修方便；缺点是阀芯容易被卡住。

（2）摆动式（又称为旋启式）。主要由阀盖、阀芯、阀座和阀体等部分组成。阀芯的上端用插销与阀体连接，整个阀芯可以自由摆动。介质按规定方向流动时，介质的压力顶开阀芯正常流动；当介质倒流时，介质的压力使阀芯和阀座压紧而达到阻止倒流的目的。

此种止回阀的优点是结构简单、流动阻力较小；缺点是噪声较大，介质压力低时密封性能差，故不适用于较低压力的容器及管道。

2.节流阀

节流阀称为针形阀，主要由手轮、阀体、阀杆、阀芯和阀座等部分组成。节流阀阀芯直径较小，呈针形或圆锥形，通过细微改变阀芯与阀座之间的间隙，能精确地调节流量或通过节流阀调节压力。节流阀的优点是外形尺寸小、质量小、密封性能好；缺点是制造精度要求高，加工较困难。

参考文献

[1] 雷梦龙，张博.化工机械设备设计优化分析 [J].新型工业化，2021，11 (9)：38-39

[2] 李成龙.化工机械设备的防腐设计及措施 [J].中国战略新兴产业，2021，(18)：40-41

[3] 马继宏.化工机械设备的防腐设计及防腐措施 [J].精品，2021，(6)：226-226

[4] 唐小勇，李青云，刘洪博.基于工程教育模式下的化工机械设备课程设计教学改革与实践 [J].广东化工，2021，(1)：193-194

[5] 张海军.ANSYS技术在化工机械设计中的应用探讨 [J].信息周刊，2019，(19)：1-2

[6] 诸士春，刘文明，陆怡.化工设备机械基础课程设计实践与思考 [J].高教学刊，2019，(15)：1-3

[7] 张景辉.优化化工机械安全设计预防化工安全事故 [J].中国石油和化工标准与质量，2023，(14)：98-100

[8] 张晓英.论优化化工机械安全设计在预防化工安全事故中的重要性 [J].中国化工贸易，2020，12 (5)：43，45

[9] 邓晓农.化工机械设备的常见故障及维修管理 [J].化工设计通讯，2019，(2)：82-82

[10] 雷承志.刍议CAD技术在化工机械设计中的应用 [J].现代盐化工，2021，(2)：85-86

[11] 姚文月.探讨化工机械设备的防腐设计与措施 [J].市场调查信息：综合版，2021，(6)：139-139

[12] 孙明.化工机械设备的防腐设计及防腐措施探讨 [J].中文科技期刊数

据库（文摘版）工程技术，2021，（9）：130，132

[13] 张健.化工机械设计中材料的选择和应用研究 [J].天津化工，2019，33（1）：51-52

[14] 喻盛旭，金芳荣.化工机械设备的防腐设计与维护 [J].百科论坛电子杂志，2020，（5）：413-413

[15] 朱瑞潮，左美兰，徐艳霞.探讨化工机械设备的防腐设计及防腐措施 [J].中国机械，2020，（2）：10-12

[16] 周华南，周勇，祝欣然.浅谈化工机械设备的防腐设计及措施 [J].设备管理与维修，2020，（8）：151-153

[17] 平洪.浅谈化工机械设备的防腐设计及措施 [J].商品与质量，2019，（49）：79-79

[18] 刘洋.化工设备机械基础课程设计实践与思考 [J].冶金管理，2020，（9）：219-220

[19] 赵燕齐.化工机械设备的防腐设计与维护 [J].建筑工程技术与设计，2019，，（7）：839-839

[20] 刘恕波.化工机械设备的防腐设计与维护 [J].电子乐园，2019，（6）：196-196

[21] 李阳.浅谈化工机械设备的防腐设计及措施 [J].中小企业管理与科技，2019，（9）：179-180

[22] 孔庆虎.优化化工机械安全设计在预防化工安全事故中的重要性研究 [J].新型工业化，2022，（7）：12-12

[23] 杨培廷.优化化工机械安全设计在预防化工安全事故中的重要性研究 [J].中文科技期刊数据库（全文版）工程技术，2022，（8）：134-137

[24] 高毅.机械设计过程中机械设备材料的选择和应用研究——评《化工机械基础》[J].材料保护，2020，53（10）：156-156

[25] 戴海祥.优化化工机械安全设计在预防化工安全事故中的重要性 [J].化工管理，2021，（36）：29-30

[26] 于涛，郭龙，谢孔华.钛-钢复合板聚合釜设备的研制 [J].中国特种设备安全，2023，39（4）：76-80

[27] 杨玫.热风循环干燥设备安全节能改进技术研究 [J].信息周刊，2020，（10）：1-1

[28] 钟镪.化工机械的故障诊断与控制 [J].化工设计通讯，2021，47（8）：50-51

[29] 郝励.提升化工机械设备防腐性能的研究 [J].化工设计通讯，2020，

46（8）：60-70

[30] 关博.化工机械设备的管理措施分析与维修保养技术应用探究 [J].数码设计.CGWORLD，2021，（4）：10-10

[31] 甘罗兵.化工机械设备润滑故障分析及控制措施 [J].化工设计通讯，2020，46（2）：68-73

[32] 姚烨.化工机械设备管理及维护保养技术分析 [J].化工设计通讯，2020，（7）：46-46

[33] 左广公.化工机械常见事故及控制措施 [J].化工设计通讯，2019，（5）：159-160

[34] 杨雯雯，刘建召，董康康.机械设计自动化设备安全控制分析 [J].中国化工贸易，2019，11（22）：149-149

[35] 罗晓彬.论机械化工设备安全管理 [J].中文科技期刊数据库（引文版）工程技术，2022，（2）：313-316

[36] 李亚丽.化工机械设备腐蚀原因及防腐措施浅析 [J].中氮肥，2019，（3）：63-65

[37] 刘宏伟.基于"互联网+"的特种设备应急平台方案设计 [J].中国电梯，2020，（13）：50-52

[38] 程严严.机械设计制造及其自动化技术核心探析 [J].中国航班，2020，（10）：1-2

[39] 陈应虎，常祖银.化工机械设备常见的故障分析 [J].中文科技期刊数据库（全文版）工程技术，2021，（8）：102-103

[40] 谭力.化工机械设备防腐技术研究 [J].科技经济导刊，2019，（13）：71-71

[41] 陈志杰，陈志均.化工机械设备安装工程中的问题和应对策略探究 [J].中文科技期刊数据库（全文版）工程技术，2021，（2）：177-178

[42] 李涛.化工机械设备安装工程中的问题和应对策略研究 [J].商品与质量，2020，（47）：89-89

[43] 吕奕菊，姚金环王桂霞.化工设备机械基础课程思政教学探索 [J].化纤与纺织技术，2022，51（4）：213-215

[44] 余玉翔，何峰，熊福胜.加强化工机械设备防腐能力的途径 [J].清洗世界，2021，（7）：151-152

[45] 郭智.基于大数据的化工机械设备故障诊断方法研究 [J].信息记录材料，2021，22（9）：233-235

[46] 白明珠.化工机械设备以及电气自动化控制的有效结合 [J].华东科技：

综合，2020，(2)：1-1

[47] 吴红梅，郭宇，张志华.OBE理念推动化工设备机械基础课程的改革实践 [J].化学教育，2021，42 (20)：16-20

[48] 雍生斌.化工工程设计中的安全问题研究 [J].化工管理，2019，(23)：65-66

[49] 杨秀英，宋红攀，夏国正.核化工设备/搅拌混合器结构优化改进及系统设计 [J].粘接，2023，50 (9)：175-178

[50] 李明，段聪文，李萍，.《化工机械与设备》课程教学改革与探索 [J].山东化工，2021，50 (17)：218-219，221

[51] 赵文凯，王亚培.化工机械设备管理及维护保养技术分析 [J].中国设备工程，2023，(15)：64-66

[52] 何华伟，童明胜.冶金工程的机械设备安全管理及其发展 [J].中国化工贸易，2019，(3)：155-155

[53] 秦博.浅谈化工机械设备阶段性安全管理 [J].化工管理，2019，(35)：90-91